高等学校电子信息类专业"十三五"规划教材

电子测量技术及应用

李希文　李智奇　主编

西安电子科技大学出版社

内 容 简 介

本书主要介绍电子测量技术的基本概念、基本原理、基本方法及实际应用，并对与电子测量技术相关的常规仪器，如示波器、信号源、电压表、计数器等的工作原理进行了比较系统的介绍。全书共分 7 章：第 1 章绪论；第 2 章测量误差理论与数据处理；第 3 章频率、时间测量技术；第 4 章电压测量技术；第 5 章示波测量技术；第 6 章测量用信号源；第 7 章电子测量技术应用。

本书的特色包括：概念清晰、结构合理、深入浅出、关系明确、通俗易懂；注意各章节之间、电子测量技术课程和相关课程之间知识体系的衔接和联系；注意培养学生分析问题、解决问题的能力；充分反映现代电子测量理论和最新技术潮流；强调电子测量的实用性、应用性，突出理论知识和实际应用的相互联系。

本书既可作为高等院校理工科本科、专科的测控技术与仪器、应用电子技术、自动化、通信工程、电子工程等专业的电子测量课程教学用书，也可作为电类专业广大科研工作者和工程技术人员的参考书。

图书在版编目(CIP)数据

电子测量技术及应用/李希文，李智奇主编. —西安：西安电子科技大学出版社，2018.9

ISBN 978 - 7 - 5606 - 5023 - 4

Ⅰ. ① 电…　Ⅱ. ① 李…　② 李…　Ⅲ. ① 电子测量技术　Ⅳ. ① TM93

中国版本图书馆 CIP 数据核字(2018)第 191450 号

策划编辑　云立实
责任编辑　阎　彬
出版发行　西安电子科技大学出版社(西安市太白南路 2 号)
电　　话　(029)88242885　88201467　　邮　编　710071
网　　址　www.xduph.com　　　　　　　电子邮箱　xdupfxb001@163.com
经　　销　新华书店
印刷单位　陕西利达印务有限责任公司
版　　次　2018 年 9 月第 1 版　2018 年 9 月第 1 次印刷
开　　本　787 毫米×1092 毫米　1/16　印张 17.5
字　　数　414 千字
印　　数　1～3000 册
定　　价　40.00 元

ISBN 978 - 7 - 5606 - 5023 - 4/TM

XDUP 5325001 - 1

前　言

电子测量是获取信息的重要手段，与各个学科、各个行业有着十分密切的联系，在现代工农业生产、科学技术研究、国防现代化建设等各个技术领域都留有电子测量技术的"烙印"。例如，现代高科技中的火箭、导弹飞行轨道的控制，人造卫星飞行姿态的调整，必须有快速、精密的信息检测；现代化的大地测量、气象遥感、地质勘探等也都少不了应用电子技术手段进行测量。电子测量技术发展快、应用面宽，在现代科学技术中发挥着举足轻重的作用且占有重要的地位。

"电子测量技术"是建立在"电路分析基础"、"信号与系统"、"模拟与数字电路"、"计算机原理与应用"等基础课程内容之上的专业基础课程，它把电子、计算机、通信与控制等电子信息知识综合应用在测量科学技术之中。国内高校的许多理工科专业，尤其是电子信息类专业都相继把"电子测量技术"作为一门重要的技术基础性课程。由于该课程知识的综合性强，实践性、应用性特点突出，涉及了现代常用仪器的典型测量技术，因此通过对本课程的学习，学生不仅能获得电子测量技术及仪器方面的基础知识，掌握一门通用技术，而且能够提高分析问题、解决问题的能力以及综合运用知识的能力。

为了满足测控技术与仪器专业新的教学大纲需要，适应"厚基础、宽口径、通工程"的办学培养目标，我们编写了本书。本书从电子测量原理、测量误差分析及电子测量技术的应用这三个方面来阐述，三者之间的关系是，以测量原理为基础，通过测量误差的分析来提升，以实际应用为归宿。与一般电子测量技术教材不同的是，本书体现了以下三个方面的特征：

第一，紧扣电子测量技术的时频测量技术和电压测量技术这两个核心主题。时频测量技术和电压测量技术在当今电子测量的精度及信号处理方面的优势，使得它们在电子测量技术中起着测量的"引擎"和"领头羊"的作用，也是测量其它对象的技术"平台"，因此，时频测量技术和电压测量技术为本书重点介绍的内容。

第二，紧扣电子测量技术应用性强的特点，加大了电子测量技术在应用方面的内容介绍。在各章节的基本内容之后，皆有应用性内容举例。比如在第3章频率、时间测量技术和第4章电压测量技术的内容后面皆增加了相应技术的"应用系统模型组建"内容，这样就可以使学生认识到时频测量技术和电压测量技术在测量其它量值时的价值与作用。特别在第7章，介绍了电子测量知识在实际测量中的典型应用。

第三，紧扣电子测量技术知识综合性强的特点，加强各章节之间、电子测量技术课程内容和相关课程知识之间的衔接和联系。在介绍基本电子测量原理的基础上，加强了测量关系、典型测量电路的分析，提升了相关课程知识在电子测量技术课程的应用，扩大了学生的知识面，也有利于学生对相关课程知识的进一步巩固和掌握。

编者从事电子测量技术教学与研究工作多年，本书即是编者多年的教学体会和知识积累。在编写的过程中，编者认真学习和参考了国内外同行专家学者的有关教材、专著和论文，充分吸取了他们的学术知识和经验，并引用、充实于本书之中。

　　本书不仅适合作为测控专业学生入门的专业基础课教材，而且也适用于广大非测控专业的学生，即把本书作为了解电子测量技术，增强测试能力、技术应用能力的基础课程教材。本书的教学参考时数为48～64学时，各专业可根据实际情况对具体的讲授内容加以取舍。学生在学习过程中，应加强基本概念的理解、认知，加强理论知识和实际应用的联系，即应用所学的电子测量基本原理和方法，解决实际中的测量问题，切忌死记硬背。电子测量技术课程具有很强的实践性、应用性，教学过程中应开设一定的实验内容，以达到理论联系实际、综合运用知识的效果。本书中各章节的应用举例和第7章中电子测量技术应用的内容皆可作为实验内容的参考。每章后面附有思考与练习题，在学习过程中，学生应完成一定量的习题，训练运用所学知识来解决问题的能力。

　　本书由李希文、李智奇主编，参加编写的还有冯晓明、白小平、康乐、张延等。在编写过程中，得到了西安电子科技大学测控工程与仪器系有关学者的关心与支持，还得到了出版社策划编辑云立实同志热情的帮助，在此一并致以衷心的感谢。

　　由于编者水平有限，书中难免存在疏漏之处，殷切希望读者批评指正！

编　者

2018年3月

目 录

第1章 绪 论

1.1 测 量

1.1.1 测量的定义

测量和我们每个人的生活都有着密切的联系，人们或多或少对它有一定的了解，但对于"什么是测量"，并非每一个人能给出一个科学的定义，也并非每一个人能懂得它的真正含义。关于测量的科学定义，可以从狭义和广义两个方面进行阐述。

1. 狭义的测量的定义

测量是为了确定被测量的量值而进行的实验过程。在此过程中，人们借助专门的设备，把被测量直接或间接地与同类已知单位标准量进行比较，取得用数值和单位共同表示的测量结果。

上面关于测量的定义采用了传统的、经典的表述方法，较全面地阐明了测量的内涵。它表明：① 测量是通过实验过程去认识对象的，说明了测量的实践性；② 测量是通过比较来确定被测量数值的，测量的过程就是比较的过程，比较可采用直接或间接的方法进行，比较通常需要用专门的设备(测量仪器)才能实现；③ 测量需要有同类型已知单位标准量，即被测量必须有明确的定义，且其量值的标准已建立，在此前提下测量才可能实施；④ 测量的目的是对被测对象有一个定量的认识，测量的结果包括数值和单位。

直接比较测量和间接比较测量的狭义测量原理，可以用天平称重和弹簧秤称重的典型例子来说明。天平称重是将被测物体的质量与同类已知标准(即砝码)的质量，通过天平直接比较完成，测量结果是从所加砝码值获得的；弹簧秤称重是将被测重物与标准砝码的质量，通过弹簧装置间接比较完成，测量结果是从指针在刻度盘上对应的刻度数值获得的。弹簧秤在出厂前已经用标准砝码进行了标定和校准，弹簧秤度盘上的刻度是事先与标准量进行比较的结果。

2. 广义的测量的定义

测量是为了获取被测对象的信息而进行的实践过程。在这个过程中，人们借助专门的设备去感知和识别有关的信息，取得关于被测对象的属性和量值的信息，并以便于人们利用的形式表示出来。

所谓某事物的信息，即该事物(系统)的运动状态及其变化方式。世间万事万物，无不在运动。事物运动的状态也总会随着时间和空间的推移依照某种方式发生变化，这就是说，世界随时随地产生着巨量的信息。人们要认识世界，首先必须获取事物的信息。

广义的测量原理可以通过信息获取过程来说明，即通过信息的感知和识别两个环节来说明。信息获取的首要环节是信息的感知。信息感知的原理是通过感知系统与产生信息的源事物之间的相互作用，把源事物信息转化为某种物理量形式表现的信号。所以，感知的实质是信息载体的转换，这是获取信息的必要前提。但是，仅仅感知出信息还不够，还必须有能力识别所感受到的信息是有用的还是无用的(甚至是有害的)。如果是有用信息，还要用有效的方法把这种有用信息同其他(无用或有害)的信息分离开来，再判明它属于哪一类信息；如果是有害信息，则要找到有效的方法对它进行抑制或消除。有用信息识别的基本原理是与标准样本进行比较，判断出信息的属性和数量。为了对感知的信息进行定性区分和定量确定，需要建立信息类别相似性的表示和信息量值的度量，这是信息识别的主要任务。

广义地讲，测量不仅对被测的物理量进行定量的测量，而且还包括对更广泛的被测对象进行定性、定级的测量，例如故障诊断、无损探伤、遥感遥测、矿藏勘探、地震源测定、卫星定位等。而测量结果也不仅仅是由量值和单位来表征的一维信息，还可以用二维或多维的图形、图像来显示被测对象的属性特征、空间分布、拓扑结构等。

1.1.2 测量的意义

测量技术在国民生活、工业、农业、航空航天、生物医学及科学研究等各个领域都有着广泛的应用。

在人们的日常生活中，买东西要称重量，做衣服要量尺寸，安排工作需计时间，生病了要测体温；在家庭中常用的水表、电表、气表、空调机、洗衣机、电冰箱、电饭锅等，需要测量电压、电流、电能、温度、湿度、流量、水位等物理量。可见，人们随时随地都离不开测量。

现代化的工业生产，处处离不开测量。现代制造业建立在标准化与互换性的基础上，互换性的先决条件是零部件必须具有一定的精度，而精度取决于制造水平，并由测量水平来把握。测量是精细加工和生产过程自动化的基础，没有测量也就没有现代化的制造业。在产品设计和生产过程中，为了检查、监督、控制生产过程和产品质量，必须对生产过程中的各道工序和产品的各种参数进行测量，以便进行在线实时监控。生产水平越是高度发达，测量的规模就越大，需要的测量技术与测量仪器也就越先进。

在航空航天领域，作为现代科学技术尖端之一的火箭发动机，从开始设计到样机试飞，中间要进行成百上千次试验。火箭发动机的地面试车台就是一套完整的综合测量系统，为了研究发动机的强度，需要有数百个应变片和测振传感器；为了研究燃料工作的情况，需要测量发动机工作时有关部位的压力、流量、温度及转速等。新型火箭的设计，需要测试火箭高速飞行时在气流冲击作用下的性能，通过风洞试验测定箭身、箭翼的受力和振动分布情况，以验证和改进设计方案，仅此一项就要用到上千块应变片和相应的测量电路及仪器。而航天飞行中需要监测的参数有飞行参数、导航参数、运载火箭及发动机参数、座舱环境参数、航天员生理参数、飞行器结构参数等六大类五千多个参数。

在生物医学领域，通过对人体基因的测定和人体血液的定量分析，可以判断出病变的根源；对蛋白质的反应测量，可以了解胚胎生长情况；对细胞结构的测量，可以判断肌体是否发生病变。随着心电图机、CT多层螺旋扫描仪、核磁共振成像设备、动态心电血压测试系统、多普勒脑血管测量仪、超声诊断设备等现代医用诊断治疗仪的出现，人们可以快速、准确地测量出人体各部位的生理状态、温度分布等信息，使人类诊断疾病的效率、准确性和可靠性大大提高，增强了人类战胜疾病的能力。

测量科学的先驱凯尔文说："测量是知识的起点，也是你进入科学殿堂的开端。"物理学、化学、生物学、医学等皆是建立在实验之上的科学。俄国著名科学家门捷列夫说："没有测量，就没有科学。"一方面，测量推动了科学的进步和发展，离开测量就不会有真正的科学，比如说"没有望远镜就没有天文学，没有显微镜就没有细胞学，没有指南针就没有航海事业"，新的先进的测量手段，提高了人们对客观事物的认知，催生了新的科学理论，测量水平越高，提供的信息就会越丰富、越准确，科学技术取得的突破性就越大；另一方面，新的科学理论又不断催生出新的测量方法和手段，推进测量技术的发展并诞生新型的测量仪器，例如光电效应的发现促进了遥测、遥感技术的发展，压电效应的发现为一些非电参量的测量提供了新的途径。所以说，科学的进步同测量技术的发展两者密切相关，相互促进、相辅相成。

测量是人们认识事物、认识世界的钥匙。凯尔文说："一个事物，如果你能够测量它，并且能用数字来表达它，你对它就有了深刻的了解；如果你不知道怎样测量它，且不能用数字表达它，那么你对它的知识可能就是贫瘠的，是不令人满意的。"为了揭示世界的奥秘，人们用实验的方法去认识客观世界，用测量的手段获取实验数据，再对测量数据进行归纳、演绎，从而得出科学的理论，使感性认识上升到理论阶段。科学家为了解释一个现象或验证一个理论，往往要经过大量的实验和精确的测量，例如对宇宙微弱辐射信号的测量可以发现新的天体，对能量转移的测量可以发现新的基本粒子等。

1.1.3 测量技术

测量中所采用的原理、方法和技术措施，总称为测量技术。测量对象不同，所采用的技术措施不同。如被测量中有电量和非电量的区别，电量中又有幅值大小、频率范围、有源和无源、模拟与数字等不同，这些差别在测量中需要采用不同的技术措施。即使同一测量对象，一般也有多种测量技术可供选择，不同的测量技术，其测量效果是不同的。

1.1.4 与测量有关的术语

在了解测量的基本含义之后，下面就现实中常用的与测量同义的有关派生术语进行说明。

1. 定量、定性和定级的测量

前面指出，狭义的测量是量值的测量，它按一定准确度的要求确定被测量的实际值。它是一种定量的测量，追求的是精确，通常要对测量结果进行误差分析，并给出不确定度的数值。

广义的测量除量值测量外，还应包括属性的测量，即对被测对象属性的判断，如测量数字电路某点逻辑电平的高与低、故障的有与无、功能的正常与否。这类测量对量值的准确度要求不高，是一种粗略的测量，一般不要求进行误差分析，即不要求给出误差的数值。所以这类测量是一种定性测量。

此外，在实际中还有大量的等级测量，它是以技术标准、规范或检定规程为依据，分辨出被测量的量值所归属的某一范围带，以此来判别被测量是否合格（符合某种级别）的一种定级的测量。例如批量生产中对电阻器、电容器数值精度等级的测量，环境保护中对空气、水质等的质量等级测量等。

2. 测试

测试是测量和试验的总称，它包含了测量和试验的全部内容，既包括定量的测量，也包括定性的试验。

试验是为了察看某事的结果或某物的性能而从事的某种实践活动，它着眼于定性测量。例如，对于数字电路系统，测量某点是处于高电平状态还是低电平状态，只要它的电平在 $0 \sim 0.8$ V 之间，就认为是处于低电平，而不必关心它的具体数值，这样的过程，虽属于电压测量，但又和一般以定量为目的的电压测量不同。在现实中，某些被测对象只能作定性区别而无法作精确的定量确定。例如人的综合素质评定，其测评过程只能是带有一定模糊度的定性区别而不是带有精确度指标的定量确定。

现代的测试技术是传统的测量技术与微处理技术相结合的产物。微处理器的引入，大大提高了被测量的范围、种类及精度。自动测试技术就是现代测量技术的反映。对于一些大型电子系统，不仅需要对大量被测量进行测量，而且需要依据它们各自的大小及相互关系对系统的性能情况做出判断，这在自动故障诊断、自动修复技术方面具有重要意义。

包含定量测量和定性试验的"测试"一词带有广义测量的含义，一般来说，"测试"和"测量"可以看作同义词，不必严格区别。

3. 检测

检测包括检验和测量两方面的含义。

检验属于分级测量，即检查被测参量的量值是否处在某一范围带内，以此来判断被测参量是否合格或者现象是否存在。例如，机械加工中检验某零部件参数大小是否在公差带之内，并不要求准确知道其参数的具体数值。检验也含有定性检查的含义，例如检验电路板上元器件有无虚焊和漏焊，只要求发现有无虚焊和漏焊点的存在等。

在自动化生产领域，不仅要对产品性能进行检验和测量，还要对某个生产过程或运动对象的情况进行检查、监测和控制，这就需要时刻对各种参量的大小和变化情况进行有效的检测，并将其控制在最佳工作状态，所以说检测是控制的基础，控制又离不开检测。例如工业生产中温度、压力、流量、物位等的检测与控制，以及航空、航天等应用领域中各种技术参数的检测与控制，在这些领域，测量和控制是密不可分的，通常检测的对象是以各种各样的非电量为主，对这些对象进行检测时，往往要用传感器，所以检测常与使用传感器的非电量测量、自动控制等技术联系在一起。由此可见，检测是含有检查、检验、监督等比较广泛意义上的电量与非电量的测量。

此外，根据测量目的、对象、方法、手段、过程及效用等的不同，还出现了其它各种派生术语，例如感测（传感与测量，常用于非电量检测）、电测（电量的测量）、监测（监督与测量的总称，如环境监测）、观测（观察和预测，如天文、气象的观测）、探测（探索和测量，如太空、宇宙探测）、勘测（勘查和测量，如地形、地质勘测）、遥测（远距离的测量，如卫星、火箭遥测、遥控）、预测（预报与测量，如气候、地震、水情的预测），此外还有测控（测量与控制）、测绘（测量与绘图）、测验（测量与验证）、测定（测量与认定）等术语。在关于测量的各种术语中，测试和检测是与测量的广义含义相类同的、使用最广泛的两个术语。

1.2 计 量

1.2.1 计量的概念

随着生产的发展以及商品的交换和国际、国内交往的日益频繁，客观上要求对同一量在不同的地方、用不同的测量手段测量时，所得的结果是一致的。为了保证这种一致性，在不同的地方、不同仪器所用的单位已知量必须严格一致，这就需要有统一的单位以及体现这些单位的基准、标准和用这些基准和标准校准的测量器具，并以法律形式固定下来，从而形成了与测量有联系而又有区别的新概念——计量。

计量是利用技术和法制手段实施的一种特殊形式的测量，即把被测量与国家计量部门作为基准或标准的同类单位量进行比较，以确定合格与否，并给出具有法律效力的《鉴定证书》。可以说计量是为了保证量值统一和准确一致的一种测量。它的三个主要特征是统一性、准确性和法制性。计量包含了为达到量值统一和准确所进行的一切活动，如单位的统一、基准和标准的建立、量值的传递、计量监督管理、测量方法及其手段的研究等，因此，也可以说计量是研究测量、实现单位统一和量值准确可靠的科学。计量工作是国民经济中一项极为重要的技术基础工作，它在工农业生产、科学技术、国防建设以及人民生活等各个方面起着技术保障和技术监督的作用。

测量是通过测量仪器，采用一定的测量方法将被测未知量和同类已知的标准单位量进行比较的过程，这时认为被测量的真实数值是存在的，测量误差是由测量仪器和测量方法等引起的。计量是通过计量器具用法定标准的已知量与同类的未知量（如受检仪器）进行比较的过程，这时认为标准量和体现标准量的计量器具是准确的、法定的，而测量误差是由受检仪器引起的。在测量过程中，已知量是通过所使用的测量仪器直接或间接地表现出来的，为了保证测量结果的准确性，必须定期对测量仪器进行检定和校准，这个过程就是计量。计量是保证量值统一和准确可靠的一种特殊形式的测量，所以，计量和测量是既有密切联系又有一定区别的两个概念。

计量是测量发展的客观需要，是测量数据准确可靠的保证。计量也是测量的基础和依据，没有计量，也谈不上测量。测量又是计量通向实际应用的重要途径，可以说没有测量，计量也将失去意义。计量和测量相互配合，才能在国民经济中发挥重要作用。

1.2.2 单位和单位制

任何测量都要有一个统一体现计量单位的量作为标准，这样的量称作计量标准。计量单位具有明确的定义和名称，根据定义，系数为 1 的量称为单位。例如长度单位 1 米（m），时间单位 1 秒（s）等。单位是表征测量结果的重要组成部分，又是对两个同类量值进行比较的基础。

计量单位是依据严格的科学理论进行定义的，并且具有统一性、权威性和法制性。在 1948 年第 9 届国际计量大会上通过一项决议，建议国际上采用一种以实用单位为基础的统一单位制。1960 年第 11 届国际计量大会上正式通过了这种单位制，命名为国际单位制，并规定以 SI 作为国际单位制的简称。我国确立了以国际单位制为基础的法定计量单位，国家以法律形式强制使用。1984 年 2 月国务院颁布了《中华人民共和国法定计量单位》，决定我国法定计量单位以国际单位制为基础，并包括 11 个我国选定的非国际单位制单位，即时间（分、时、天）、平面角（秒、分、度）、长度（海里）、质量（吨、原子质量单位）、体积（升）、面积（公顷）、转速（转每分）、速度（节）、能（电子伏）、级差（分贝）和线密度（特克斯）。

在国际单位制中，单位包括了基本单位、导出单位和辅助单位三类。基本单位是那些可以彼此独立地加以规定的物理量单位，共有 7 个，分别是长度单位米（m）、时间单位秒（s）、质量单位千克（kg）、电流单位安培（A）、热力学温度单位开尔文（K）、发光强度单位坎德拉（cd）和物质量单位摩尔（mol）。由基本单位按定义、定律或一定的函数关系推导出来的单位称为导出单位，如力的单位牛顿（N）定义为"使质量为 1 千克的物体产生加速度为 1 米每 2 次方秒的力"，即 $N=kg \cdot m/s^2$。在电学量中，除电流外，其它物理量的单位都是导出单位，如：频率的单位为赫兹（Hz），定义为"周期为 1 秒的周期现象的频率"，即 $Hz=1/s$；电压的单位伏特（V），定义为"在载有 1 安培恒定电流导线的两点间消耗 1 瓦的功率"，即 $V=W/A$ 等。国际上把既可以作为基本单位又可作为导出单位的单位叫做辅助单位，国际单位制中包括两个辅助单位，分别是平面角的单位弧度（rad）和立体角的单位球面角（sr）。

由基本单位、导出单位和辅助单位构成的完整体系，称为单位制。单位制随基本单位的选择不同而不同，例如：若确定厘米、克、秒为基本单位，则速度的单位厘米每秒（cm/s），密度的单位克每立方厘米（g/cm^3）等构成一个体系，称为厘米克秒制。国际单位制就是由 7 个基本单位、2 个辅助单位及 19 个具有专门名称的导出单位构成的一种单位制。

1.2.3 计量标准

计量标准也称作计量基准，它是在严格的科学理论定义的基础上建立的。计量标准（基准）是指用当代最先进的科学技术、最高的加工工艺水平，并以最高的准确度和稳定性建立起来的专门用以规定、保持和复现物理量计量单位的特殊量具或仪器装置等，它是用作参考的实物量具、测量仪器、参考物质或测量系统。根据标准的地位、性质和用途，标准通常分为主标准、副标准和工作标准，也分别称作一级、二级和三级标准。

（1）主标准（一级标准）：用来复现和保存计量单位，具有现代科学技术所能达到的最高准确度的计量器具，经国家鉴定批准，作为统一全国计量单位量值的最高依据。因此，主标准也叫国家标准。在确立一个国家计量标准时，必须经过严格的法定手续，所以它具有最高的计量权威性，其量值的确定不必参照相同量的其它标准，是被指定的或普遍承认的标准。一个国家，体现某一测量单位量值的国家标准只有一个，因此，主标准也称作原始标准。

（2）副标准（二级标准）：通过与相同量的主标准比对，确定其量值并经国家批准的计量器具或标准，其地位仅次于国家标准。副标准的量值准确度由主标准确定，平时用以代替主标准向下（如省一级计量部门）传递基本测量单位的量值标准，或代替主标准参加国际比对，以确定各国主标准的准确度，这样可保证主标准不致因经常使用和搬动而降低其准确度。

（3）工作标准（三级标准）：通过与主标准或副标准比对或校准来确定其量值并经国家鉴定批准用以检定下属计量标准的计量器具或标准。它在全国作为复现计量单位的地位仅在主标准和副标准之下，用于日常校准（检定）或核查实物量具、测量仪器或标准物质。工作标准用来直接向下属标准量具进行量值传递，用以检定下属计量标准量具的准确度。设立工作标准的目的是为了不使主标准和副标准由于频繁使用而丧失其准确度，因为主、副标准器具的工艺、结构一般都十分精细，价格昂贵，操作复杂，对环境条件及其稳定性也有严格要求，不宜经常使用或搬动。在实际测量中，根据工作标准还复现出各种不同等级的便于经常使用的工作计量器具或仪器，通过这些工作计量器具经常性地对日常工作仪器进行检定、标定。

需要说明的是：首先，标准（基准）本身并不一定刚好等于一个计量单位，例如铯原子频率标准所复现的时间值不是 1s 而是 $(919261770)^{-1}$ s，氪长度基准复现的长度单位不是 1 m，而是 $(1\ 650\ 763.73)^{-1}$ m，标准电池复现的电压值不是 1 V，而是 1.0186 V 等。另外，一个时期的测量标准只能反映当时的人类认识水平和科学水平，随着时代的前进、科学的进步、人们认识的深入、测量水平的提高，各种测量标准会不断变化、不断向前发展。例如，长度标准由原器标准发展到原子标准，长度测量精确度有了长足的进步。用米尺测量长度只能精确到毫米，即 1 mm 是最小的长度单位。用游标卡尺测量长度时，精确度可提高到 0.1 mm。在游标卡尺上配上光栅，用记录光脉冲数的办法可精确到 0.01 mm。如果用精密光学仪器测量长度，其精确度可达到埃（Å，$1\text{Å}=10^{-10}$ m）。用纳米激光尺测量长度，精确度可达到纳米（10^{-9} m）。又如，在时间的测量上，从早期人们把地球自身的旋转周期作为计时标准，使时间测量的精确度可达到 1 s，到 20 世纪 90 年代，科学界做出了铯原子钟，使得推算的计时精确度在三百万年内也不超过 1 s。这些例子说明任何测量标准都是相对的，只能反映当时的科学技术水平，永远也不会有绝对的测量标准存在。如何根据一个时期的科学技术水平去定义和确立测量标准，是计量科学的研究课题。

1.2.4　计量标准的传递

首先介绍有关标准传递的几个基本概念。

标准器具：能够复现量值或将被测量转换成可直接观测的指示值或等效信息的仪器、量具、装置等。

工作器具：在工作岗位上使用的，直接用来测量被测对象量值的，而不是用于进行量值传递的仪器、用具或装置等。

检定：使用高一等级准确度的计量器具对低一等级的计量器具或工作器具进行比较，以达到全面评定被检器具性能是否合格的测量过程。一般要求计量标准的误差为被检者的 1/3 到 1/10。

比对：在规定条件下，对相同准确度等级的同类标准或工作器具之间的量值进行比较，其目的是考核量值的一致性。

校准：被校器具与高一等级的计量标准相比较，以确定被校器具的示值误差或其它性能指标，供测量时参考。一般来说，检定要比校准包括更广泛的内容。

测量标准的传递由国家主标准、副标准逐级向下传递，一直传递到日常工作的各种量具和仪器。测量标准传递的准则是：高一级测量标准检定低一级测量标准的精确度；同级测量标准的精确度只能通过比对来鉴别。量值传递过程是：各地区或各部门所使用的计量标准器具和上级标准相比较，若比较结果的误差在允许的范围内，这些标准器具就可作为地区或部门的计量器具的标准，再下一级的标准量具就以这些标准量具为标准进行比较，若比较结果的误差在允许范围内，就可作为更下一级的标准器具，这样逐级比较，逐级传递，直至工作量具。这样一级一级地对测量标准进行传递，就可以将测量标准统一在国家标准的监理之下。

检定是测量标准传递的具体形式，各级计量局、计量检定所（或站）按照法定的程序（包括检定方法、所用设备、操作步骤等），定期对各级各类测量标准进行检定，行使国家对测量标准的行政管理权，对达到检定标准者发给合格证书，持有合格证书的测量标准才具有法律效力。新生产的测量器具在制造完毕后，必须按照规定等级的标准（工作标准）进行校准和标定，再由有关计量部门进行检定，对达到检定标准者发给合格证书；各种类别等级的标准以及各种工作测量仪器在使用一段时间后，由于元器件、部件的老化或性能的不稳定等都将引起准确度的下降，也必须定期地进行检定和校准，发给新的检定合格证书，合格证书的有效期已超过者，所标定的准确度是不可信的。检定和校准是各级计量部门的重要业务活动，正是通过这些业务活动和国家的有关法令、法规的执行，才能将全国各地区、各部门、各行业、各单位都纳入法律规定的完整计量体系之中，从而保证现代社会的生产、科研、贸易、日常生活等各个环节的工作顺利进行。

我国已建立起了一套完整的计量体系，国家计量科学研究基地用于研究和保存的国家计量标准就有 10 大类 147 项，拥有 800 多种一级标准物质库，它们与国际上保持一致，是国内量值溯源的基础。各级政府也基本上建立了可溯源至国际标准的各个等级的社会公用计量标准，各行各业也都有自己的计量器具和量值传递系统，形成了以地区覆盖为主的多层次计量标准网和计量检定网，构成了一个基本上可满足社会和国民经济需求的较完整的溯源体系。

1.3　电　子　测　量

电子测量是泛指以电子技术为核心手段的一种测量技术，它是利用电子技术获得测量对象量值的实践过程。

电子测量中运用了电子科学的原理、方法和设备，除了对各种电信号、电路元器件及电子系统等的特性和参数进行测量外，更重要的意义是可通过各种传感器件和装置对非电量进行测量。在此过程中，通过传感器等转换手段，将测量对象量值转换为对应的电参量大小（如直流电压量值，交流电压的幅值、频率、相位，R、L、C 等电参数值）。在电子技术领域，对相应的电信号进行处理、比较及标定，从而获得测量对象量值（信息），这种测量更加方便、快捷、准确，有时是其它测量方法所不能替代的。

1.3.1　电子测量的意义

电子测量不仅用于电学各专业，也广泛用于物理学、化学、光学、机械学、材料学、生物学、医学等科学领域及生产、国防、交通、通信、商业贸易、生态环境保护乃至人们日常生活的各个方面。

如果说天文学、力学、光学是古典科学的代表，那么电子信息科学则是现代科学技术的象征。目前，世界上正进行一场以电子信息技术为基础的新技术革命，它给人类社会和国民经济带来了巨大的、广泛的、深刻的影响。现代信息科学技术的三大支柱是：信息获取技术(测试技术)、信息的传输技术(通信技术)、信息的处理技术(计算机技术)。在这三大技术中，信息获取(测试)是首要的，是信息的源头。没有信息，传输就是无源之水，处理更是无本之木。传感器技术、电子测量技术是获取信息的重要途径和保证。例如，在现代化的生产工厂内或一个现代化的产品中，都配备了大量的测试点。据统计，一辆汽车内配备的监测点有 50～100 个，一架飞机内约有 3000 个，一台大型发电机组约有 4000 个，一个大型石油化工厂约有 6000 个，一个大型钢铁厂约有 2 万个，这些监测点皆需要通过各种传感器来完成信息的获取。电子测量技术也是自动化技术的基础和保证，在石油、化工、电力等自动化生产中，常常需要对生产过程中的温度、压力、流量、物位等参数进行测量，将测量数据处理后，进行相应的控制，以保证产品质量和生产过程的平稳进行。在此过程中，电子测量的技术和成本直接关系到自动化系统的技术水平和成本。

近几十年来，电子技术，特别是计算技术和微电子技术的迅猛发展，为电子测量和测量仪器增添了巨大活力。电子计算机尤其是微型计算机与电子测量仪器相结合，使功能单一的传统仪器变成了技术先进的、功能更加丰富的一代崭新的智能仪器和由计算机控制的模块式自动测试系统。微电子技术及相关技术的发展，不断为电子仪器提供各种新型器件，如 ASIC(专用集成电路)、信号处理器芯片、新型显示器件及新型传感器等，不仅使电子仪器变得“灵巧”——功能强、体积小、功耗低，而且使过去难以测试的参数变得容易测试。利用智能仪器或自动测试系统可以实现对若干电参数的自动测量以及自动量程选择、数据记录、数据处理、数据传输、误差修正、自检自校、故障诊断、在线测试等功能，不仅改变了若干传统测量观念，更对整个电子技术和其它科学技术产生了巨大的推动作用。

在现代，电子测量技术(包括测量理论、方法，测量仪器装置等)已形成了电子科学领域重要且发展迅速的分支，广泛应用于人类活动的各个领域、各领域的各种工作系统及各系统的各种工作环节之中，促进了科学技术的进步和人们生活水平的提高。

工程上的一切工作系统或装置(包括电子工作系统或装置)都是在自觉不自觉地进行着测量关系的转换和大小关系的比较，这样就可以把与电子技术相关的具体活动看作是具体的电子测量活动，因此可以说大家所学习的与电子技术有关的一切课程都是电子测量知识体系中的一部分，从事的与电子技术有关的工作都是在默默地进行着电子测量的具体工作，或者说是电子测量技术工作的分工、拓宽或延伸，即有电子技术应用的地方就有电子测量技术的烙印。

1.3.2　电子测量的内容

从广义上说，电子测量是指以电子技术理论为依据，以电子测量仪器或装置为手段，对电量和非电量进行的测量。其中电量测量内容包括以下几个方面：

(1) 电信号能量参数测量。电信号能量参数测量包括各种波形电信号的电压、电流、功率等的测量。

(2) 电信号特性参数测量。电信号特性参数测量包括各种交变信号的幅度、频率、周期、相位、失真度、调幅度、调频指数及数字信号的逻辑状态等的测量。

（3）电子元器件参数测量。电子元器件包括电阻、电感、电容、运算放大器及各种逻辑门等。器件参数测量包括电阻值、电感值、电容值、阻抗值、品质因数、运放及逻辑门特性参数等的测量。

（4）电路（单元/系统）或电子设备的特性参数测量。电路（单元/系统）或电子设备的特性参数测量包括增益、衰减、灵敏度、频率特性、噪声指数、输入/输出阻抗等的测量。

上述各项测量内容中，尤以频率、时间、电压、相位、阻抗等基本电参数的测量更为重要，它们往往是其它参数测量的基础。例如，放大器的增益测量实际上就是其输入、输出端电压测量；脉冲信号波形参数的测量可归结为电压和时间的测量；许多情况下电流测量是不方便的，就以电压测量来代替，间接地得到电流的大小。同时，由于时间和频率测量具有其它测量所不可比拟的准确性，且技术发展很快，因此人们越来越关注把其它待测量转换成对应时间或频率量进行测量的方法和技术。

在工业生产、现代化农业、航空航天和科学研究等领域，常常需要对许多非电量进行测量，传感技术的发展为这类测量提供了新的方法和途径。现在，可以利用各种敏感元件和传感装置将非电量如位移、速度、温度、压力、流量、物位、物质成分等变换成电信号，再利用电子测量技术进行测量。在一些危险的人们无法进行直接测量的场合，这种方法几乎成为唯一的选择。在自动化生产中，将生产过程中各有关非电量转换成电信号进行检测，其测量数据经过处理后，提供给控制装置，以保证生产过程的平稳进行。

1.3.3 电子测量的特点

由于采用了电子技术，与其他测量方法和测量仪器相比较，电子测量和电子测量仪器具有以下特点。

1. 测量频率范围宽

除测量直流电信号外，电子测量可以测量交流信号的频率，范围低至 10^{-6} Hz 以下、高至 10^{12} Hz 以上。当然，不能要求同一台仪器能在这么宽的频率范围内工作，通常是根据不同的工作频段，采用不同的测量方法或测量仪器。例如，在较低频段，常采用直接计数法测量频率；而在微波频段，由于受电子器件工作速度的限制，则需将微波信号频率变换成较低的中频频率后再进行计数测量。上述两种测量，无论在技术方法还是在测量设备上都大不一样。当然，随着技术的发展，能在相当宽的频率范围内正常工作的仪器不断地被研制出来。例如，现在一台较为先进的频率计，频率测量范围可以低至 10^{-6} Hz，高至 10^{11} Hz。

对于非电交流信号，若采用非电子测量技术测量宽范围的频率，其难度是很大的，但如果将非电交流信号转换为同频率的电交流信号进行频率测量，就方便多了，且精度高，因为电信号可以按频率大小分段处理。

2. 测量量程宽

量程是测量范围的上下限值之差或上下限值之比。电子测量的另一个特点是被测对象的量值大小相差悬殊。例如，地面上接收到的来自太空的宇宙飞船发来的信号功率可低到 10^{-14} W 数量级，而远程雷达发射的脉冲功率可高达 10^8 W 以上，两者相差 22 个数量级。

一般情况下，使用同一台仪器，采用同一种测量方法，难以覆盖如此宽的量程。随着电子测量技术的不断发展，单台测量仪器的量程也可以做到很宽。例如高档次的数字万用表对电阻测量，小到 $10^{-5}\Omega$，大到 $10^{8}\Omega$，量程达到 13 个数量级；电压测量由纳伏（nV）级到千伏（kV）级，量程达到 12 个数量级；高档次数字式频率计，其量程可达 17 个数量级。

对于非电量测量，若采用非电子测量技术，测量宽的范围其难度是很大的，但如果将非电量转换为对应的电量测量，就方便多了，且精度高，因为可以按电量大小分段处理，过小的量可以采用放大技术，过大的量可以采用衰减技术，从而提高了测量对象的下限与上限。

电子测量的测量范围宽可以这样来理解：一是电参量的测量范围宽，二是对应非电参量的测量范围宽。对于非电参量的测量范围宽又可以这样来理解：一是一定电参量的范围可对应比较大的非电量对象的范围，二是电参量在宽的范围内也可以很方便地用电子技术处理。

3. 测量准确度高

采用电子测量技术，大大提高了各种测量的准确度，但就整个电子测量所涉及的测量内容而言，测量结果的准确度是不一样的，有些参数的测量准确度可以很高，而有些参数的测量准确度相对较低。例如，对频率和时间的测量，由于采用了原子频标作为基准，测量准确度可以达到 $10^{-14}\sim10^{-13}$ 的数量级，这是目前在测量准确度方面达到的最高指标；而长度测量和力学测量的最高准确度为 10^{-9} 量级，直流电压测量的最高准确度为 10^{-8} 量级。现代电子测量仪器，采用高性能的微处理器、DSP 芯片，提高了对测量数据的处理能力，大大减小了测量误差，进一步提高了测量的准确度。

对于非电量测量，若采用非电子测量技术，达到高的测量准确度难度是很大的，但如果将非电量转换为对应的电量测量，就容易多了，因为电量信号很容易处理，如放大、滤波及数字化处理等，从而大大提高了测量准确度。

4. 测量速度快

非电子手段的测量，由于测量环节的惯性影响，测量速度不高。而电子测量是基于电子运动和电磁波的传播，加之现代测试系统中高速电子计算机的应用，使得电子测量无论在信号的转换还是在测量结果的处理和传输上，都可以以极高的速度进行，这也是其它测量方法无法比拟和电子测量技术广泛用于现代科技各个领域的重要原因。比如像卫星、火箭、宇宙飞船等各种航天器的发射与运行，没有快速、自动和实时的测量与控制是无法实现的。

5. 可以进行遥测

电子测量可以通过电磁波的传播进行信息传递，很容易实现遥测、遥控。在测量中，可以将现场各待测量转换成易于传输的电信号，用有线或无线的方式传送到测试控制台（中心），从而实现遥测和遥控。对那些距离远的、环境恶劣的、高速运动的、人们难以接近的区域（如卫星、深海、地下核反应堆等），可以通过传感器或电磁波、光、辐射等方式进行远距离非接触式测量。

6. 易于实现测试智能化和测试自动化

电子测量本身是电子科学一个活跃的分支，电子科学的每一项进步，都非常迅速地在电子测量领域得到体现。电子计算机，尤其是功耗低、体积小、处理速度快、可靠性高的微型计算机的出现，给电子测量理论、技术和设备带来了新的革命。现在，大量带有微处理器的电子测量仪器不断出现，许多还带有 GPIB 标准仪器接口，可以在各仪器之间、仪器与计算机之间，很方便地用标准总线连接起来组成自动测试系统，实现程控自动校准、自动量程切换、自动故障诊断，对于测量结果自动进行数据运算、分析和处理，自动记录或显示。特别是基于 VXI、GPIB、RS-232C 等接口的虚拟仪器，由于充分利用了计算机的软件资源，可通过软件完成测试任务，因而开创了自动测试技术的新局面。

7. 易于实现仪器的小型化

随着电子技术、材料制造技术的发展和人类活动及生活需求的改变，电子仪器正朝着小型化、低功耗方向发展。可编程器件、ASIC 电路、高集成度的微电子器件的采用，可使电子仪器的体积做得越来越小，功耗越来越低，功能越来越丰富。特别是将多个仪器模块连同微处理器装入一个机箱内组成的自动测试系统，在航空航天、军事等技术领域正发挥着越来越重要的作用。

1.3.4 电子测量的一般方法

测量一个被测量，可以选用不同的测量方法，测量方法的选择正确与否，直接关系到测量结果的可信赖程度，也关系到测量工作的可行性和经济性。采用不当或错误的测量方法，除了不能得到正确的测量结果外，甚至会损坏测量设备和造成不必要的浪费。另外，即使有了先进的测量仪器，也并不一定就能获得准确的测量结果，只有根据不同的测量对象、测量条件和测量要求，选择合理的测量方案、正确的测量方法及合适的测量仪器，才能得到理想的测量结果。测量方法按技术特点分类有多种分类形式，下面介绍常见的两类分类方法。

1. 按测量手段分类

1）直接测量

直接测量是指直接从测量仪表的读数获取被测未知量量值的方法。例如，用电压表直接测量电路某点的电压，用计数式频率计直接测量某信号的频率，用电位差计测量电压等，都是将未知量与同类标准量在仪器中进行比较，从而直接获得未知量数值的方法。

需要说明的是：第一，直接测量并不意味着一定是用直读式仪器进行测量，许多比较式仪器，例如电桥、电位差计等，虽然不是直接从仪器度盘上获得被测量的数值，但因进行测量的对象就是被测量本身，所以仍属于直接测量。第二，直接测量并不等于采用直接比较法进行测量，例如用电压表直接测量电路某点的电压，是采用间接比较法来完成的，而用电位差计测量电压，是采用直接比较法来实现的。

直接测量的特点是不需要对被测量和实测量进行函数关系的辅助运算，因此，测量过程简单迅速，是工程测量中广泛采用的测量方法。

2）间接测量

间接测量是利用直接测量的量与被测量之间的函数关系（可以是公式、曲线或表格等），间接得到被测量量值的测量方法。例如，测量电阻 R 上消耗的直流功率 P，可以通过直接测量电压 U、电流 I，然后根据函数关系 $P=UI$，经过计算，间接获得电阻上的功耗 P。

间接测量较之直接测量费时费事，常在下列情况下使用：直接测量不方便，或缺少直接测量仪器，或间接测量的结果较直接测量更为准确等。间接测量适用于人们不可能或不适合对测量对象进行直接测量、而只能在远离被测对象的地方进行间接测量的场合，例如运载火箭的轨道参数和具有放射性物体的参数等的遥测。

2. 按被测量的性质分类

1）时域测量

时域测量以获取被测对象或系统在时间领域的特性为目的，主要用于测量被测对象的幅度-时间特性，以得到信号波形和系统的瞬态响应（阶跃响应或冲击响应），因此也称为瞬态测量，它是研究信号随时间变化和分析系统瞬态过程的重要手段。

一般用于时域测量的测试信号为脉冲、方波及阶跃信号，特别是持续时间极短的单脉冲和上升时间足够快的阶跃信号，其频谱相当丰富，具有近于连续的频谱，如果用这样的单个脉冲或单次阶跃函数作为激励信号，可以向被测系统提供几乎全部的频谱，基本上可以对被测系统做出全面的描述，因而有人把时域测量也称为脉冲测量。示波器特别是数字示波器是时域分析仪器的典型代表。

2）频域测量

频域测量以获取被测信号或被测系统在频率领域的特性为目的，通过测量被测对象的复数频率特性（包括幅度-频率特性和相位-频率特性等），来得到信号的频谱或系统的传递函数。

频域测量的主要对象是信号频谱和网络特性。无论是分析信号的频谱成分还是测量电路系统（单元）的频率响应，常常基于正弦波测量技术。由于正弦波测量必须在被测系统达到稳定状态时进行，所以频域测量也称为稳态测量。

根据傅氏理论，可以将一个复杂的信号用许多不同频率、幅度和相位的正弦波信号成分来表示。频谱分析仪是频域测量中的一种极为重要的仪器，它能进行频谱分析，并广泛用于测量信号电平、频率和频率响应、谐波失真、互调失真、频率稳定度、频谱纯度、调制指数和衰减量等。用正弦波测量技术进行网络分析，可以测量一个系统的灵敏度、增益、衰减、阻抗、无失真输出功率、谐波分析、延迟失真、噪声系数、频率特性和相频特性等多种参数，网络分析仪、扫频仪是这类测量仪器的典型代表。

3）数据域测量

数据域测量以获取被测系统的逻辑状态或逻辑关系为目的，也称逻辑量测量或数字测量。和传统的正弦波测量技术、脉冲测量技术一样，数据域测量仍然从研究被测系统的激励-响应关系出发，测量被测系统的工作性能。所不同的是，在数据域测量中，被测量的对象是数字脉冲电路或工作于数字状态下的数字系统，其激励信号不是正弦波信号、脉冲信号之类的模拟信号，而是二进制码的数字信号。

对系统进行测量的一般方法是：在系统输入端加数字激励信号，观察由此产生的输出响应，既可以分析系统的功能及特性，也可以进行故障分析与诊断。故障诊断的方法是将系统实际输出响应与预期的正确结果进行比较，如果一致则表示系统正常，否则表示系统有故障。通过分析还可确定故障的位置（故障定位）。

逻辑分析仪是数据域测量的重要工具，它可以同时观察系统多条数据通道上的逻辑状态，或者显示某条数据线上的时序波形，还可以借助计算机分析大规模集成电路芯片的逻辑功能等。数据域测量技术在自动测试技术、测量智能化和自动化等方面起着很重要的作用。

4）随机测量

任何客观事物总是存在于一定环境之中，避免不了会受到各种外界因素的干扰，这些干扰使得事物的运动具有一定的随机性。为了描述这类事物，出现了一门较新的测量技术，即随机测量技术。另外，由于事物内部细微结构的复杂性，被描述的事物也很难用几个简单变量来确定其运动状态，需要使用概率统计方法，故把这类测量技术也称为统计测量技术。

随机测量主要对各类噪声信号进行统计分析和动态测量，最普遍存在、最有用的随机信号是各类噪声，所以随机测量技术又称为噪声测量技术。随机测量技术是认识含有不确定性事物的重要手段。在测量中，利用噪声作为随机信号源进行测量，研究系统的动态特性以及埋藏在噪声背景中的微弱信号等。其内容主要包括以下两个方面：

（1）用已知特性的噪声作为激励源，对被测系统进行统计特性的测量，研究被测系统的特性。噪声信号统计特性包括如时域中的均值、方均根特性，频域中的频谱密度函数、功率谱密度函数等。

（2）在噪声背景下，对信号，特别是微弱信号进行精确测量。

1.4 电子测量的基本技术

电子测量技术是一门综合性的技术，一个电子测量系统（仪器）需要各种基本技术作为支撑。图 1-1 为一般电子测量系统的基本结构框图，主要包括关系变换部分、信号放大部分、信号处理部分及结果显示部分。实际中的各种电子测量系统（仪器），各部分的位置关系及具体内容是不同的，现就一般电子测量（系统）所涉及的基本技术做一简单介绍。

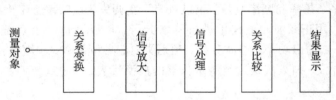

图 1-1 电子测量系统基本结构

1.4.1 变换技术

电子测量技术最常用的几种变换有参量变换、量值变换、频率变换、波形变换和能量变换等，下面简单介绍它们的变换原理。

1. 参量变换

为了便于进行测量，常常将被测参量作必要的变换。参量变换的形式很多，常见的有 Ω/V 及 I/V 变换、V/F 及 F/V 变换、V/T 及 T/V 变换、A/D 及 D/A 变换、网络参数变换等。

（1）Ω/V 及 I/V 变换。由于直流电压的测量最方便，精确度也高，所以常把电流、电阻等参量变换成直流电压来测量，这种技术在多用仪表中被广泛使用。

（2）V/F（电压/频率）变换。由于计数法频率测量既简便又精确，所以在数字测量中也常将电压量变换成频率量进行测量。V/F 变换多用于数字电压表、数据采集系统、遥测和一些工程测量装置之中。此外，基于 V/F 变换原理的压控振荡器（VCO）广泛用于锁相、扫频、合成源、频谱仪中。同样，在一些测量装置中，需要将频率量变换成模拟电压量。

（3）V/T（电压/时间）变换。时间和频率一样，也是一个极易数字化测量的参量。若将模拟直流电压大小转换成相应的时间间隔，同样可以实现直流电压的精确测量。例如斜坡电压式、双斜率积分式、脉冲调宽式等技术，广泛应用于各类数字电压表中。

（4）A/D 及 D/A 变换。将模拟量转变为数字量（A/D）或将数字量转变为模拟量（D/A），在数字测量技术、数字式仪器、智能仪器和自动测量系统中是必不可少的变换单元。

（5）网络参数变换。用传统的测量方法测量网络参数技术难度大，利用现代的自动测试技术，只需要测出网络（电路或器件）最容易测量的一组参量，再根据已知的函数关系经过一定的变换，就可得出其它参量，如衰减、增益、相位、反射系数、电压驻波系数、阻抗、回损和群延迟等。现代微波网络自动测试系统测量的就是变换成新的意义下的散射参量（S 参量）。

2. 量值变换

量值是指电压、电流、功率、阻抗、时间等电参量的幅值大小。量值变换，一般是通过放大器或衰减器，把它们的幅值按比例增大或衰减，从而把处于难以测量的边缘状态（太小或太大）的被测量，变换为量值适中的量进行测量。通过量值变换，可扩展测量范围，提高测量分辨力和准确度。

在量值变换中，还采用分流器、比例变压器或定向耦合器等，把被测电流、电压或功率的量值降低或升高到一定的范围后进行测量。

3. 频率变换

常用的频率变换有 AC/DC、DC/AC、AC/AC 等。

（1）AC/DC：把交流电压量变换成直流电压量，即检波技术。例如，用磁电式仪表和数字电压表测量交流电压，必须把交流信号转换成相应的直流信号进行测量。

（2）DC/AC：把直流电压调制成交流电压。测量微弱的直流电压时，通常先把直流电压调制成交流电压，经过交流放大后，再把交流电压还原为直流电压，即斩波放大技术。

（3）AC/AC：对两个信号的频率进行和或差的运算，从而把一种频率的信号变换成另一种频率的信号，广泛应用在变频（混频）技术、频率合成技术等方面。

4. 波形变换

在电子测量中，为了满足一定的技术要求，常常需要对各种波形进行一定的变换。例如，矩形脉冲通过微分后形成一个窄脉冲用于计数测量；多个波形叠加，合成为复杂波形，用于视频信号波形的显示；方波变换成三角波、三角波变换成正弦波等，用于多波形函数发生器中等。常用的波形变换技术有比较、微分、限幅及合成等，

5. 能量变换

能量变换一般是指将各种形式的物理量（一般为非电量）变换为电参量。各类传感器就

是能量变换器。能量变换器可分为参量变换器及电势变换器两大类。参量变换器将各种物理量变换成电阻、电感、电容或磁导率等电参量。例如，常用的电阻丝应变片、光敏电阻、热敏电阻、压敏电阻、气敏电阻、声敏电阻以及电感式变换器、电容式变换器等都属于参量变换器。电势变换器是将各种物理量变换成电势、电流等电量的变换器，它把机械量、热能、压力、光通量、离子浓度等物理量变换成电势量、电流量。例如，压电传感器、霍尔传感器等都属于电势变换器。

以上两类能量变换均是指从非电量变换成电参量。实际中，电子测量更离不开从电量变换成非电量的能量逆变换。例如，在各种显示器中，要将以电量形式表示的测量结果变换成人的视觉能直接感知的机械量、光学量等非电物理量，如指针的偏转，发光的数码、字符和图像等，这些皆需要逆变换来完成。

现代电子测量广泛采用了各种变换技术。例如，以数字万用表测量交流电流的过程中，要把被测交流电流变换成人眼可见的相应数码信息，至少经过了 6 次变换，其中包括：① 交流电流/交流电压的变换；② 交流电压/直流电压的变换；③ 直流电压的幅值变换；④ 模拟/数字的变换；⑤ BCD 码/七段码的码制变换；⑥ 显示器件的电/光转换等。

例 1-1 试说明实现弹簧秤、指针式直流电压表、电子示波器等三种仪器的测量功能所采用的变换技术。

从采用的基本变换技术来看，弹簧秤是把物体的质量变成了人眼可直接感知的弹簧长度的变化，进行了机械量到机械量的变换；指针式直流电压表是用电表把电压的量值变成了人眼可直接感知的电表指针偏转角度的大小，进行了电量到机械量的变换；示波器是把电信号的波形无失真地变换成了在荧光屏上人眼可直观感知的光信号的波形，进行了一次电到光的变换。

当然，更仔细地分析可以发现，在电压表和示波器中还不只进行一次变换。例如，直流电压表为了扩展量程，以便能够测量不同大小的电压，在指针式电表前面加有放大器和衰减器，进行了电压幅值的变换；此外，动圈式电表是由电流驱动的，因此还进行了一次电压到电流的变换。电子示波器显示的信号波形包含幅值和时间二维参量，因此还经历了多种中间变换：在幅值上，包含电压量值的变换（放大或衰减）、信号电压变换成电子射线在垂直方向的偏转，从而获得幅值标度的垂直轴；在时间上，时间量变换成成比例的电压值（即线性锯齿波电压），锯齿波电压又变换成电子射线在水平方向的偏转，从而获得时间标度的水平轴。

在实际测量中，为什么先要将被测对象经过各种变换而后再进行测量呢？主要有以下几方面的原因：

① 为了获得更高的测量准确度。例如，各种非电物理量（例如长度、重量等）变成电量之后，大大地提高了测量分辨力，从而提高了测量的准确度。目前，由于频率和时间测量具有最高的准确度，所以通常将许多电参量（如电压、阻抗、相位等）变换成频率和时间量来测量。

② 提高测量速度、扩大测量范围。例如，工业生产中压力、流量、物位和温度等非电量的测量，是通过传感器将其变换成电量进行测量来实现的，这样便于信号处理和操作控制，从而大大提高了测量速度；同时便于进行量值变换，从而大大扩展了测量范围。

③ 某些被测量不便于直接比较，或者无法直接观测而采用了变换。例如，雷达测量飞

机的距离，由于不便于直接用尺子去度量，采用了把距离变换成时间，通过直接测量电脉冲来回传输的时间来获得距离大小。

1.4.2 放大技术

许多待测、待控的非电量，如温度、压力、流量、位移、声和光等，经过传感器变换后生成的电量一般比较微弱，直接进行测量和控制，技术难度大且准确度低，常常需要进行一定的放大。放大就是将微弱的被测电压、电流或电荷信号放大为足以能够进行各种转换、处理，或能够驱动指示器、记录仪等的信号。在实际测量中，要根据不同的测量对象和测量要求采用不同的放大技术。除了基本放大器外，常用的放大器有测量放大器、斩波稳零放大器、隔离放大器、低噪声放大器、电荷放大器、功率放大器和程控增益放大器等。特别是各种测量放大器，具有增益高、抗共模干扰能力强等特点，在各类非电量测量中被广泛使用。

1.4.3 处理技术

信息处理泛指为了各种目的而对信息进行的变换和加工。在测量系统中，根据不同的目的和背景，采用了不同的信息处理手段和技术，例如为了改善信息的安全性而进行的信息加密处理，为了提高信息传输的有效性而进行的信息压缩编码处理，为了提高信息传输的抗干扰性而进行的检错和纠错编码处理，为了通信而进行的信息调制与解调处理，以及为了在已有信息的基础上产生更深层信息而进行的信息再生处理等。在电子测量中，信息处理技术常用于以下几个方面：

① 抑制无用或有害信息的处理，如隔离、滤波等；② 减少测量误差的数据处理，如系统误差修正和随机误差统计处理等；③ 提取有用信息的特征参数，如从交流信号中提取有效值等；④ 信号分析处理，如频谱分析等；⑤ 信息表示方式变换处理，如从时域到频域的变换；⑥ 通过处理把感知的语法信息转换为人们能理解的语义信息。

信息处理分为模拟信息处理和数字信息处理两大类。

模拟信息处理主要内容有模拟四则运算、积分和微分、有源和无源滤波、平方、平方根、方均根等模拟运算以及一些常用特征值（绝对值、平均值、峰值、有效值等）运算。自然界大多数的被测对象，被转换成模拟的电信号后一般需要先进行一些实时的模拟运算与处理，在提高了信号的质量或规范了信号的参数后，才进行测量。模拟信号处理包括时域和频域处理，时域处理中最典型的是波形分析，示波器就是一种最常用的波形分析和测量仪器。把信号从时域变换到频域进行分析和处理，可以获得更多的信息，因而频域分析和处理更为重要。频域处理最典型的是信号频谱分析和滤波。

数字信息处理主要内容有基于数字逻辑电路的数字计算、数字滤波、离散傅里叶变换、频谱分析等，它广泛应用于语音、图像、雷达和生物医学等各种测量信号的处理中。当今，以微处理器为代表的数字化技术在各中测量仪器中广泛应用，它不仅能完成常用的数学运算，而且能实现统计运算、FFT 运算等，运算功能强、精度高、速度快，具有强的灵活性及抗干扰性，加上微型计算机和单片机的逻辑运算与控制功能，极易实现测量仪器与系统的智能化、自动化、虚拟化和网络化。数字信息处理不但用于时域信号处理，而且在频域信号处理中正发挥着越来越大的作用。

模拟信号处理具有实时性强的特点，数字信息处理的特点是信息量大，处理方便。两者有各自的优势，不能完全相互取代。

1.4.4　比较技术

前面介绍过，测量就是一个比较的过程。狭义测量是定量测量，没有比较就无法定量，也就没有测量。广义的测量，以获取信息为目的，被测信息不仅是量值，而且还有更为复杂的背景形式，因此，这种比较还包含有识别的意义，将用到模式识别、系统辨识等更为广义和复杂的比较技术。

根据不同的测量对象和测量目的，需采用不同的比较形式。比较的基本类型有标量比较、矢量比较、差值比较、比值比较和量化比较五种，其中，第 1、2 两种常用于定性测量，第 3 种常用于定级测量，第 4、5 两种常用于定量测量。

作为最简单、最基本的量值比较技术，有直接比较法和间接比较法两种。直接比较的基础是比较器，比较器把未知量和同类型的已知标准量进行直接比较。例如天平称重，是通过天平机构来感知重物，并通过与标准砝码的直接比较来获取被测重物的量值信息的，所以天平是重量的一个直接比较器具。间接比较的基础是利用变换器进行各种变换，例如弹簧秤称重，先是通过弹簧来感知重物，即把重量转变成弹簧的形变，再转变成指针移动，从指针的位移感知出重量，而重量的识别是通过与标准量间接比较来完成的。在电子测量中，常见有电压、阻抗、频率、相位等类型的电参量，相应地有电压比较器、阻抗比较器、频率比较器和相位比较器等，它们是各类电参量的"天平"。

1.4.5　显示技术

显示就是指把人眼不可见的信息转化成为可见的视觉信息，这种转换与表达信息的技术称为"显示技术"。视觉观测是人们从测量仪器获得测量信息的主要途径。视觉信息不仅及时、可靠，而且准确、信息量大。现代测量技术就是将各种非电量的信息，如声、光、热、力、气等通过传感器变成电信号（语法信息），再经过各种变换与处理，最后由显示器件转换为人类视觉可以识别的文字、图形、图像之类的语义信息，实际上，光显示器件就是完成一定显示功能的电光转换器件。

显示技术追求的目标是清晰、准确、实时、直观、方便、节能、携带信息量大，甚至彩色化、立体化等。随着数字化测量技术的发展，被测量的信息可以直接由数字显示。数字显示是信息显示的一种重要形式，但是数字显示无法清楚地表达纷杂的信息，所以又产生了字符、文字显示，这种显示与数字显示结合在一起应用广泛。为了进一步增强仪器的功能，人们希望能用图形、图像进行图形化信息显示。现代显示技术显示的图形色彩丰富，图像可以实时活动，具有虚拟化和三维立体的效果。

显示技术的成果体现在显示器件上，目前常用的显示器件主要有指示式仪表、LED 显示器件、LCD 和 CRT 显示器件，下面分别介绍它们的显示原理。

1. 指示式仪表

用指针的偏转来表示被测量的仪表称为指示式仪表。指示式仪表按工作原理可分为动圈式、动铁式、电动式、热电式、静电式、整流式和感应式等；按准确度等级可分为0.1、0.2、0.5、1.0、1.5、2.5、5.0，共7级；按用途可分为电流表、电压表、功率表、电能表、功率因数表、频率表、相位表、兆欧表、电容表等。在指示式电工仪表中，动圈式仪表的精度及灵敏度最高，在电子测量中应用广泛。动圈式仪表的核心部件是一个磁电式毫伏计。图1-2为磁电式毫伏计表头的结构，主要由动圈、张丝、磁钢、指针及面板组成。其中动圈是用具有绝缘层的细铜线绕成的矩形框，并用张丝作为支撑把动圈吊挂在永久磁钢的空间磁场中。

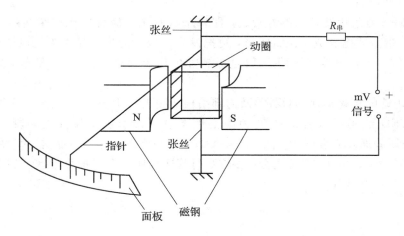

图1-2 磁电式毫伏计表头结构

当表头有输入电压时，就等于给动圈施加了电流，载流动圈就会在磁场中受力（驱动力）转动，且电压（流）越大，驱动力越大。驱动力的效果可以用驱动力矩 M_Q 表示，$M_Q = k_1U$，表头做好，则 k_1 值定；另一方面，由于支撑动圈的是张丝，所以当动圈转动时就会使张丝扭动（转动），此时，张丝便会产生反抗动圈转动的反力矩——制动力矩，这个反力矩随着张丝扭转角 α 的增大而增大，反力矩用 M_F 表示，则 $M_F = k_2\alpha$，表头做好，则 k_2 值定。

刚开始阶段，驱动力矩 M_Q 大于制动力矩 M_F，动圈转动；随着转动角度增大，制动力矩会随之增大；当两力矩平衡时，动圈就停留在某一位置，从而有

$$k_1U = k_2\alpha$$

即

$$\alpha = kU \propto U$$

表头做好，则 k 值定，所以动圈的偏转位置（角度）与输入毫伏信号的大小相对应。标定仪表时，在面板上按被测量电压量值刻度，实际测量时，装在动圈上的指针就在面板上指示出被测电压的数值大小。

需要说明的是：

（1）磁电（动圈）式直流 μA 表表头灵敏度高，消耗功率小（额定电流一般在几十到几百微安），但不能直接测量较大电压（流），还常用作检流计、微安表和毫安表。测量一般电压（流）需分压（流），测量较大电压（流）需用电磁系仪表。

（2）指示式仪表仅用于直流电压（流）的测量，即不能直接测量交流电压（流）。

2. LED 显示器件

LED(发光二极管)是利用正向偏置 PN 结中电子与空穴的辐射复合发光的,发射出的非相干光的光谱较宽,发散角大,视角好。LED 的发光颜色丰富,通过选用不同的材料,可做成各种发光颜色,也可通过红、绿、蓝三原色的组合,实现全色光。LED 的显示亮度高,色彩艳丽,即使在日光下也能清楚地视认。LED 的单元体积小、电压低、驱动电流小、功耗低、寿命长、响应速度快。LED 应用广泛,形式多样,可作如下显示器件:

(1) LED 数码管。

LED 数码管由条状发光二极管构成,即将条状发光二极管单元按照共阴极(负极)或共阳极(正极)的方式组合成 7 段日子形,再把发光二极管的另一极作为笔段电极,就构成了 LED 数码管。若按规定给某些笔段电极施加电压就可使这些笔段发光,便可显示从 0~9 的数字。

LED 数码管的管脚排列(俯视图)及内部结构如图 1-3 所示。a~g 表示 7 个笔段,DP 为小数点。LED 数码管分普通亮度和高亮度两种,管子正常发光时,段工作电流为 5~10 mA 的属普通发光数码管,低于 2 mA 的为高亮度数码管,后者发光率高而功耗低。LED 数码管有一位、双位、多位之分,多位数码管适合作动态扫描显示。上述器件均能与 CMOS 或 TTL 电路匹配。

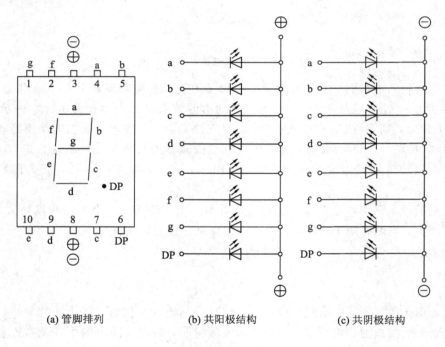

(a) 管脚排列   (b) 共阳极结构   (c) 共阴极结构

图 1-3 LED 数码管

(2) LED 字符管。

LED 字符管属于特种数码管,在数字仪表中专用于符号显示。常见的有 3 种字符管:"+"符号管(显示+、-号极性),"+1"符号管(显示+1 或-1),"米"字符号管(显示数字、运算符号或 26 个英文字母,可做单位显示),其外形及管脚排列如图 1-4 所示。

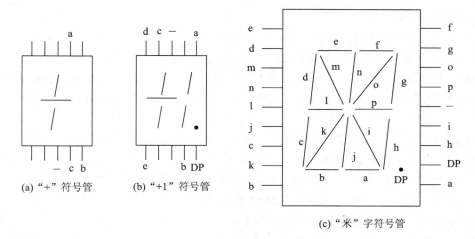

| | (a) "+" 符号管 | (b) "+1" 符号管 | (c) "米"字符号管 |

图 1-4 3 种字符管外形及管脚排列

（3）LED 点阵显示器。

LED 点阵显示器是以发光二极管为像素（亦称像元），按照行与列的顺序排列起来，用集成工艺制成的显示器件。显示时，让其中相应的 LED 发光元发光，可以显示数字、字符、西文、汉字和图像等，被广泛应用于智能仪器、大屏幕智能显示屏和机电一体化设备中。用先进的智能显示技术来取代数显技术，特别是用高密度像素的 LED 点阵显示器，可以制作对于 CRT 及 LCD 来说不容易做出的大型显示屏。LED 点阵显示器分单色显示和彩色显示两种。单色点阵中的每个像素对应于一只发光二极管。图 1-5 为 P2157A 型共阳极单色 5×7 点阵显示器的外形和内部结构。彩色 LED 显示器以三变色发光二极管作为彩色像素，可发出红、绿、橙（复合光）三种颜色，像素密度相当于单色点阵的 3 倍，适合构成智能彩色显示屏。

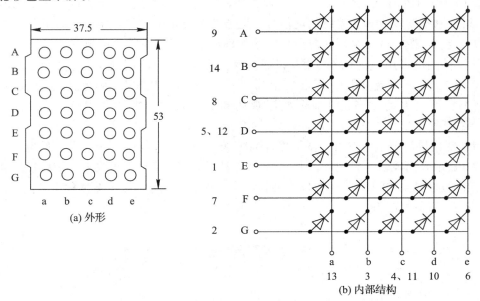

图 1-5 P2157A 型共阳极单色 5×7 点阵显示器

3. LCD(液晶显示器)

液晶是介于固态和液态之间的晶状物质，它具有液体的流动性和晶体的光学特性。基于液晶折射率的各向异性，液晶具有偏向、偏振、左右旋光性等光学性质。液晶显示器属于被动发光型显示器件，本身不发光，只能反射或透射外界光线。液晶显示器件在电信号驱动下，通过控制其对入射光的反射或透射，实现相应信息的显示，环境亮度越高，显示越清晰。LCD 有字段式和点阵式两类。

(1) 字段式 LCD。字段式 LCD 主要用来显示数字、字符及标志等简单的信息，在钟表、家电和仪器仪表中广泛应用。

(2) 点阵式 LCD。点阵式 LCD 以微型液晶为像素，按照行与列的形式排列组合而成，配有专用的驱动器或驱动模块，由微型计算机 CPU 进行控制，可构成 LCD 智能显示屏。它具有分辨率高、显示清晰、体积小、重量轻、功耗低等优点，在智能仪器仪表、彩色电视、计算机显示器、大屏幕显示器中广泛应用。LCD 技术发展迅速，目前，其显示辉度、对比度、分辨率等已大大提高，其画质已经达到甚至超过 CRT 显示器。当今，PC 的显示器以及彩电的显像管等 CRT 器件已逐步被液晶点阵显示器所取代。

LCD 的主要缺点是响应速度较慢，工作频率低，工作温度范围较窄(通常为 0~50℃)。温度过高液晶会发生液化，甚至气化，温度低于 0℃ 则会发生固化，都会降低寿命。此外，还应避免在强烈日光下使用而导致早期失效。

4. CRT(阴极射线管)显示器

CRT 主要由电子枪(封入玻璃壳的尾部)、偏转系统(静电偏转板封入玻壳之中，磁偏转线圈安装于玻壳的外面)、荧光屏三个部分组成。电子枪产生的聚焦良好的高速电子束打到荧光屏上，使荧光屏的相应部位产生荧光。在水平与垂直偏转系统分别加上电信号，用产生的电场或磁场来控制电子束打到荧光屏上的位置，由于荧光屏是用荧光粉涂敷在玻璃底壁上制作而成的，因此在电子束的轰击下，就可将电信号变为荧光屏上的光信号显示出来，所加水平与垂直偏转系统的电信号，使光点在荧光屏上位置不同，利用荧光粉的余辉效应，就会在荧光屏上显示对应所加水平与垂直偏转系统电信号的轨迹波形。

CRT 分为电视用、显示终端用及仪器仪表用几种类型，不同的用途，对相应的技术指标要求不同。电子仪器应用 CRT 已有很久的历史，现在，其辉度、解像度、响应速度等技术指标都有了很大的提高，目前示波器观测超高速现象，要求 CRT 达到 300 MHz~1 GHz 的带宽。

随着现代科学技术的发展，显示器件向着大信息量、平板化、彩色化、低电压、微功耗、实时显示方向发展。此外，测量系统中的显示设备(或叫输出设备)除光电显示器件外，还可通过电表、打印机、绘图仪等多种机电式设备来显示，显示器件种类繁多，且各具特色，各有不同的应用领域。

1.5　本课程的任务及要求

由于电子测量技术的内容极其广泛、繁多，并且在不断地充实、更新，因此本课程不可能对电子测量技术的全部内容予以详细的介绍。考虑到教学内容应适应近年来电子测量技术飞速发展的状况，并为学生今后工作中将遇到的大量测量问题准备必要的理论基础和实际知识，本书主要介绍时频测量技术、交直流电压测量技术、示波测量技术、测量用信号源、电子测量在实际中的应用及测量中的误差分析。考虑到本课程课时量有限及与相关课程的关系，在一些内容的介绍上，只能采取重点分析与基本概括相结合的方法。

考虑到在先修课程的实验中，学生对常用电子仪器的一般工作原理、使用方法和具体电路已有一定的了解，本课程就不把这些内容作为重点，而是在此基础上归纳、总结，并对一些特殊电路和先进技术予以介绍。

本课程的主要任务是使读者了解电子测量的实质及相关的测量技术；掌握电子测量中最基本的测量原理和测量方法；具备一定的测量误差分析和测量数据处理能力；对现代新技术在电子测量中的应用有一定的了解；对常用电子测量仪器的结构、标定方法和测量原理有一定的了解；对电子测量仪器的典型技术有一定的掌握。考虑到频率、电压测量技术是其他测量的基础，又考虑到频率、电压测量技术应用的广泛性，所以，学生对这两章的内容要重点学习与掌握。

电子测量技术是一门理论性和实践性都很强的课程，在学习中，学生既要了解和掌握电子测量技术的基本理论，又要了解和掌握电子测量技术在实际中的应用。本书第 7 章专门介绍了有关电子测量技术的应用实例，目的在于加强学生对电子测量技术的认识，提高学生对电子测量技术的掌握程度。

电子测量也是一种对科学技术新成就十分敏感的学科，由于一切科技新理论和新技术都需要解决测试问题，所以电子测量领域不仅集中了仪器制造业有关人员的才能和智慧，而且集中了整个电子科学、通信、自动化等多种学科的科技成果和解决问题的思路和方法，所以，电子测量技术是一门综合性很强的学科，大家在学习中应注意本课程的内容和相关课程、相关知识的联系。既然可以从测量的角度看世界，那么也可以从电子测量的角度看待大家所学的与电子有关的一切课程，这样就可以明确各门课程以及各门课程的各个环节在课程体系中的地位与作用。

学习电子测量技术不仅要学习各种具体的测量原理和测量方法，还要在学习的过程中注意掌握分析问题、解决问题的思路和能力，这点尤为重要。提醒大家两点：第一，课程内容需要花费一定的时间去学习，课后作业需要花费一定的时间亲手去做，否则一些知识点是无法理解与掌握的；第二，对问题的分析要善于采取结构框图、波形关系、数学表达与文字描述相结合的方式，从而提高分析问题和表达问题的能力。

本课程采用课堂讲授和自学相结合的教学方法，希望学生通过课堂教学、自学、实验、作业等环节，掌握电子测量的基本概念、基本原理和基本方法；提高对问题的分析、归纳、推理能力以及对实验的操作能力；培养严格的科学态度和科学的工作方法，不断丰富自己的头脑，逐渐增加自己的聪明才智和远见卓识，为后续课程的学习和以后工作打下一个良好的基础。

思 考 与 练 习 题

1-1 什么是狭义测量？什么是广义测量？

1-2 什么是计量？简述计量和测量的关系。

1-3　什么是国际单位制？基本单位有哪些？

1-4　简述计量的标准和分类。

1-5　什么是电子测量？简述电子测量的特点。

1-6　简述电子测量的基本内容和一般测量方法。

1-7　简述电子测量的基本技术。

1-8　电子测量中的变换技术有哪些？请以一种测量为例，简述在测量过程中都包括了哪些变换？

1-9　分析普通血压计和电子血压计都包括了哪些变换过程。

1-10　什么是直接比较？什么是间接比较？并举例说明之。

1-11　电子测量中的信息处理技术有哪些？

1-12　电子测量中常用的显示器件有哪些？并简述各自的特点。

第 2 章　测量误差理论与数据处理

2.1　测量误差的基本概念

2.1.1　有关误差的术语

1. 真值 A_0

一个量在被观测时，该量本身所具有的真实大小称为真值。在不同的时间和空间，被测量的真值往往是不同的。在一定的时间和空间环境条件下，某被测量的真值是一个客观存在的确定数值。要想得到真值，必须利用理想的测量仪器或量具进行无误差的测量，由此可以推断，真值实际上是无法得到的。这是因为"理想"的测量仪器或量具即测量过程的参考比较标准（或叫计量标准）只是一个纯理论值，尽管随着科技水平的提高，可供实际使用的测量参考标准可以愈来愈接近理想的理论定义值，但误差总是存在的，而且在测量过程中还会受到各种主观和客观因素的影响，所以，做到无误差的测量是不可能的。

2. 约定真值 A

满足规定准确度要求，用来代替真值使用的量值称为约定真值。由于真值是无法绝对得到的，在误差计算中，常常用一定等级的计量标准来代替真值。实际测量中，不可能都与国家计量标准相比对，所以国家通过一系列的各级实物计量标准构成量值传递网，把国家标准所体现的计量单位逐级比较传递到日常工作仪器或量具上去，在每一级的比较中，都把上一级计量标准所测量的值当作准确无误的值，一般要求高一等级测量器具的误差为本级测量器具误差的 $1/10\sim1/3$。在实际值中，把由国家设立的尽可能维持不变的各种实物标准作为指定值或叫约定真值，例如指定国家计量局保存的铂铱合金圆柱体质量原器的质量为 1 kg，指定国家天文台保存的铯钟组所产生的特定条件下铯-133 原子基态的两个超精细能级之间跃迁所对应的辐射的 9 192 631 770 个周期的持续时间为 1 s 等。

3. 标称值

测量器具上标定的数值称为标称值，如标准电阻上标出的 1 Ω，标准电池上标出的电动势 1.0186 V，标准砝码上标出的 1 kg 等。标称值并不一定等于它的真值，由于制造和测量水平的局限及环境因素的影响，它们之间存在一定的误差，因此，在标出测量器具的标称值时，通常还要标出它的误差范围或准确度等级。例如，某电阻的标称值为 1 kΩ，误差 $\pm1\%$，即意味着该电阻的实际值在 990 Ω 到 1010 Ω 之间；某信号发生器频率刻度的工作误差 $\leqslant\pm1\%\pm1$ Hz，如果在额定条件下该仪器频率刻度是 100 Hz，这就是它的标称值，而实际值是 $100\pm100\times1\%\pm1$ Hz，即实际值在 98 到 102 之间。

3. 示值

由测量器具指示的被测量的量值称为测量器具的示值,也称测量仪器的测量值或测得值。一般来说,测量仪器的示值和读数是有区别的,读数是仪器刻度盘上直接读到的数字,对于数字显示仪表,通常示值和读数是一致的,对于模拟指示仪器,示值需要根据读数值和所用的量程进行换算。例如以 100 分度表示量程为 50 mA 的电流表,当指针在刻度盘上的 50 位值时,读数是 50,而示值应是 25 mA。

4. 测量误差

在实际测量中,测量器具的不准确、测量手段的不完善、测量环境的影响、对客观规律认识的局限性以及工作中的疏忽或错误等因素,都会导致测量结果与被测量真值不同。测量仪器与被测量真值之间的差别称为测量误差。测量误差的存在具有必然性和普遍性,人们只能根据需要和可能,将其限制在一定的范围内而不可能完全加以消除。不同的测量,对其测量误差的大小,也就是测量准确度的要求往往是不同的。人们进行测量的目的,通常是为了获得尽可能接近真值的测量结果,如果测量误差超过一定的限度,测量工作及由此产生的测量结果将失去意义。在科学研究及现代化生产中,错误的测量结果有时还会使研究工作误入歧途甚至带来灾难性的后果。我们研究误差理论的目的,就是要分析误差产生的原因及其发生规律,正确认识误差的性质,寻找减小或消除测量误差的方法,学会测量数据的处理方法,使测量结果更接近于真值,在测量中指导我们合理地设计测量方案,正确地选用测量仪器和测量方法,确保产品和研究课题的质量。

2.1.2 测量误差的表示

1. 绝对误差

(1) 定义:由测量所得到的被测量值 x 与其真值 A_0 之差,称为绝对误差,即

$$\Delta x = x - A_0 \qquad (2-1)$$

式中,Δx 为绝对误差。

前面已提到,真值 A_0 一般无法得到,所以用约定真值 A 代替 A_0,因而绝对误差更有实际意义的定义是

$$\Delta x = x - A \qquad (2-2)$$

绝对误差表明了被测量的测量值与被测量的实际值之间的偏离程度和方向。对于绝对误差,应注意以下两点:第一,绝对误差是有单位的量,其单位与测得值和实际值相同;第二,绝对误差是有符号的量,其符号表示出了测量值与实际值的大小关系,若测量值大于实际值,则绝对误差为正值,反之为负值。

在一般测量工作中,只要按规定的要求,达到误差可以忽略不计,就可以认为该值接近于真值,并用它来代替真值。除了实际值以外,还可以用已修正过的多次测量的算术平均值来代替真值。

(2) 修正值:与绝对误差的绝对值大小相等,但符号相反的量值,用 C 表示,即

$$C = -\Delta x = A - x \qquad (2-3)$$

测量仪器的修正值通过上一级标准的校准结果给出,可以是数值表格、曲线或函数表

达式等形式。在日常测量中，利用其仪器的修正值 C 和该已检仪器的示值 x，可以求得被测量的约定真值：

$$A = x + C \tag{2-4}$$

例如用某电流表测电流，电流表的示值为 10 mA，该表在检定时 10 mA 刻度处的修正值是 +0.04 mA，则被测电流的实际值为 10.04 mA。在自动测量仪器中，修正值还可以先编成程序存储在仪器中，测量时仪器可以对测量结果自动进行修正。

2. 相对误差

绝对误差虽然可以说明测量结果偏离实际值的情况，但不能完全科学地说明测量的质量（测量结果的准确程度）。因为一个量的准确程度，不仅与测量的绝对误差的大小有关，而且与这个量本身的大小有关。当绝对误差相同时，这个量本身的绝对值越大，测量准确程度相对越高；这个量本身的绝对值越小，测量准确程度相对越低。例如测量两个电压量，其中一个电压为 $V_1 = 10$ V，其绝对误差 $\Delta V_1 = 0.1$ V；另一个电压为 $V_2 = 1$ V，其绝对误差 $\Delta V_2 = 0.1$ V。尽管两次测量的绝对误差皆为 0.1 V，但是我们不能说两次测量的准确度是相同的，显然，前者测量的准确度高于后者测量的准确度。因此，为了说明测量的准确程度，又提出了相对误差的概念。

绝对误差与被测量的真值之比，称为相对误差（或称为相对真误差），用 γ 表示，即

$$\gamma = \frac{\Delta x}{A_0} \times 100\% \tag{2-5}$$

相对误差是两个有相同量纲的量的比值，只有大小和符号，没有单位。

1）约定相对误差

由于真值是不能确切得到的，通常用约定值 A 代替真值 A_0 来表示相对误差，用 γ_A 表示为

$$\gamma_A = \frac{\Delta x}{A} \times 100\% \tag{2-6}$$

式中，γ_A 称为约定相对误差。

2）示值相对误差

在误差较小、要求不太严格的场合，用测量值 x 代替约定值 A 来表示相对误差，用 γ_x 表示为

$$\gamma_x = \frac{\Delta x}{x} \times 100\% \tag{2-7}$$

式中，γ_x 称为示值相对误差或测得值相对误差。

当 Δx 很小时，$x \approx A$，此时，$\gamma_x \approx \gamma_A$。测得值相对误差的概念在误差合成中具有重要意义。

3）分贝误差——相对误差的对数表示

在电子学及声学测量中，常用分贝来表示相对误差，称为分贝误差。分贝误差是用对数形式（分贝数）表示的一种相对误差，单位为分贝（dB），用 γ_{dB} 表示。下面以有源网络电压增益为例，引出分贝误差的表示形式。

设双口网络（如放大器或衰减器）的电压增益实际值为 A，电压增益的测量值为 A_x，其分贝值 $G_x = 20 \lg A_x$。其误差为 $\Delta A = A_x - A$，即 $A_x = A + \Delta A$，则增益测得值的分贝

值为

$$G_x = 20\lg(A + \Delta A) = 20\lg\left[A\left(1 + \frac{\Delta A}{A}\right)\right] = 20\lg A + 20\lg\left(1 + \frac{\Delta A}{A}\right)$$

设电压增益实际值 A 的分贝值为 G，则 $G = 20\lg A$，由此得到分贝误差为

$$\gamma_{dB} = G_x - G = 20\lg\left(1 + \frac{\Delta A}{A}\right) = 20\lg(1 + \gamma_A) \qquad (2-8)$$

式(2-8)即为相对误差的对数表现形式，式中，γ_{dB} 只与增益的相对误差有关。由于 γ_A 是带有正负符号的，因而 γ_{dB} 也是有符号的。若 $\gamma_x \approx \gamma_A$，则式(2-8)可写成

$$\gamma_{dB} = 20\lg(1 + \gamma_x) \qquad (2-9)$$

式(2-9)即为分贝误差的一般定义式。

若测量的是功率增益，则分贝误差定义为

$$\gamma_{dB} = 10\lg(1 + \gamma_x) \qquad (2-10)$$

例 2-1　某电流表测出的电流值为 96 μA，标准表测出的电流值为 100 μA，求测量的相对误差和分贝误差。

解　测量的绝对误差为

$$\Delta x = 96 - 100 = -4 \ \mu A$$

测量的实际相对误差为

$$\gamma_A = \frac{\Delta x}{A} = \frac{-4}{100} \times 100\% = -4\%$$

分贝误差为

$$\gamma_{dB} = 20\lg[1 + (-0.04)] = -0.355 \ dB$$

从上面分贝误差的公式和例子可以看出，当相对误差为正值时，分贝误差也为正值；反之亦然。

3. 满度相对误差(引用相对误差)

前面介绍的相对误差很好地反映了某次测量的准确程度，但是，在连续刻度的仪表中，用相对误差来表示整个量程内仪表测量的准确程度就感到不便，因为使用这种仪表时，在某一测量量程内，被测量有不同的数值，若用式(2-5)计算相对误差，随着被测量的不同，式中的分母相应变化，求得的相对误差也将随着改变，到底用那个相对误差反映仪表的准确度呢？因此，为了计算和划分仪表的准确度等级，在用式(2-5)求相对误差时，改用电表的量程作为分母，从而引出了满度相对误差(引用相对误差)的概念：实际中常用测量仪器在一个量程范围内出现的最大绝对误差 Δx_m 与该量程的满刻度值(该量程的上限值与下限值之差)x_m 之比来表示，即

$$\gamma_m = \frac{\Delta x_m}{x_m} \times 100\% \qquad (2-11)$$

式中 γ_m 为满度相对误差(或称引用相对误差)。对于某一确定的仪器仪表，它的最大引用相对误差是确定的。

满度相对误差在实际测量中具有重要意义。

(1)用满度相对误差来标定仪表的准确度等级。我国电工仪表就是按引用相对误差 γ_m 之值进行分级的，共分七级：0.1、0.2、0.5、1.0、1.5、2.5 及 5.0。其中，准确度等级在

0.2 级以上的仪表属于精密仪表，使用时要求有较严格的工作环境及操作步骤，一般作为标准仪表使用。如果仪表准确度等级为 s 级，则说明该仪表的最大满度相对误差不超过 $s\%$，即 $|\gamma_m| \leqslant s\%$。

例 2 - 2 某电流表的量程为 100 mA，在量程内用待定表和标准表测量几个电流的读数，如表 2 - 1 所示。

表 2 - 1 例 2 - 2 的数据

待定表 x/mA	00.0	20.0	40.0	60.0	80.0	100.0
标准表 A/mA	00.0	20.3	39.5	61.2	78.0	99.0
绝对误差 Δx/mA	0.0	−0.3	0.5	−1.2	2.0	1.0

从以上测量数据大致标定该仪表的准确度等级。

解 由 $\Delta x = x - A$ 计算出各点 Δx_i 如表 2 - 1 所示。

因为 $\Delta x_m = 80 - 78 = 2$ mA，$x_m = 100$ mA，由式(2 - 11)求得该表的最大满度相对误差为

$$\gamma_m = \frac{\Delta x_m}{x_m} \times 100\% = \frac{2}{100} \times 100\% = 2\%$$

所以该表大致为 2.5 级表。

在实际中，标定一个仪表的准确度等级要通过大量的测量数据并经过一定的计算和分析后才能完成，标定方法可以简单总结为下面三个步骤：

① 条件准备：待定表、标准表、具有一定标准的大小可以调节的测量源。

② 数据(样本)采集：在仪表量程范围内，对大量的被测量分别用待定表和标准表比对测量，找出最大的绝对误差 x_m。

③ 计算及等级确定：用引用相对误差定义进行计算，即 $\gamma_m = \Delta x_m / x_m \times 100\% = s\%$，按 s 大小并参考国家仪器等级目录确定等级。

(2) 用满度相对误差来检定仪表是否合格。

例 2 - 3 检定一个 1.5 级 100 mA 的电流表，发现在 50 mA 处的误差最大，为 1.4 mA，其它刻度处的误差均小于 1.4 mA，问这块电流表是否合格。

解 由式(2 - 11)求得该表的最大满度相对误差为

$$\gamma_m = \frac{\Delta I_m}{I_m} \times 100\% = \frac{1.4}{100} \times 100\% = 1.4\% < 1.5\%$$

所以，这块表是合格的。实际中，要判断该电流表是否合格，应该在整个量程范围内取足够多的点进行检定。

(3) 指导我们在使用多量程仪表时，合理地选择仪表的量程。

由式(2 - 11)可知，满度相对误差实际上给出了仪表各量程内绝对误差的最大值：

$$\Delta x_m = \gamma_m x_m$$

若某仪表的等级是 s 级，被测量的真值为 A_0，那么测量的最大绝对误差为

$$\Delta x_m \leqslant x_m \cdot s\%$$

通常取

$$\Delta x_m = x_m \cdot s\%$$

一般讲，测量仪器在同一量程不同示值处的绝对误差实际上未必处处相等，但对使用者来讲，在没有修正值可以利用的情况下，只能按最坏的情况来处理，即认为仪器在同一量程各处的绝对误差是个常数且等于 Δx_m，把这种处理叫做误差的整量化。

测量的最大相对误差为

$$\frac{\Delta x_m}{A_0} \leqslant \frac{x_m}{A_0} s\%$$

即

$$\gamma_{max} \leqslant \frac{x_m}{A_0} s\%$$

通常取

$$\gamma_{max} = \frac{x_m}{A_0} s\%$$

由上式可知，当一个仪表的等级 s 确定后，测量的最大绝对误差与相对误差、所选仪表量程 x_m 的上限成正比。由于 $A_0 \leqslant x_m$，因此当仪表等级 s 确定后，所选择的仪表量程 x_m 越接近测量对象的大小 A_0，测量相对误差的最大值越小，测量越准确，所以在使用多量程仪表测量时，应合理地选择量程。一般情况下，应尽量使被测量的数值占仪表满度值的三分之二以上。

在实际测量时，一般应先在大量程下测得被测量的大致数值，然后选择合适的量程再进行测量，以尽可能减小相对误差。

例 2 - 4 某 1.0 级电流表，满度值 $x_m = 100~\mu A$，求测量值分别为 $x_1 = 100~\mu A$，$x_2 = 80~\mu A$，$x_3 = 20~\mu A$ 时的绝对误差和示值相对误差。

解 由式(2 - 11)得最大绝对误差为

$$\Delta x_m = x_m \cdot s\% = 100 \times (\pm 1.0\%) = \pm 1~\mu A$$

前面说过，绝对误差是不随测量值改变而变化的。

而测得值分别为 $100~\mu A$、$80~\mu A$、$20~\mu A$ 时的示值相对误差是各不相同的，分别为

$$\gamma_{x_1} = \frac{\Delta x}{x_1} \times 100\% = \frac{\Delta x_m}{x_1} \times 100\% = \frac{\pm 1}{100} \times 100\% = \pm 1\%$$

$$\gamma_{x_2} = \frac{\Delta x}{x_2} \times 100\% = \frac{\Delta x_m}{x_2} \times 100\% = \frac{\pm 1}{80} \times 100\% = \pm 1.25\%$$

$$\gamma_{x_3} = \frac{\Delta x}{x_3} \times 100\% = \frac{\Delta x_m}{x_3} \times 100\% = \frac{\pm 1}{20} \times 100\% = \pm 5\%$$

由上可见，在同一量程内，测得值越小，示值相对误差越大。由此可知，在测量中，测量结果的准确度并不等于所用仪器的准确度。只有在示值与满度值相同时，二者才相等（仅考虑仪器误差而不考虑其它因素造成的误差）。通常，测得值的准确度低于所用仪表的准确度。

（4）在一定量的测量中，用满度相对误差指导我们合理选择仪表的准确度等级。

例 2 - 5 欲测量一个 10 V 左右的电压，现有两块电压表。其中一块量程为 100 V，1.5 级；另一块量程为 15 V，2.5 级。问选用那一块表好些。

解 用 1.5 级量程为 100 V 电压表测量 10 V 电压时，最大相对误差为

$$\gamma_1 = \frac{x_{m_1}}{A_0} s_1 \% = \frac{100}{10} \times 1.5\% = 15\%$$

用 2.5 级量程为 15 V 电压表测量 10 V 电压时，最大相对误差为

$$\gamma_2 = \frac{x_{m_2}}{A_0} s_2 \% = \frac{15}{10} \times 2.5\% = 3.75\%$$

通过计算得知，用 2.5 级量程为 15 V 的电压表测量 10 V 电压的准确度高于用 1.5 级量程为 100 V 的电压表测量 10 V 电压的准确度，且 2.5 级量程为 15 V 的电压表经济实用，所以选择 2.5 级量程为 15 V 的电压表。

上例说明，如果选择合适的量程，即使使用较低等级的仪表进行测量，也可以取得比较高等级仪表还高的准确度。因此，不要单纯追求仪表的级别，而应根据被测量的大小，兼顾仪表的级别和测量上限，合理地选择仪表。

2.2 测量误差的来源与分类

2.2.1 测量误差的来源

为了减小测量误差，提高测量结果的准确度，首先要明确测量误差的主要来源，并分析其属性，从而采取相应的措施以减小测量误差。测量误差的来源主要有以下五个方面。

1. 理论误差和方法误差

测量方案或测量方法所依据的理论不严密，或者由于对测量计算公式的近似等，致使测量结果出现的误差称为理论误差。例如，当用平均值检波器测量正弦波交流电压时，平均值检波器的输出正比于被测正弦电压的平均值 $\overline{U}$，而交流电压表通常以正弦波有效值 U 来定度，两者理论间的关系为

$$U = \frac{\pi}{2\sqrt{2}} \overline{U} = K_F \overline{U}$$

式中 $K_F = \frac{\pi}{2\sqrt{2}}$，称为定度系数。由于 π 和 $\sqrt{2}$ 均为无理数，因此当用有效值定度时，只好取近似公式

$$U \approx 1.11 \overline{U}$$

这样，测量结果就会产生误差。这种由于计算公式的简化或近似造成的误差就是一种理论误差。

由于测量方法不合理（如用低输入阻抗的电压表去测量高阻抗电路上的电压）而造成的误差称为方法误差。

理论误差和方法误差通常以系统误差的形式表现出来，在掌握了具体原因及有关量值后，可以通过理论分析与计算，或者改变测量方法，给以消除或修正。对于内部带有微处理器的智能仪表，做到这一点是很方便的。在设计测量系统或测量仪器时，必须考虑相应的理论误差和方法误差，从而减小测量误差。

2. 影响误差

影响误差是指由于各种环境因素(如温度、湿度、振动、电源电压、电磁场等)与测量要求的条件不一致而引起的误差。

影响误差常用影响量来表征。所谓影响量,是指除了被测的量以外,凡是对测量结果有影响的量,即测量系统输入信号中的非被测量值信息的参量。影响误差可以是来自系统外部环境(如环境温度、湿度、电源电压等)的外界影响,也可以是来自仪器系统内部(如噪声、漂移等)的内部影响。通常,影响误差是指来自外部环境因素的影响,其中最大的两个因素是环境温度及周围电磁波的影响。

不管是设计测量系统、测量仪器,还是用测量仪器实施测量,都要考虑影响误差的因素。当环境条件符合一般要求时,影响误差可以忽略,但在精密测量中,必须根据测量现场的温度、湿度、电源电压等影响数值求出各项影响误差,以便根据需要做进一步的处理。

3. 仪器误差

仪器误差是由于测量仪器及其附件在设计、制造、装配、检定等环节不完善或有局限,以及仪器在使用过程中元器件老化,机械部件磨损、疲劳等而带来的误差。例如,仪器内部噪声引起的内部噪声误差,仪器相应的滞后现象造成的动态误差,仪器仪表的零点漂移、刻度的不准确和非线性,读数分辨率有限而造成的读数误差以及数字仪器的量化误差等都属仪器误差。

仪器误差也是典型的理论误差和影响误差的反映。为了减小仪器误差的影响,应根据测量要求、测量环境,正确地选择测量仪器和测量方法,并在额定的工作条件下按使用要求进行操作使用等。

4. 使用误差

使用误差也称操作误差,是由于对测量设备操作使用不当而造成的。比如有些仪器设备要求测量前进行预热而未预热;有些测量设备要求实际测量前必须进行校准(例如用普通万用表测量电阻时应进行校零,用示波器观测信号的幅度前应进行幅度校准等)而未校准等。

减小使用误差的方法就是要严格按照测量仪器使用说明书中规定的方法步骤进行操作使用。

5. 人身误差

人身误差是由于测量人员自身感官的分辨能力、反应速度、视觉疲劳、固有习惯、责任心欠缺等原因,导致在测量中使用操作不当、现象判断出错或数据读取疏失等而引起的误差。比如指针式仪表刻度的读取、谐振法测量时谐振点的判断等都容易产生误差。减小或消除人身误差的措施有:提高测量人员操作技能、增强工作责任心、加强测量素质和能力的培养、采用自动测试技术等。

2.2.2 测量误差的分类

虽然产生误差的原因多种多样,但按误差的基本性质和特点,可将误差分为三种类型,即系统误差、随机误差和粗大误差。

1. 系统误差

在同一测量条件下，对同一量进行多次重复测量时，测量误差的绝对值和符号保持不变，或在测量条件改变时按一定规律变化的误差，称为系统误差，简称系差。前者为恒值系差，后者为变值系差。例如零位误差属于恒值系差，测量值随温度的变化而增加或减少产生的误差属于变值系差。变值系差又可分为累进性系差、周期性系差和按复杂规律变化的系差。图 2-1 描绘了几种不同系差的变化规律：直线 a 表示恒值系差；直线 b 属变值系差中的累进性系差，这里表示递增情况，也有递减情况；曲线 c 表示周期性系差；曲线 d 属于按复杂规律变化的系差。

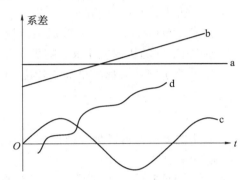

图 2-1　系统误差的特征

在我国新制定的国家计量技术规范(JF1001—1998《通用计量术语及定义》)中，系统误差(ε)的定量定义是：在重复性条件下，对同一被测量进行无限多次测量，所得结果 x_1、x_2、…、$x_n (n \to \infty)$ 的平均值 $\bar{x}$(数学期望)与被测量的真值 A_0 之差，即

$$\varepsilon = \bar{x} - A_0 \qquad (2-12)$$

其中

$$\bar{x} = \frac{x_1 + x_2 + \cdots + x_n}{n} = \frac{1}{n} \sum_{i=1}^{n} x_i, \quad n \to \infty \qquad (2-13)$$

式(2-12)表明，在不考虑随机误差影响的情况下，测量值的数学期望偏离真值的大小就是系统误差，即系统误差表明了一个测量结果的平均值偏离真值或实际值的程度。系统误差越小，平均值越靠近真值，测量越正确。所以，常用系统误差表征测量结果正确度。

需要说明的是，由于上述技术规范定义中的测量是在重复性条件下进行的，即测量条件不改变，故这里的 ε 是定值系统误差。此外重复测量实际上只能进行有限次，测量的真值也只能用约定真值来代替，所以实际中的系统误差也只是一个近似的估计值。

系统误差是由固定不变的或按照确定规律变化的因素造成的，这些因素主要有：

(1) 测量仪器方面的因素：仪器机构设计原理的缺陷、仪器零件制造偏差、刻度偏差、部件安装不当及元器件性能不稳定等。如把运算放大器当作理想运放，而被忽略的输入阻抗、输出阻抗及使用过程中的零点漂移等引起的误差。

(2) 环境方面的因素：测量时的实际环境条件(如温度、湿度、大气压、电磁场等)相对于标准环境条件的偏差。如测量过程中温度、湿度等按一定规律变化引起的误差。

(3) 测量方法的因素：采用近似的测量方法或近似的计算公式等引起的误差。

(4) 测量人员方面的因素：由于测量人员的个人特点，在刻度上估计读数时，习惯偏于某一方向；动态测量时，记录快速变化信号有滞后的倾向。

系统误差的主要特点是：只要测量条件不变，误差即为确切的数值，用多次测量取平均值的办法不能改变和消除，而当条件改变时，误差也遵循某种确定的规律而变化，具有可重复性，较易修正和消除。

2. 随机误差

在同一测量条件下（指在测量环境、测量人员、测量技术和测量仪器等不变的条件下），对同一量进行多次等精度重复测量时，每次测量误差的绝对值和符号以不可预知的方式变化的误差，称为随机误差或偶然误差，简称随差。

在我国新制定的国家计量技术规范（JG1001—1998《通用计量术语及定义》）中，参照并采用了 1993 年几个国际权威组织提出的随机误差定义：随机误差（δ_i）是测量结果 x_i 与在重复条件下对同一被测量进行无限多次测量所得结果的平均值 $\bar{x}$（数学期望）之差，即

$$\delta_i = x_i - \bar{x} \qquad (2-14)$$

式中，$\bar{x}$ 按式(2-13)计算。

随机误差是测量值与数学期望之差，表明了测量结果的分散性，经常用来表征测量精密度的高低。随机误差愈小，精密度愈高。

同样，在实际中，由于测量次数有限，不可能进行无限多次测量，因此，实际中的随机误差只是一个近似的估计值。

随机误差主要由对测量值影响微小但却互不相关的大量因素共同造成，这些因素主要包括：

(1) 测量装置方面的因素：仪器元器件产生的噪声、零部件配合的不稳定、摩擦、接触不良等。

(2) 环境方面的因素：温度的微小波动、湿度与气压的微量变化、光照强度变化、电源电压的无规则波动、电磁波干扰、振动等。

(3) 测量人员感觉器官的无规则变化而造成的读数不稳定等。

随机误差的特点是：虽然某一次测量结果的大小和方向不可预知，但多次测量时，其总体服从统计学规律。在多次测量中，误差绝对值的波动有一定的界限，即具有有界性；当测量次数足够多时，正负误差出现的机会几乎相同，即具有对称性；随机误差的算术平均值趋于零，即具有抵偿性。由于随机误差的这些特点，可以通过对多次测量值取平均值的方法来减小随机误差对测量结果的影响，或者用数理统计的办法对随机误差加以处理。

3. 粗大误差

在一定测量条件下，测量结果明显偏离实际值所形成的误差称为粗大误差，简称粗差，也称疏失误差。产生粗差的主要原因有：

(1) 测量操作疏忽和失误，如测错、读错、记错以及实验条件未达到预定的要求而匆忙实验等。

(2) 测量方法不当或错误，如用普通万用表电压挡直接测量高内阻电源的开路电压，用普通万用表交流电压挡测量高频交流信号等。

(3) 测量环境条件的突然变化，如电源电压突然增高或降低，雷电干扰、机械冲击等

引起测量仪器示值的剧烈变化等，这类变化虽然也带有随机性，但由于它造成的示值明显偏离实际值，因此将其列入粗差范畴。

含有粗差的测量值称为坏值或异常值。由于坏值不能反映被测量的真实性，所以在数据处理时，应予以剔除掉。

2.2.3 测量误差对测量结果的影响

测量中若发现粗大误差，数据处理时应予以剔除，这样要考虑的误差就只有系统误差和随机误差两类。

将式(2-12)和式(2-14)等号两边分别相加，得

$$\varepsilon + \delta_i = \bar{x} - A_0 + x_i - \bar{x} = x_i - A_0 = \Delta x_i, \qquad i = 1、2、\cdots、n \qquad (2-15)$$

式中，Δx_i 为第 i 次测量的绝对误差。式(2-15)表明，各次测得值的绝对误差等于其系统误差 ε 和随机误差 δ_i 的代数和。

由式(2-15)可得

$$x_i = A_0 + \varepsilon + \delta_i \qquad (2-16)$$

式(2-16)说明了测得值 x_i 为测量值的真值、系统误差和随机误差的代数和，可用图2-2表示。其中 $E(X)$ 为多次测量的数学期望。

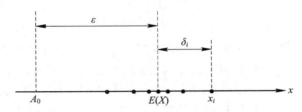

图2-2 测量误差对测量结果的影响

从式(2-12)、式(2-14)及式(2-16)可以总结出以下几点结论：

（1）从系统误差 ε 的大小看：

$$\varepsilon \downarrow \to [E(X) \to A_0]$$

说明测量越正确，即系统误差反映了测量的正确度，或测量的正确度是系统误差大小的反映，这是正确度与误差的关系。由于系统误差反映了测量数学期望偏离真值的程度，所以，正确度反映了测量数学期望偏离真值的程度，这是正确度的含义。

（2）从随机误差 δ_i 的大小看：

$$\delta_i \downarrow \to [x_i \to E(X)]$$

说明测量越精密，即随机误差反映了测量的精密度，或测量的精密度是随机误差大小的反映，这是精密度与误差的关系。由于随机误差反映了测量值偏离测量数学期望的程度，所以，精密度反映了测量值偏离测量数学期望的程度，这是精密度的含义。

（3）从系统误差 ε 的大小和随机误差 δ_i 的大小共同看：

$$\begin{cases} \delta_i \downarrow \to [x_i \to E(X)] \\ \varepsilon_i \downarrow \to [E(X) \to A_0] \end{cases} \Rightarrow x_i \to A_0$$

说明测量越准确（或越精确），即系统误差和随机误差共同反映了测量的准确度（或精确

度），或准确度是系统误差和随机误差的综合反映，这是准确度与误差的关系。实际上，准确度反映了测量值偏离真值的大小程度，这是准确度的含义。

正确度、精密度与准确度的概念也可用图2-3所示的打靶结果来描述。子弹着靶点有三种情况：在图(a)中，着靶点围绕靶心均匀分散，且分散程度大，这种情况说明了测量的系统误差小、随机误差大，即正确度高、精密度低；在图(b)中，子弹着靶点虽很集中，但着靶点的中心位置偏离靶心较远，这种情况说明了测量的系统误差大、随机误差小，即正确度低、精密度高；在图(c)中，着靶点既集中又距离靶心较近，这种情况说明了测量的系统误差和随机误差都小，即准确度高。

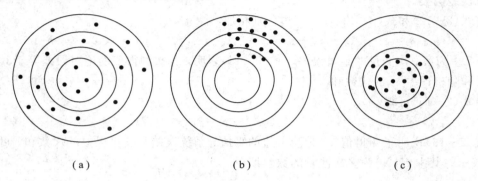

图2-3　射击误差示意图

值得注意的是，正确度、精密度与准确度都是定性概念，如要定量分析，则应用实验标准偏差和测量不准确度等概念给出误差大小。定量分析将在下面几节中进行介绍。

在任何一次测量中，系统误差和随机误差一般都是同时存在的，而且两者之间并不存在严格的界限。由于认识不足或受测试条件所限时，常把系统误差当作随机误差，并在数据上进行统计分析处理。随着人们对误差来源及其变化规律认识的提高，就可以把以往因认识不足而归为随机误差的误差明确为系统误差来进行分析和处理。

此外，系统误差和随机误差之间在一定条件下是可以相互转化的，对某一具体误差，在一种场合下为系统误差，在另外一种场合下有可能为随机误差，反之亦然。掌握了误差转换的特点，在有些情况下就可以将系统误差转化为随机误差，用增加测量次数并进行数据处理的方法减小误差的影响；或者将随机误差转化为系统误差，用修正的方法减小其影响。

2.3　测量误差的分析与处理

测量误差分为随机误差、系统误差和粗大误差三类，由于每类误差的性质、特点各不相同，因此处理方法也不一样。下面分别讨论这三类误差的具体特性、判别方法以及怎样减少或消除，并给出测量结果的处理步骤。

2.3.1　随机误差的分析与处理

随机误差是指在相同条件下对同一量进行多次测量时，误差的绝对值和符号均发生变化，而且这种变化没有确定的规律也不能事先预知。随机误差使得测量数据产生分散，即偏离它的数学期望。虽然对单次测量而言，随机误差的大小和符号都是不确定的，没有规律性，但是，在进行多次测量后，随机误差服从概率统计规律。我们的任务就是要研究随机误差使测量数据按什么规律分布，分析多次测量的平均值有什么性质，以及在实际测量中对于有限次的测量情况，如何根据测量数据的分布情况，估计出被测量的数学期望、方差以及被测量的真值出现在某一区间的概率等。总之，我们要用概率论和数理统计的方法来研究随机误差对测量数据的影响，并用数理统计的方法对测量数据进行统计处理，从而克服或减少随机误差的影响。

1. 随机变量的数字特征

由于随机误差的存在，测量值也是随机变量。在测量中，测量值的取值可能是连续的，也可能是离散的。从理论上讲，大多数测量值的可能取值范围是连续的，而实际上由于测量仪器的分辨力不可能无限小，因而得到的测量值往往是离散的。此外，一些测量值本身就是离散的。例如测量单位时间内脉冲的个数，其测量值本身就是离散的。实际测量中，要根据离散型随机变量和连续型随机变量的特征来分析测量值的统计特性。

在概率论中，不管是离散型随机变量还是连续型随机变量，都可以用分布函数来描述它的统计规律。但实际中较难确定概率分布，且不少情况下也不需求出概率分布规律，只需知道某些数字特征就够了。数字特征是反映随机变量的某些特性的数值，常用的有数学期望和方差等。

（1）数学期望。随机变量（或测量值）的数学期望能反映其平均特性，其定义如下：

设离散型随机变量 X 的可能取值为 x_1、x_2、$\cdots$、x_i、$\cdots$，相应的概率为 p_1、p_2、$\cdots$、p_i、$\cdots$，则 X 的数学期望定义为（条件是 $\sum\limits_{i=1}^{\infty} x_i p_i$ 绝对收敛）

$$E(X) = \sum_{i=1}^{\infty} x_i p_i \tag{2-17}$$

若 X 为连续型随机变量，其分布函数为 $F(x)$，概率密度函数为 $p(x)$，则数学期望定义为（条件是积分收敛）

$$E(X) = \int_{-\infty}^{\infty} x p(x) \mathrm{d}x \tag{2-18}$$

数学期望反映了测量值的平均特性。在统计学中，数学期望与均值是同一个概念，无穷多次重复条件下的重复测量，各单次结果的平均值即为数学期望值。

（2）方差和标准偏差。方差用来描述随机变量的可能值与其数学期望的分散程度。设随机变量 X 的数学期望为 $E(X)$，则 X 的方差定义为

$$\sigma^2 = D(X) = E\{[X - E(X)]^2\} \tag{2-19}$$

对离散型的随机变量：

$$\sigma^2 = D(X) = \sum_{i=1}^{\infty} [x_i - E(X)]^2 p_i \tag{2-20}$$

或

$$\sigma^2 = D(X) = \sum_{i=1}^{\infty} \delta_i^2 p_i \tag{2-21}$$

当测量次数 $n \to \infty$ 时，用测量值出现的频率 $\dfrac{1}{n}$ 代替概率 p_i，则测量值的方差为

$$\sigma^2 = D(X) = \frac{1}{n} \sum_{i=1}^{\infty} [x_i - E(X)]^2 \qquad (2-22)$$

对连续型的随机变量：

$$\sigma^2 = D(X) = \int_{-\infty}^{\infty} [x - E(X)]^2 p(x) \, \mathrm{d}x \qquad (2-23)$$

或

$$\sigma^2 = D(X) = \int_{-\infty}^{\infty} \delta^2 p(x) \, \mathrm{d}x \qquad (2-24)$$

式中，σ^2 称为测量值的样本方差，简称方差。δ 取平方的目的是，不论 δ 是正是负，其平方总是正的，这样取平方后再进行平均才不会使正、负方向的误差相互抵消，且求和取平均后，使个别较大的误差在式中所占的比例也较大，使得方差对较大的随机误差的反映比较明显。

由于实际测量中 δ 都是带有单位的（mV、μV 等），因而方差是相应单位的平方，使用不甚方便。为了与随机误差的单位一致，引入了标准偏差的概念，其定义为

$$\sigma = \sqrt{D(X)} \qquad (2-25)$$

测量中常常用标准偏差 σ 来描述随机变量 X 与其数学期望 $E(X)$ 的分散程度，即随机误差的大小，因为它与随机变量 X 具有相同量纲。σ 值的大小反映了测量的精密度，σ 值小表示精密度高，测得值集中，σ 值大表示精密度低，测得值分散。

2. 随机误差的分布

1）正态分布

在很多情况下，测量中的随机误差正是由对测量值影响较微小的、相互独立的多种因素的综合影响造成的，也就是说，测量中的随机误差通常是多种因素造成的许多微小误差的总和。在概率论中，中心极限定理指出：假设被研究的随机变量可以表示为大量独立的随机变量的和，其中每一个随机变量对于总和只起微小作用，则可认为这个随机变量服从正态分布，又叫做高斯分布。测量中随机误差的分布及在随机误差影响下测量数据的分布大多服从正态分布。

正态分布随机误差 δ 的概率密度函数为

$$p(\delta) = \frac{1}{\sqrt{2\pi}\,\sigma} \exp\left[-\frac{\delta^2}{2\sigma^2}\right] \qquad (2-26)$$

测量数据 X 的概率密度函数为

$$p(x) = \frac{1}{\sqrt{2\pi}\,\sigma} \exp\left[-\frac{(x-\mu)^2}{2\sigma^2}\right] \qquad (2-27)$$

根据式（2-18）和式（2-24）可分别求出服从正态分布的随机误差的数学期望 $E(\delta)$ 和方差 $D(\delta)$：

$$E(\delta) = \int_{-\infty}^{\infty} \delta p(\delta) \, \mathrm{d}\delta = \frac{1}{\sqrt{2\pi}\,\sigma} \int_{-\infty}^{\infty} \delta \exp\left(-\frac{\delta^2}{2\sigma^2}\right) \mathrm{d}\delta = 0$$

$$D(\delta) = E(\delta - 0)^2 = \int_{-\infty}^{\infty} \delta^2 p(\delta) \, \mathrm{d}\delta = \frac{1}{\sqrt{2\pi}\,\sigma} \int_{-\infty}^{\infty} \delta^2 \exp\left(-\frac{\delta^2}{2\sigma^2}\right) \mathrm{d}\delta = \sigma^2$$

同样可求出服从正态分布的测量数据的数学期望 $E(X)$ 和方差 $D(X)$：

$$E(X) = \int_{-\infty}^{\infty} x p(x) \mathrm{d}x = \frac{1}{\sqrt{2\pi}\,\sigma} \int_{-\infty}^{\infty} x \exp\left[-\frac{(x-\mu)^2}{2\sigma^2} \right] \mathrm{d}x = \mu$$

$$D(X) = E\{[x-\mu]^2\} = \int_{-\infty}^{\infty} (x-\mu)^2 p(x) \mathrm{d}x$$

$$= \frac{1}{\sqrt{2\pi}\,\sigma} \int_{-\infty}^{\infty} (x-\mu^2) \exp\left[-\frac{(x-\mu)^2}{2\sigma^2} \right] \mathrm{d}x = \sigma^2$$

上面两式说明：测量数据 X 的概率密度函数中的参数 μ 即为随机变量的期望值，σ 为其标准偏差。

随机误差和测量数据对应的概率密度分布曲线分别如图 2-4(a)、(b)所示，可以看出，随机误差和测量数据的分布形状相同，因为它们的标准偏差相同（都为 σ），只是横坐标相差 $E(X)$ 这一常数值。对于随机误差 δ，其数学期望为零。

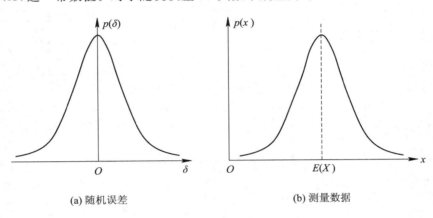

(a) 随机误差　　　　　　　(b) 测量数据

图 2-4　随机误差和测量数据的概率密度分布曲线

由图 2-4 可见，随机误差具有以下规律：

对称性：绝对值相等的正误差与负误差出现的概率相同。

单峰性：绝对值小的误差比绝对值大的误差出现的概率大。

有界性：绝对值很大的误差出现的概率接近于零，即随机误差的绝对值不会超过一定界限。

抵偿性：当测量次数 $n \to \infty$ 时，全部误差的代数和趋于零。

标准偏差 σ 是表示测量数据和测量误差分布离散程度的特征值。σ 不同，分布曲线形状不同。图 2-5 中表示了不同 $\sigma(\sigma_1 < \sigma_2 < \sigma_3)$ 的三条曲线。由图可见，σ 值越小，则曲线形状越尖锐，说明测量数据越集中，随机误差越小；σ 值越大，则曲线形状越平坦，说明测量数据越分散，随机误差越大。

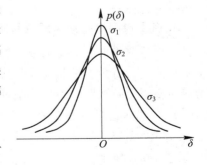

2) 测量误差的非正态分布

测量中的随机误差除了大量满足正态分布外，还有一些不满足正态分布的，统称为非正态分布。常见的非

图 2-5　不同 σ 的曲线

正态分布有均匀分布、三角分布、反正弦分布等。其中均匀分布的应用仅次于正态分布。表 2-2 列出了三种分布的概率密度函数、数学期望、标准偏差和适用条件。从表 2-2 可以看出，这三种分布都服从对称性、有界性和抵偿性。

表 2-2　几种常见的非正态分布

分布类型	均匀分布	三角分布	反正弦分布
概率密度函数	$p(x)=\begin{cases}\dfrac{1}{b-a},&a\leqslant x\leqslant b\\[2mm]0,&x<a,x>b\end{cases}$	$p(x)=\begin{cases}\dfrac{a+x}{a^2},&-a\leqslant x\leqslant 0\\[2mm]\dfrac{a-x}{a^2},&0\leqslant x\leqslant a\end{cases}$	$p(x)=\begin{cases}\dfrac{1}{\pi\sqrt{a^2-x^2}},&|x|\leqslant a\\[2mm]0,&|x|>a\end{cases}$
概率密度曲线			
数学期望	$\dfrac{a+b}{2}$（若 $a=-b$，则为 0）	0	0
标准偏差	$\dfrac{b-a}{2\sqrt{3}}$（若 $a=-b$，则为 $\dfrac{b}{\sqrt{3}}$）	$\dfrac{a}{\sqrt{6}}$	$\dfrac{a}{\sqrt{2}}$
适用条件及应用举例	仪器中的刻度盘回差、调谐不准确及仪器最小分辨力引起的误差等；在测量数据处理中，"四舍五入"的截尾误差；当只能估计误差在某一范围 $\pm a$ 内，而不知其分布时，一般可假定该误差在 $\pm a$ 内均匀分布	两个具有相同误差限的均匀分布的误差之和，其分布服从三角分布。如在各种利用比较法的测量中，作两次相同条件下的测量，若每次测量的误差是均匀分布的，那么两次测量的最后结果服从三角分布	若被测量 x 与一个量 θ 成正弦关系，即 $x=a\sin\theta$，而 θ 本身又在 $0\sim 2\pi$ 之间是均匀分布的，那么 x 服从反正弦分布。如圆形刻度盘偏心而致的刻度误差、具有随机相位的正弦信号有关的误差

3. 有限次测量的数学期望和标准偏差的估计值

前面所讨论的被测量的数字特征都是在无穷多次测量的条件下求得的，但是在实际测量中只能进行有限次测量，所以就不能准确地求出被测量的数学期望和标准偏差。下面讨论如何根据有限次测量结果来估计被测量的数学期望和标准偏差。

1) 有限次测量的数学期望的估计值——算术平均值

若对一个被测量 x 进行 n 次等精度测量，其中取得 x_i 的次数为 n_i，由概率论的贝努里定理可知：事件发生的频度 n_i/n 依概率收敛于事件发生的概率 p_i，即当测量次数 $n\rightarrow\infty$ 时，可以用事件发生的频度代替事件发生的概率。这时，被测量 x 的数学期望为

$$E(X) = \sum_{i=1}^{\infty} x_i p_i = \sum_{i=1}^{n} x_i \frac{n_i}{n}, \qquad 当 n \to \infty 时 \qquad (2-28)$$

若不考虑测量值相同的情况，即当对一个被测量 x 进行 n 次等精度测量，而获得 n 个测量数据 $x_i (i=1, 2, \cdots, n, x_i$ 可相同$)$ 时，取得 x_i 的次数都计为 1，代入式$(2-28)$，则可得被测量 x 的数学期望为

$$E(X) = \sum_{i=1}^{n} x_i \frac{1}{n} = \frac{1}{n} \sum_{i=1}^{n} x_i, \qquad 当 n \to \infty 时 \qquad (2-29)$$

可见，被测量 x 的数学期望就是当测量次数 $n \to \infty$ 时，各次测量值的算术平均值。

在实际等精度测量中，当测量次数 n 为有限次时，常用算术平均值 $\bar{x}$ 作为被测量的数学期望或被测量的估计值，用 $\hat{E}(X)$ 表示，即

$$\hat{E}(X) = \bar{x} = \frac{1}{n} \sum_{i=1}^{n} x_i \qquad (2-30)$$

可以证明，算术平均值是被测量数学期望的无偏估计值和一致估计值。

用算术平均值作为测量结果是否可以减小随机误差的影响呢？我们可以通过计算算术平均值的标准偏差来回答这个问题。

当测量次数 n 有限时，统计特征本质上是随机的，所以，所有算术平均值 $\bar{x}$ 本身也是一个随机变量。根据正态分布随机变量之和的分布仍然是正态分布的理论，$\bar{x}$ 也属于正态分布。因为是等精度测量，假定测量是独立的，那么一系列测量就具有相同的数学期望和方差，又根据概率论中"几个相互独立的随机变量之和的方差等于各个随机变量方差之和"的定理可推导出 $\bar{x}$ 的方差为

$$\sigma^2(\bar{x}) = \sigma^2 \left(\frac{1}{n} \sum_{i=1}^{n} x_i \right) = \frac{1}{n^2} \sigma^2 \left(\sum_{i=1}^{n} x_i \right)$$

$$= \frac{1}{n^2} \left[\sigma^2(x_1) + \sigma^2(x_2) + \cdots + \sigma^2(x_n) \right]$$

$$= \frac{1}{n^2} n \sigma^2(x) = \frac{1}{n} \sigma^2(x)$$

或

$$\sigma(\bar{x}) = \frac{\sigma(x)}{\sqrt{n}} \qquad (2-31)$$

式$(2-31)$说明，n 次测量值的算术平均值的方差是总体或单次测量值的方差的 $1/n$，或者说算术平均值的标准偏差是总体或单次测量值的标准偏差的 $1/\sqrt{n}$ 倍。这是由于随机误差具有抵偿性，在计算 $\bar{x}$ 的求和过程中，正、负误差相互抵消。测量次数越多，抵消程度越大，平均值离散程度越小。这是采用统计平均的方法减弱随机误差的理论依据。所以，用算术平均值作为测量结果，减少了随机误差的影响。

2）用有限次测量数据估计测量值的标准偏差——贝塞尔公式

实际测量中通常以算术平均值代替真值（无系差时），以测量值与算术平均值之差即剩余误差（简称残差）v 来代替真误差 δ，即

$$v_i = x_i - \bar{x} \qquad (2-32)$$

当 $n \to \infty$ 时，$v \to \delta$。对 v_i 求和，则得到

$$\sum_{i=1}^{n} v_i = \sum_{i=1}^{n}(x_i - \bar{x}) = \sum_{i=1}^{n} x_i - n\bar{x} = n\bar{x} - n\bar{x} = 0$$

由式(2-32)又可得到

$$\sigma^2(v_i) = \sigma^2(x_i) - \sigma^2(\bar{x}) = \sigma^2(x) - \frac{1}{n}\sigma^2(x) = \frac{n-1}{n}\sigma^2(x)$$

$$\sigma^2(x) = \frac{n}{n-1}\sigma^2(v_i) = \frac{n}{n-1} \cdot \frac{1}{n}\sum_{i=1}^{n}[v_i - E(v_i)]^2$$

根据 $E(v_i)=0$ 及式(2-32)有

$$\sigma^2(x) = \frac{1}{n-1}\sum_{i=1}^{n} v_i^2 = \frac{1}{n-1}\sum_{i=1}^{n}(x_i - \bar{x})^2 \tag{2-33}$$

式(2-33)称为贝塞尔公式。要注意的是,在推导贝塞尔公式的过程中仍然是根据方差的定义得出的,严格来说仍是在 $n \rightarrow \infty$ 的条件下推导得出的。在 n 为有限值时,用贝塞尔公式计算的结果仍然是标准偏差的一个估计值,用符号 $\hat{\sigma}(x)$ 或 $s(x)$ 表示,即

$$\hat{\sigma}(x) = \sqrt{\frac{1}{n-1}\sum_{i=1}^{n}(x_i - \bar{x})^2}$$

或

$$s(x) = \sqrt{\frac{1}{n-1}\sum_{i=1}^{n}(x_i - \bar{x})^2} \tag{2-34}$$

由于 $\sum_{i=1}^{n} v_i^2 = \sum_{i=1}^{n}(x_i - \bar{x})^2 = \sum_{i=1}^{n} x_i^2 - n\bar{x}^2$,所以,贝塞尔公式还可表示为

$$s(x) = \sqrt{\frac{1}{n-1}\left(\sum_{i=1}^{n} x_i^2 - n\bar{x}^2\right)} \tag{2-35}$$

可以证明,$\hat{\sigma}(x)$ 是 $\sigma(x)$ 的无偏估计值。

根据式(2-31),也可以把 $s(\bar{x}) = \dfrac{s(x)}{\sqrt{n}}$ 作为平均标准偏差的估计值。下面列出前面所定义的各种标准偏差的符号公式及它们所表示的不同意义,以便在使用时不至于混淆。

总体测量值标准偏差(测量值离散程度表征):

$$\sigma(x) = \sqrt{\frac{1}{n}\sum_{i=1}^{n}[x_i - E(X)]^2}$$

总体测量值标准偏差估计值:

$$s(x) = \sqrt{\frac{1}{n-1}\sum_{i=1}^{n}(x_i - \bar{x})^2}$$

测量平均值标准偏差(平均值离散程度表征):

$$\sigma(\bar{x}) = \frac{\sigma(x)}{\sqrt{n}}$$

测量平均值标准偏差估计值:

$$s(\bar{x}) = \frac{s(x)}{\sqrt{n}}$$

4. 测量结果的置信度

1) 置信概率与置信区间

由于随机误差的影响，测量值均会偏离被测量真值。测量值分散程度用标准偏差 σ 表示。一个完整的测量结果，不仅希望知道其量值的大小，还希望知道该测量结果可信赖的程度。下面从两方面来分析测量的可信度问题。

虽然不能预先确定即将进行的某次测量的结果，但希望知道该测量结果落在数学期望附近某一确定区间内的可能性有多大。由于均方差表示测量值的分散程度，常用标准偏差 σ 的若干倍来表示这个确定区间 α，$\alpha = c\sigma$，c 称为置信系数。也就是说，希望知道测量结果落在 $[E(X) - c\sigma, E(X) + c\sigma]$ 这个区间内的概率 $P\{[E(X) - c\sigma] \leqslant x \leqslant [E(X) + c\sigma]\}$ 有多大，如图 2-6 所示。

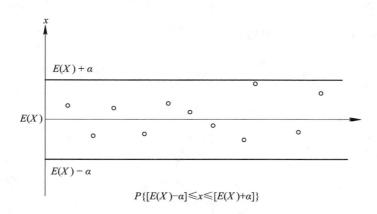

图 2-6 置信区间 1

在大多数实际测量中，我们真正关心的不是某次测量值出现的可能性，而是关心被测量的真值处在某测量值 x 附近某确定区间 $[x - c\sigma, x + c\sigma]$ 内的概率 $P\{[x - c\sigma] \leqslant E(X) \leqslant [x + c\sigma]\}$ 有多大，如图 2-7 所示。

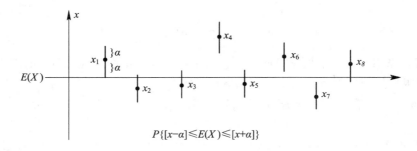

图 2-7 置信区间 2

从数学上来讲，概率 $P\{[x - c\sigma] \leqslant E(X) \leqslant [x + c\sigma]\}$ 与概率 $P\{[E(X) - c\sigma] \leqslant x \leqslant [E(X) + c\sigma]\}$ 是相等的，所以在实际计算中，不必去区分这两种情况。

在测量结果的置信度问题中，α 称为置信区间，P 称为相应的置信概率。置信区间和置信概率是紧密相连的，只有明确一方才能讨论另一方。置信区间刻画了测量结果的精确性，置信概率刻画了这个结果的可靠性。在实际计算中，往往是根据给定的置信概率求出相应的置信区间或根据给定的置信区间求置信概率。

研究置信区间及置信概率问题具有重要意义，具体为：① 科学地确定判断与剔除异常数据（粗大误差）的规则；② 按照规则对测量数据去粗取精、去伪存真，减小随机误差对测量结果的影响，提高测量水平；③ 是分析测量的不确定度的理论基础。讨论置信问题必须知道测量值的分布，下面主要讨论正态分布下的置信问题。

2）正态分布下的置信问题

正态分布下的测量值 x 的概率密度函数为

$$p(x) = \frac{1}{\sqrt{2\pi}\,\sigma(x)}\exp\left\{-\frac{[x - E(X)]^2}{2\sigma^2(x)}\right\}$$

欲获得 x 在以 $E(X)$ 为对称轴的对称区间 $[E(X) - c\sigma(x), E(X) + c\sigma(x)]$ 内的概率，就是要求出图 2-8 中阴影部分的面积，即对分布密度所代表的曲线进行积分，积分上、下限分别为 $E(X) - c\sigma$ 与 $E(X) + c\sigma$，且设 $z = \dfrac{x - E(X)}{\sigma(x)}$，则

$$\int_{E(X) - c\sigma(x)}^{E(X) + c\sigma(x)} p(x)\,\mathrm{d}x = \int_{-c}^{c} \frac{1}{\sqrt{2\pi}} \mathrm{e}^{-\frac{1}{2}z^2}\,\mathrm{d}z$$

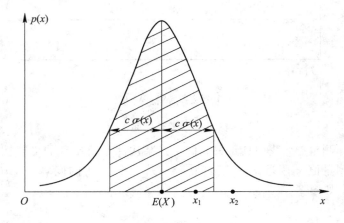

图 2-8 正态分布下的置信区间与置信概率

不同置信系数 c 的置信概率见附录。查附录就可以根据设定的区间 c 的大小查出置信概率，也可根据置信概率查出对应的置信区间。

例 2-6 已知某被测量 x 服从正态分布，$\sigma = 0.2$，求在 $P_c = 99\%$ 情况下的置信区间 α。

解 已知 $P\{[E(X) - c\sigma] \leqslant x \leqslant [E(X) + c\sigma]\} = 99\%$，查表得 $c = 2.60$，则置信区间为：$[50 - 2.60 \times 0.2, 50 + 2.60 \times 0.2] = [49.48, 50.52]$。

例 2-7 已知测量值 x 服从正态分布，分别求出测量值处在真值附近 $E(X) \pm 1\sigma$、$E(X) \pm 2\sigma$、$E(X) \pm 3\sigma$ 区间的置信概率。

解 对应于置信区间的系数 c 分别为：$E(X) \pm 1\sigma$，则 $c = 1$；$E(X) \pm 2\sigma$，则 $c = 2$；$E(X) \pm 3\sigma$，则 $c = 3$。查表：

当 $c = 1$ 时，$P_c = 0.683$，即 $P\{[E(X) - 1\sigma] \leqslant x \leqslant [E(X) + 1\sigma]\} = 68.3\%$；

当 $c=2$ 时，$P_c=0.954$，即 $P\{[E(X)-2\sigma]\leqslant x\leqslant[E(X)+2\sigma]\}=95.4\%$；

当 $c=3$ 时，$P_c=0.997$，即 $P\{[E(X)-3\sigma]\leqslant x\leqslant[E(X)+3\sigma]\}=99.7\%$。

上述结果说明：误差落在 $\pm\sigma$ 区间的可能性为 68.3%，落在 $\pm2\sigma$ 区间的可能性为 95.4%，落在 $\pm3\sigma$ 区间的可能性为 99.7%，即误差的绝对值超过 2σ 者为少数，超过 3σ 者为极少数。所以当误差为正态分布时，置信系数一般取 2～3，其置信区间对应的置信概率为 95.4%～99.7%。

3）非正态分布的置信因子

由于常见的非正态分布都是有界的，设其极限为 $\pm\alpha$。鉴于在实际测量中一般不会遇到非常大的误差，所以这种有界分布的假设是合理的。按照标准偏差的基本定义可以求得各种分布的标准偏差 σ，再求得置信因素（又称覆盖因子）k：

$$k=\frac{\alpha}{\sigma}$$

几种非正态分布的置信因子 k 的取值参见表 2-3。

表 2-3　几种非正态分布的置信因子 k

分布	三角	梯形	均匀	反正弦
$k(P=1)$	$\sqrt{6}$	$\dfrac{\sqrt{6}}{\sqrt{1+\beta^2}}$	$\sqrt{3}$	$\sqrt{2}$

注：表中 β 为梯形的上底半宽度和下底半宽度之比。

2.3.2　系统误差的判断及消除方法

上述随机误差分析和处理方法，是以测量数据中不含有系统误差为前提的。实际上，测量过程中往往存在系统误差，在某些情况下的系统误差数值还比较大。由于系统误差是和随机误差同时存在于测量数据中，且不易被发现，多次重复实验又不能减少它对测量结果的影响，这种潜伏性使得系统误差比随机误差具有更大的危险性，所以研究系统误差的特征与规律性，用一定的方法发现和减少或消除系统误差，就显得十分重要。

1. 系统误差的判断

1）不变的系统误差

常用校准的方法来检查恒定系统误差是否存在。通常用标准仪器或标准装置进行比对来发现并确定系统误差的数值，或依据仪器说明书上的修正值，对测量结果进行修正。例如，用两台仪器对同一量分别进行多次测量，然后分别计算平均值，若两个平均值相差较大，可认为存在系统误差。

2）变化的系统误差

（1）残差法。

残差法是将所测得数据的残差按测量的先后次序列表或作图，观察各数据的残差值的大小和符号的变化情况，从而判断是否存在系统误差及其规律。但此方法只适用于系统误差比随机误差大的情况，如图 2-9(a)所示。

当系统误差比随机误差小时，如图 2-9(b)所示，就不能通过残差法来发现系统误差了，而是要通过一些判断准则来发现系统误差。这些判断准则实质上是检验误差的分布是否偏离正态分布，常用的有马利科夫判据和阿卑-赫梅特判据。

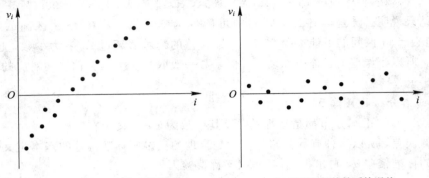

(a) 具有线性变化的系统误差　　　　　(b) 无明显规律的系统误差

图 2-9　残差法

（2）马利科夫判据。

马利科夫判据是判别有无累进性系统误差的常用方法。把 n 个等精度测量值所对应的残差按测量的先后顺序排列，再把残差分成两部分求和，最后求其差值 D。测量次数 n 有可能是偶数也有可能是奇数。具体如下。

当 n 为偶数时

$$D = \sum_{i=1}^{\frac{n}{2}} v_i - \sum_{i=\frac{n}{2}+1}^{n} v_i$$

当 n 为奇数时

$$D = \sum_{i=1}^{\frac{n+1}{2}} v_i - \sum_{i=\frac{n+1}{2}}^{n} v_i \tag{2-36}$$

若测量中含有累进性系统误差，则前后两部分残差和明显不同，D 值应明显不为零。所以马利科夫判据为：若 D 近似等于零，则上述测量数据中不含累进性系统误差；若 D 明显不为零（与 v_i 值相当或更大），则说明上述测量数据中存在累进性系统误差。

（3）阿卑-赫梅特判据。

通常用阿卑-赫梅特判据来检验周期性系统误差的存在。把测量数据按测量顺序排列，将对应的残差两两相乘，然后求其和的绝对值，再与测量值方差估计值相比较，若下式成立，则可认为测量中存在周期性系统误差。

$$\left| \sum_{i=1}^{n-1} v_i v_{i+1} \right| > \sqrt{n-1} \cdot s^2 \tag{2-37}$$

2. 系统误差的削弱或消除方法

1）从产生系统误差的根源上采取措施

测量仪器本身存在误差、测量仪器使用不当、测量方法存在缺点、测量环境变化以及测量人员的主观因素等都可能造成系统误差。在测量开始前，应尽量发现并消除这些误差来源或设法防止测量工作受这些误差来源的影响，这是消除或减弱系统误差最好的方法。

在测量中，除了要尽量保证测量原理和测量方法正确、严格外，还必须对测量仪器定期检定和校准，注意仪器的正确使用条件和方法。例如仪器的放置位置、工作状态、使用频率范围、电源供给、接地方法、附件和导线的使用等都要符合规定，部分仪器使用前需要预热和调零。

应注意周围环境对测量结果的影响，特别是温度对电子测量的影响较大，精密测量要注意恒温或采取散热、空气调节等措施。为避免周围电磁场及有害震动的影响，必要时可采用屏蔽或减震措施。

尽量减少或消除测量人员主观因素造成的系统误差。在提高测量人员业务技术水平和工作责任心的同时，还可以从改进设备方面尽力避免测量人员自身因素造成的误差，例如用数字式仪表可以避免读数误差，测量人员不要过度疲劳，必要时可变更测量人员重新进行测量。

2）用修正方法减小系统误差

修正方法是预先通过检定、校准或计算得出测量器具的系统误差的估计值，作出误差表或误差曲线，然后取与误差数值大小相同、方向相反的值作为修正值，将实际测量结果加上相应的修正值，即可得到已修正的测量结果。如米尺的实际尺寸不等于标称尺寸，若按照标称尺寸使用，就要产生系统误差，因此，应按经过检定得到的尺寸校准值（即将标称尺寸加上修正值）使用，即可减少系统误差。值得注意的是，修正不可能很理想、完善，因此系统误差不可能完全消除。

3）采用一些有利于消除系统误差的典型方法

在实际测量中，这些测量方法要根据具体的测量条件、测量内容来决定，方法种类较多，其中比较典型的方法有下面几种：

（1）替代法。

替代法是先用被测量进行测量，然后在测量条件不变的情况下，用一个已知标准量代替被测量，并调整标准量的量值的大小，使仪器示值不变，在这种情况下，标准量的数值就等于被测量。由于在代替的过程中，仪器的状态和示值都没改变，那么仪器的误差和其它系统误差的因素基本上不会对测量结果产生影响。

图 2-10 所示电桥法测量电阻就是替代法的反映。测量时，先将被测电阻 R_x 接入电桥的左上臂，调节电桥臂的电阻（如调结 R_1）使电桥平衡，然后用一个可变标准电阻代替被测电阻 R_x，调整这个可变标准电阻的阻值（如可变电阻箱），使电桥达到原来的平衡，这时的可变标准电阻的阻值就等于被测电阻的阻值。

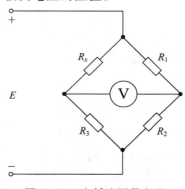

图 2-10　电桥法测量电阻

在测量中，只要电桥中检流计 G 的灵敏度足够高，则测量的误差主要取决于标准电阻的准确度，而与电桥臂电阻 R_1、R_2、R_3 及检流计的准确度无关。电桥中的分布电容、分布电感等基本上对测量结果没有影响。

（2）交换法。

由于某些因素可能使测量结果产生单一方向的系统误差时，可以进行两次测量。利用交换被测量在系统中的位置或测量方向等方法，设法在两次测量中使误差源对被测量的作用相反。对照两次测量值，可以检查出系统误差的存在，对两次测量值取平均值，将大大削弱系统误差的影响。例如用旋转度盘读数时，分别将刻度盘向右旋转和向左旋转进行两次读数，用对读数取平均值的办法就可以在一定程度上消除由传动系统回差造成的误差。又如用电桥测电阻时，将被测电阻分两次放在不同的桥臂上进行测量，也有利于削弱系统误差的影响。

（3）减小周期性系统误差的半周期法。

对周期性系统误差，可以相隔半个周期进行一次测量，取两次读数的平均值，即可有效地减小周期性系统误差。因为相差半个周期的误差理论上大小相等、符号相反，所以这种方法在理论上能消除周期性系统误差。

（4）零示法。

在测量中，使得被测的量对指示仪表的作用与已知标准量对指示仪表的作用相互平衡，从而使指示仪表示值为零，这时被测量就等于已知的标准量，这种方法称为零示法。

用电位差计测量电压是典型的零示法反映，其原理电路如图 2-11 所示。图中 E 是标准电池，R_1、R_2 是标准电位器的分压电阻，若被测电压为 U_x，调整电位器 P 端的位置，使检流计指示为零，这时，由于检流计上无电流流过，则被测电压的数值为

$$U_x = E \frac{R_2}{R_1 + R_2}$$

这样，被测电压的大小只与标准电压量和标准电阻有关，而与检流计示值无关。

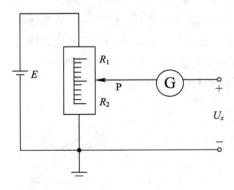

图 2-11 电位差计原理

在上述关系中，U_x 的大小对应了分压电阻量 R_2 的大小，实际的测量装置是根据电位器滑动端 P 端的位置而直接对电压进行刻度的（如图 2-11 所示），这样被测电压就可以从指示盘上直接读出。用这种方法测量电压，一是在测量中只需判断检流计中有无电流，而不需要用检流计读出什么数，从而消除了指示仪表读数不准而造成的误差；二是在测量中

由于检流计读数为零，所以检流计支路不对 R_2 起分流作用，从而消除了测量中的负载效应，大大提高了测量准确度。

（5）微差法。

上述的零示法要求被测量与标准量对指示仪表的作用完全相同，以使指示仪表为零。但在实际测量中，标准量的连续性是有限的，只要标准量与被测量差别较小，则它们相互抵消的作用也会使指示仪表的误差对测量结果的影响大大削弱，这种测量方法称为微差法。

设被测量为 X，和它相近的标准量为 A，被测量与标准量之微差为 B，B 的数值可由指示仪表读出，则

$$X = A + B$$

$$\frac{\Delta X}{X} = \frac{\Delta A}{X} + \frac{\Delta B}{X} = \frac{\Delta A}{A+B} + \frac{B}{X} \cdot \frac{\Delta B}{B}$$

由于 $B \ll A$，且 $B \ll X$、$\Delta B \ll B$，则上述关系式可简化为

$$\frac{\Delta X}{X} \approx \frac{\Delta A}{A}$$

这样，测量的准确度也近似于标准量的准确度。

2.3.3 粗大误差的分析与处理

在无系统误差的情况下，测量中大的误差出现的概率是很小的。在正态分布情况下，误差绝对值超过 2.57σ 的概率仅为 0.27%。对于误差绝对值较大的测量数据，就值得怀疑，可以列为可疑数据。可疑数据对测量的平均值和标准偏差都有较大的影响，甚至会造成对测量结果的误判。在测量中，必须分析可疑数据是否是粗大误差，若是粗大误差，则应将其对应的测量值剔除。还要分清可疑数据是由于测量仪器、测量方法、人为错误等因素造成的异常数据，还是正常的大的误差。在不确定产生原因的情况下，就应该根据统计学的方法来判别可疑数据是否是粗大误差。

1. 粗大误差的判别

采用统计方法判别粗大误差的基本思想是：给定一置信概率，确定相应的置信区间，凡超过置信区间的误差就认为是粗大误差，并予以剔除。常用的方法有：

（1）莱特检验法：假设在一列等精度测量结果 x_1、x_2、$\cdots$、x_i、$\cdots$、x_n 中，相应各测量值对应的残差为 v_1、v_2、$\cdots$、v_i、$\cdots$、v_n，s 为标准偏差的估计值，若 $|v_i| > 3s$，则该误差为粗大误差，所对应的测量值 x_i 为异常数据或坏值，应剔除不用。

莱特检验法的特点是方法简单、使用方便。但它是以随机误差符合正态分布和测量次数充分大为前提的，当测量次数小于 10 时，此准则失效，不能采用。

（2）格拉布斯检验法：假设在一列等精度测量结果 x_1、x_2、$\cdots$、x_i、$\cdots$、x_n 中，x_{min}、x_{max} 分别为最小测量值和最大测量值，s 为标准偏差的估计值，最大残差 $|v_{max}| = \max(\bar{x} - x_{min}, x_{max} - \bar{x})$，若 $|v_{max}| > Gs$，则对应的测量值为粗大误差，应予以剔除。其中 G 值由重复测量次数 n 及置信概率 P_c 确定（一般 $P_c = 95\%$ 或 $P_c = 99\%$），如表 2 - 4 所示。

表 2 - 4 格拉布斯准则中的 G 数值

$1-P_c$	n								
	3	4	5	6	7	8	9	10	11
5%	1.15	1.46	1.67	1.82	1.94	2.03	2.11	2.18	2.23
1%	1.16	1.49	1.75	1.94	2.10	2.22	2.32	2.41	2.48
5%	2.29	2.33	2.37	2.41	2.44	2.47	2.50	2.53	2.56
1%	2.55	2.61	2.66	2.70	2.74	2.78	2.82	2.85	2.88

除上述两种检验法外，还有肖维纳准则、狄克逊准则、罗曼诺夫斯基准则等。

应注意的问题：

① 所有的检验法都是人为主观拟订的，至今尚未有统一的规定。这些检验法又都是以正态分布为前提的，当偏离正态分布时，检验可靠性将受到影响。特别是测量次数比较少时更不可靠。

② 若有多个可疑数据同时超过检验所定的置信区间，应逐个剔除，重新计算 $\bar{x}$ 和 s，再进行判别。若有两个相同数据超出范围，也应逐个剔除。

③ 一组测量数据中，可疑数据应很少，若可疑数据较多，则说明系统工作不正常，因此剔除异常数据需慎重对待。注意对测量过程和测量数据的分析，尽量找出产生异常数据的原因，不要盲目剔除。在自然界，有时一个异常数据的出现，可能意味着一个重大的发明。

④ 一个可疑数据是否被剔除，与我们给定的置信概率的大小或者说对应的置信系数的大小有关。当置信概率给定得过小时，有可能把正常测量值当成异常数据来剔除，如图 2-8 中 x_1；当置信概率给定得过大时，又可能将异常数据判别不出来，如图 2-8 中 x_2。所以在测量中，设法提高测量的精密度，即设法减小测量值的标准差，将有利于对测量数据的判别。

例 2 - 8 对某电压进行多次重复测量，所得结果列于表 2-5，试检查测量数据中有无粗大误差（异常数据）。

表 2 - 5 例 2 - 8 所用数据

序号	测量值 x_i/mV	残差 v_i/mV	残差 v_i'/mV（去掉 x_8 后）
1	20.42	+0.016	+0.009
2	20.43	+0.026	+0.019
3	20.40	−0.004	−0.011
4	20.43	+0.026	+0.019
5	20.42	+0.016	+0.009
6	20.43	−0.026	+0.019

续表

序号	测量值 x_i/mV	残差 v_i/mV	残差 v_i'/mV（去掉 x_8 后）
7	20.39	-0.014	$+0.029$
8	20.30	-0.104	—
9	20.40	-0.004	-0.011
10	20.43	$+0.026$	$+0.019$
11	20.42	$+0.016$	$+0.009$
12	20.41	$+0.006$	-0.001
13	20.39	-0.014	-0.021
14	20.39	-0.014	-0.021
15	20.40	-0.004	-0.011

解　① 计算得 $\bar{x}=20.404$，$s=0.033$。

计算各测量值的残差 $v_i=x_i-\bar{x}$ 并填入表 2-5，从表中看出 $v_8=-0.104$ 最大，则 x_8 是一个可疑数据。

② 用莱特检验法：

$$|v_8|=0.104,\ 3s=3\times0.033=0.099,\ |v_8|>3s$$

故可判断 x_8 是粗大误差应予以剔除。

再对剔除后的数据计算得：

$$\bar{x}'=20.411,\ s'=0.016,\ 3s'=0.048$$

计算各测量值的残差 $v_i'=x_i-\bar{x}'$ 并填入表 2-5，从表中可以看出，14 个数据的 $|v_i|$ 均小于 $3s'$，故 14 个数据都为正常数据。

③ 用格拉布斯检验法：取置信概率 $P_c=0.99$，以 $n=15$ 查表 2-4 得 $G=2.70$。由于 $Gs=2.7\times0.033=0.09<|v_8|$，故同样可判断 x_8 是粗大误差，应予以剔除。

剔除后计算同上，再取置信概率 $P_c=0.99$，以 $n=14$ 查表 2-4，得 $G=2.66$。由 $Gs=2.66\times0.016=0.04$，可见除 x_8 外都是正常数据。

2. 防止和消除粗大误差的方法

对粗大误差，除了设法从测量数据中发现和鉴别并加以剔除外，更重要的是要加强测量者的工作责任心，要以严格的科学态度对待测量工作。发现可疑数据后，首先要对测量过程进行分析，是否有外界干扰（如电力网电压的突然跳变、雷电、强的电磁场等），要慎重对待可疑数据；其次，可以在等精度条件下增加测量次数，或采用不等精度测量和互相之间进行校核的方法。例如，对某一被测量，可由两位测量人员进行测量、读数和记录；或者用两种不同仪器，或两种不同方法进行测量。在测量过程中，尽量保证测量条件的稳定，避免在外界条件激烈变化时进行测量。

2.4 测量误差的合成与分配

在测量中通常可以用系统误差 ε 及随机误差的标准偏差 σ 来反映测量结果的正确度和精密程度。在国际通用计量学术语中，用测量不确定度来表征被测量之值可能的分散程度，即测量结果的误差大小。但是，在实际测量中，误差常常来源于很多方面。例如，用 n 个电阻串联，则总电阻的误差就与每个电阻的误差有关；又如，用间接法测电阻上的功率，通常只需测得这个电阻的阻值、其两端间的电压、流过的电流这三项中的两项，然后计算电阻消耗的功率，这时，功率的误差就与各直接测量量的误差有关。不管某项误差是由若干因素产生的还是由于间接测量产生的，只要某项误差与若干分项有关，这项误差就叫总误差，各分项的误差叫分项误差或部分误差。

在测量工作中，常常需要从以下两个方面考虑总误差与分项误差的关系：一方面如何根据各分项误差来分析总误差，即误差合成问题；另一方面，当技术上将某量的总误差限定在一定范围后，如何确定各分项误差的数值，即误差的分配问题。正确地解决这两个问题可以指导我们设计出最佳的测量方案，在注意测量经济、简便的同时，提高测量的准确度，使测量总误差降低到最小。

2.4.1 测量误差的合成

1. 误差传递公式

误差的合成是研究如何根据分项误差求总误差的问题。分项与总项的函数关系是各种各样的，例如可以是和差关系、积商关系、乘开方关系、指数对数关系等，这里我们不按具体情况一一进行讨论，而只给出一个普遍适用的公式——误差传递公式。

设某量 y 由两个分项 x_1、x_2 合成，即

$$y = f(x_1, x_2)$$

若在 $y_0 = f(x_{10}, x_{20})$ 附近各阶偏导数存在，则可把 y 展开为泰勒级数：

$$\begin{aligned}
y &= f(x_1, x_2) \\
&= f(x_{10}, x_{20}) + \left[\frac{\partial f}{\partial x_1}(x_1 - x_{10}) + \frac{\partial f}{\partial x_2}(x_2 - x_{20}) \right] \\
&\quad + \frac{1}{2!}\left[\frac{\partial^2 f}{\partial x_1^2}(x_1 - x_{10})^2 + 2\frac{\partial^2 f}{\partial x_1 \partial x_2}(x_1 - x_{10}) \times (x_2 - x_{20}) \right. \\
&\quad \left. + \frac{\partial^2 f}{\partial x_2^2}(x_2 - x_{20})^2 \right] + \cdots
\end{aligned}$$

若用 $\Delta x_1 = (x_1 - x_{10})$ 及 $\Delta x_2 = (x_2 - x_{20})$ 分别表示 x_1 及 x_2 分项的误差，由于 $\Delta x_1 \ll x_1$，$\Delta x_2 \ll x_2$，则泰勒级数中的高阶分量（二阶及以上分量）就很小了，可以略去不计，则总的合成误差为

$$\Delta y = y - y_0 = y - f(x_{10}, x_{20}) = \frac{\partial f}{\partial x_1}\Delta x_1 + \frac{\partial f}{\partial x_2}\Delta x_2$$

同理，当某量 y 由 m 个分项合成时，可得

$$\Delta y = \frac{\partial f}{\partial x_1}\Delta x_1 + \frac{\partial f}{\partial x_2}\Delta x_2 + \cdots + \frac{\partial f}{\partial x_m}\Delta x_m$$

即

$$\Delta y = \sum_{j=1}^{m} \frac{\partial f}{\partial x_j}\Delta x_j \qquad (2-38)$$

在实际应用中，当各分项误差的符号不能确定时，通常采用保守的办法来计算误差，即将式中各分项取绝对值后再相加：

$$\Delta y = \pm \sum_{j=1}^{m} \left| \frac{\partial f}{\partial x_j}\Delta x_j \right| \qquad (2-39)$$

将式(2-38)稍加变换就可以得到求相对误差的公式。将式(2-38)两端同除以 y_0，则

$$\gamma = \frac{\Delta y}{y_0} = \frac{1}{y_0}\sum_{j=1}^{m} \frac{\partial f}{\partial x_j}\Delta x_j \qquad (2-40)$$

此时，γ 为真相对误差，在测量值与真值相差不太大的情况下，相对误差也可用

$$\gamma = \frac{\Delta y}{y} = \frac{1}{y}\sum_{j=1}^{m} \frac{\partial f}{\partial x_j}\Delta x_j \qquad (2-41)$$

来计算，此时，γ 为测得值相对误差。

同样，当各分项误差的符号不明确时，为可靠起见，取绝对值相加，即

$$\gamma = \pm \sum_{j=1}^{m} \left| \frac{\partial f}{\partial x_j}\frac{\Delta x_j}{y} \right| \qquad (2-42)$$

式(2-41)也可写为

$$\gamma = \frac{\Delta y}{y} = \frac{1}{f}\sum_{j=1}^{m} \frac{\partial f}{\partial x_j}\Delta x_j$$

由于

$$\frac{\mathrm{d}f/\mathrm{d}x_j}{f} = \frac{\mathrm{d}\ln f}{\mathrm{d}x_j}$$

所以可求出相对误差为

$$\gamma = \sum_{j=1}^{m} \frac{\partial \ln f}{\partial x_j}\Delta x_j \qquad (2-43)$$

式(2-38)及式(2-41)称为误差传播或误差传递公式，是讨论误差合成与分配的很有用的公式。

2. 常见几种函数关系的误差合成

- $y = x_1 \pm x_2$

  $\Delta y = \Delta x_1 \pm \Delta x_2$，$\gamma = \dfrac{\Delta y}{y} = \dfrac{\Delta x_1 \pm \Delta x_2}{x_1 \pm x_2}$

- $y = x_1 \cdot x_2$

  $\Delta y = x_2\Delta x_1 + x_1\Delta x_2$，$\gamma = \dfrac{\Delta y}{y} = \dfrac{\Delta x_1}{x_1} + \dfrac{\Delta x_2}{x_2} = \gamma_1 + \gamma_2$

- $y = kx$

  $\Delta y = k\Delta x$，$\gamma = \dfrac{\Delta x}{x} = \gamma_x$

- $y = \dfrac{x_1}{x_2}$

$$\Delta y = \frac{\Delta x_1}{x_2} - \frac{x_1}{x_2^2}\Delta x_2, \quad \gamma = \frac{\Delta y}{y} = \frac{\Delta x_1}{x_1} - \frac{\Delta x_2}{x_2} = \gamma_1 - \gamma_2$$

- $y = x^n$

$$\Delta y = nx^{n-1}\Delta x, \quad \gamma = \frac{\Delta y}{y} = n\frac{\Delta x}{x} = n\gamma_x$$

对于积、商或幂的函数关系，可以根据其误差合成关系的特点，直接采用相对误差合成的方法，举例如下。

例 2 - 9　$y = 16\dfrac{x_1^2 x_2^3}{x_3^4 x_4^5}$，已知各分量的测量值 x_1、x_2、x_3、x_4 及测量各分量的相对误差 γ_1、γ_2、γ_3、γ_4，求总的测量误差及总量的绝对偏离。

解
$$\gamma_y = 2\gamma_1 + 3\gamma_2 - 4\gamma_3 - 5\gamma_4$$
$$\Delta y = \gamma_y \cdot y = 16(2\gamma_1 + 3\gamma_2 - 4\gamma_3 - 5\gamma_4)\frac{x_1^2 x_2^3}{x_3^4 x_4^5}$$

在实际计算总误差时，若已知各分项的绝对误差和相对误差，求总的绝对误差和相对误差，作为一个技巧性问题，若 $y = f(x_1, x_2, \cdots, x_m)$ 的函数关系为和、差关系，则先求总的绝对误差方便些；若函数关系为积、商或乘方、开方关系，则先求总的相对误差会更方便些。

例 2 - 10　用间接法测量某电阻 R 上消耗的功率，若电阻、电压和电流的测量相对误差分别为 γ_R、γ_U 和 γ_I，则所求功率的相对误差为多少？

解　方法一：用公式 $P = IU$。

由式(1 - 38)得功率的绝对误差为
$$\Delta P = \frac{\partial P}{\partial I}\Delta I + \frac{\partial P}{\partial V}\Delta U = U\Delta I + I\Delta U$$

则功率的相对误差为
$$\gamma_P = \frac{\Delta P}{P} = \frac{U\Delta I}{UI} + \frac{I\Delta U}{UI} = \gamma_I + \gamma_U$$

方法二：用公式 $P = U^2/R$。

由式(1 - 38)得功率的绝对误差为
$$\Delta P = \frac{\partial P}{\partial V}\Delta U + \frac{\partial P}{\partial R}\Delta R = \frac{2U\Delta U}{R} - \frac{U^2\Delta R}{R^2}$$

则功率的相对误差为
$$\gamma_P = \frac{\Delta P}{P} = \frac{\dfrac{2U\Delta U}{R} - \dfrac{U^2\Delta R}{R^2}}{\dfrac{U^2}{R}} = \frac{2\Delta U}{U} - \frac{\Delta R}{R} = 2\gamma_U - \gamma_R$$

方法三：用公式 $P = I^2 R$。

由式(1 - 38)得功率的绝对误差为
$$\Delta P = \frac{\partial P}{\partial I}\Delta I + \frac{\partial P}{\partial R}\Delta R = 2IR\Delta I + I^2\Delta R$$

则功率的相对误差为

$$\gamma_P = \frac{\Delta P}{P} = \frac{2IR\Delta I}{I^2 R} + \frac{I^2 \Delta R}{I^2 R} = \frac{2\Delta I}{I} + \frac{\Delta R}{R} = 2\gamma_I + \gamma_R$$

此例说明：在间接法测量中，采用不同的函数关系方案，其合成误差是不同的。

3. 系统误差的合成

由误差传递公式很容易求得确定性系统误差的合成值。

一般来说各分项误差 Δx 由系统误差 ε 及随机误差 δ 构成，即

$$\Delta y = \frac{\partial f}{\partial x_1}(\varepsilon_1 + \delta_1) + \frac{\partial f}{\partial x_2}(\varepsilon_2 + \delta_2) + \cdots + \frac{\partial f}{\partial x_m}(\varepsilon_m + \delta_m) \tag{2-44}$$

若测量中各随机误差可以忽略，则总和的系统误差 ε_y 可由各分项的系统误差合成，即

$$\varepsilon_y = \sum_{j=1}^{m} \frac{\partial f}{\partial x_j}\varepsilon_j \tag{2-45}$$

若 $\varepsilon_1, \varepsilon_2, \cdots, \varepsilon_m$ 为确定性系统误差，则可由上式直接求出总的系统误差。至于各分项系统误差不能确定的情况，将放在测量不确定度的合成中讨论。

4. 随机误差的合成

式（2-44）已给出

$$\Delta y = \varepsilon_y + \delta_y = \sum_{j=1}^{m} \frac{\partial f}{\partial x_j}(\varepsilon_j + \delta_j)$$

若各分项的系统误差为零，则可求得总的随机误差

$$\delta_y = \sum_{j=1}^{m} \frac{\partial f}{\partial x_j}\delta_j$$

将上式两边平方，有

$$\delta_y^2 = \sum_{j=1}^{m} \left(\frac{\partial f}{\partial x_j}\right)^2 \delta_j^2 + \sum_{\substack{j \neq k \\ j=1-m \\ k=1-m}} \left(\frac{\partial f}{\partial x_j}\frac{\partial f}{\partial x_k}\delta_j\delta_k\right)$$

当进行了 n 次测量，对上式由 $i=1 \sim n$ 求和，则

$$\sum_{i=1}^{n} \delta_{yi}^2 = \sum_{i=1}^{n}\sum_{j=1}^{m} \left(\frac{\partial f}{\partial x_j}\right)^2 \delta_{ji}^2 + \sum_{i=1}^{n}\sum_{\substack{j \neq k \\ j=1-m \\ k=1-m}} \frac{\partial f}{\partial x_j}\frac{\partial f}{\partial x_k}\delta_{ji}\delta_{ki}$$

若 $x_1, x_2, \cdots, x_m$ 为相互独立的量，则 δ_{ji} 与 δ_{ki} 也互不相关，δ_{ji} 与 δ_{ki} 的大小和符号都是随机变化的，它们的积 $\delta_{ji}\delta_{ki}$ 也是随机变化的。当 $n \rightarrow \infty$ 时，各乘积项相互抵消的结果使上式第二项趋于零。在不考虑第二项以后，将上式两端同除以 n，则得

$$\frac{1}{n}\sum_{i=1}^{n} \delta_{yi}^2 = \sum_{j=1}^{m} \left(\frac{\partial f}{\partial x_j}\right)^2 \left(\frac{1}{n}\sum_{i=1}^{n} \delta_{ji}^2\right)$$

最后得到

$$\sigma^2(y) = \sum_{j=1}^{m} \left(\frac{\partial f}{\partial x_j}\right)^2 \sigma^2(x_j) \tag{2-46}$$

上式为已知各分项方差 $\sigma^2(x_j)$ 求总和方差 $\sigma^2(y)$ 的公式。值得提出的是，式（2-46）仅适用于对 m 项相互独立的分项测量结果进行总和，因为它的推导过程的前提是各测量值相互独立，在 $n \rightarrow \infty$ 时 $\delta_{ji}\delta_{ki}$ 的 n 项和才趋于零。

比较式(2-45)及式(2-46)可见，确定性误差是按代数形式合成起来的，而随机误差是按几何形式合成起来的，几何合成法又叫均方根合成法或方和根合成法。

需要说明的是：式(2-38)、式(2-45)及式(2-46)常用在设计阶段对传感器、测量系统及仪器等的误差所进行的基本分析与计算中，以便采取减少误差的相应措施。更严格和更科学的计算误差合成的方法是在测量不确定度理论中测量不确定度的合成，相关理论将在下面的内容中讨论。

2.4.2 测量不确定度及合成

不确定度用来表示由于测量误差的影响而对测量结果的不可信程度或有效性的怀疑程度，即不能具体肯定的程度。它反映了测量值的分散程度，是定量说明测量系统(结果)质量的一个参数，也是建立在概率论和统计学基础上的新概念。

不确定度反映了测量值在某个区域内以一定的概率分布，当然，这个分布区域需要一定的技术措施来分析与确定，一般是通过一定的方法进行估算与评定。

多年来，世界各国对测量结果不确定度的估计方法和表达方式的不一致性，影响了计量和测量成果的使用和交流。为此，1993年国际不确定度工作组制定了测量不确定度表达导则(Guide to the Expression of Uncertainty Measurement)，经国际计量局等国际组织批准执行，由国际标准化组织(ISO)公布。我国于1999年批准公布了《测量不确定度评定与表示》计量技术规范(JG1059—1999)，内容原则上采用了上述国际标准的基本内容，与国际接轨。本书将采用符合国际和国家标准的有关误差理论和测量不确定度的表示方法。

1. 不确定度的定义和分类

不确定度是说明测量结果可能的分散程度的参数。这个参数用标准偏差 s 表示，也可以用标准偏差的倍数 ks 或具有某置信概率 P(例如 $P=95\%$ 或 99%)的置信区间的半宽度表示。根据计算及表示方法的不同，不确定度有以下几种描述：

(1) 标准不确定度：用概率分布的标准偏差表示的不确定度，用符号 u 表示。

测量不确定度往往由多个分量组成，对每个不确定度来源评定的标准偏差，称为标准不确定度分量，用 u_i 表示。标准不确定度有两类评定方法：A类评定和B类评定。

① A类标准不确定度：用统计方法得到的不确定度，用符号 u_A 表示。

② B类标准不确定度：用非统计方法得到的不确定度，即根据资料或假设的概率分布估计的标准偏差表示的不确定度，用符号 u_B 表示。

A类标准不确定度和B类标准不确定度仅仅是评定方法不同，并不是不确定度性质上的分类，即A类和B类标准不确定度并不能表示成"随机"和"系统"不确定度。

(2) 合成标准不确定度：由各不确定度分量合成的标准不确定度，用符号 u_C 表示。例如，当间接测量时，测量结果会受若干因素的影响。合成标准不确定度仍然是标准偏差，表示测量结果的分散性。

(3) 扩展不确定度：由合成标准不确定度的倍数表示的测量不确定度，即用包含因子 k 乘以合成标准不确定度得到的一个区间半宽度，用符号 U 表示。包含因子的取值决定了扩展不确定度的置信水平。扩展不确定度确定了测量结果附近的一个置信区间，被测量的值落在该区间内的概率是较高的。通常测量结果的不确定度都用扩展不确定度来表示。

当说明具有置信水平为 P 的扩展不确定度时，可用 U_P 表示，此时包含因子可用 k_P 表示。例如 U_{95} 表示测量结果落在以 U 为半宽度区间的概率为 95%。

U 和 u_C 单独定量表示时，数值前可不加正负号。注意，测量不确定度也可以用相对形式表示。综上所述，测量不确定度的分类如图 2-12 所示。

图 2-12　测量不确定度的分类

2. 不确定度的来源

测量不确定度来源于以下几个因素：

（1）被测量定义得不完善，即实现被测量定义的方法不理想，或被测量样本不能代表所定义的被测量。

（2）测量装置或仪器的分辨力、抗干扰能力、控制部分稳定性等影响。

（3）测量环境的不完善对测量过程的影响以及测量人员技术水平等影响。

（4）计量标准和标准物质的值本身的不确定度，在数据简化算法中使用的常数及其他参数值的不确定度，以及在测量过程中引入的近似值的影响。

（5）在相同条件下，由随机因素所引起的被测量本身的不稳定性。

3. 误差与不确定度的区别

A 类或 B 类标准不确定度是表示两种不同的评定方法，与随机误差、系统误差之间不存在简单的对应关系。随机误差、系统误差是表示两种不同性质的误差，测量不确定度评定时一般不必区分其性质。在需要区分不确定度性质的情况下，可用"由随机影响引起的不确定度分量"和"由系统影响引起的不确定度分量"两种表示方法。这两种表述方法不表明不确定度分量用什么方法评定，即不确定度分量既可能用 A 类也可能用 B 类评定方法得到，性质与评定方法间没有对应关系。

测量数据中不应包括异常数据（即粗大误差），因此在不确定度的评定前，要对测量数据进行异常数据判别，一旦发现有异常数据应先剔除。

在测量不确定度中不包括已确定的修正值。但在已修正的测量结果的测量不确定度中，应考虑因修正不完善而引入的不确定度分量。例如，某力值的未修正结果是 2 kN，用高一级校准装置校准该力值，得到修正值为 4.3 N，校准装置引起的修正值的不确定度为

0.2 N，如果其他因素引起的不确定度均可忽略，则该力值的已修正测量结果为 2004.3 N，其不确定度为 0.2 N。

用不确定度理论分析前面所谓的"误差传递"，所传递的其实并不是误差，而是不确定度，故应称为"不确定度传递"。

4. 不确定度的评定方法

1）标准不确定度的 A 类评定方法

A 类标准不确定度的评定是用统计方法获得的，在多数情况下可以用下述方法计算。在同一条件下对被测量 x 进行 n 次测量，测量值为 $x_i (i=1, 2, \cdots, n)$，由下式（即前面的式（2-30））得到样本算术平均值 $\bar{x}$，$\bar{x}$ 为被测量 x 的估计值，并把它作为测量结果：

$$\bar{x} = \frac{1}{n} \sum_{i=1}^{n} x_i$$

x 的实验标准偏差可用贝塞尔公式（即前面的式（2-34））计算得到：

$$s(x) = \sqrt{\frac{\sum_{i=1}^{n}(x_i - \bar{x})^2}{n-1}} \qquad （自由度 v = n-1）$$

用算术平均值作为测量结果时，测量结果的 A 类标准不确定度 u_A 等于 $\bar{x}$ 的实验标准偏差 $s(\bar{x})$，即

$$u_A = s(\bar{x}) = \frac{s(x)}{\sqrt{n}} \qquad (2-47)$$

2）标准不确定度的 B 类评定方法

当不能用统计方法计算不确定度时，就要用 B 类方法评定。B 类方法评定的主要信息来源是以前测量的数据、生产厂提供的技术说明书、各级计量部门给出的仪器检定证书或校准证书等。它与 A 类的区别在于不是利用直接测量获得数据，而是需要查阅已有信息，这类信息通常只给出极大值与极小值，而未提供测量值的分布及自由度的大小。B 类标准不确定度就是根据已有信息评定近似的方差或标准偏差以及自由度，分析判断被测量的可能值不会超出的区间 $(\alpha, -\alpha)$，并假设被测量的值的概率分布，由要求的置信水平估计置信因子 k，则测量不确定度 u_B 为

$$u_B = \frac{\alpha}{k} \qquad (2-48)$$

式中，α 为区间的半宽度；k 为置信因子，通常在 2～3 之间。k 的选取与概率分布及置信水平有关。假设为正态分布时，查附录中附表 1 和附表 2；假设为非正态分布，根据概率分布查前面的表 2-3。

B 类标准不确定度评定的可靠性取决于所提供信息的可信度，在可能情况下应尽量利用长期实际观察的值估计概率分布。此外，当对被测量落在可能区间的情况缺乏具体了解时，一般假设为均匀分布。

例 2-11 某校准证书说明的标称值为 10 Ω 的标准电阻 R_s 的电阻值，在 23℃ 时为 $(10.000\,742 \pm 0.000\,129)\Omega$，且其不确定度区间具有 99% 的置信水平。求解电阻的相对标准不确定度。

解 由校准证书的信息已知 $\alpha = 129\,\mu\Omega$，$P = 0.99$，假设为正态分布，查附录中附表 2

得 $k=2.58$。

电阻的标准不确定度为

$$u_B(R_s)=\frac{129\ \mu\Omega}{2.58}=50\ \mu\Omega$$

相应的相对标准不确定度为

$$u_B(R_s)/R_s=\frac{50\ \mu\Omega}{10\ \Omega}=5\times10^{-6}\ \Omega$$

3) 合成标准不确定度的计算

合成标准不确定度由各分量不确定度合成得到,用 u_C 表示,各分量不确定度可能由 A 类评定得到,也可能由 B 类评定得到。计算合成标准不确定度的公式称为测量不确定度传递律(或传播律)。合成标准不确定度仍然是标准偏差,表示测量结果的分散性;合成标准不确定度的自由度称为有效自由度,用 v_{eff} 表示,它表明所评定的 u_C 的可靠程度。测量不确定度传递律(或传播律)可以理解为误差理论中的间接测量误差的传递律。

(1) 输入量相关时不确定度的合成。如果被测量 Y 由其它 N 个输入量 X_1,X_2,…,X_N 的函数关系确定,则

$$Y=f(X_1,X_2,\cdots,X_N)$$

这些量中包括了对测量结果不确定度有影响的量,并可能相关。若被测量 Y 的估计为 y,其它 N 个输入量的估计值为 x_1,x_2,…,x_N,则测量结果为

$$y=f(x_1,x_2,\cdots,x_N)$$

测量结果的合成标准不确定度 $u_C(y)$ 为

$$u_C(y)=\left\{\sum_{i=1}^{N}\left[\frac{\partial f}{\partial x_i}\right]^2u^2(x_i)+2\sum_{i=1}^{N-1}\sum_{j=i+1}^{N}\frac{\partial f}{\partial x_i}\frac{\partial f}{\partial x_j}r(x_i,x_j)u(x_i)u(x_j)\right\}^{\frac{1}{2}}\qquad(2-49)$$

式中,x_i、x_j 为输入量,一般 $i\neq j$;$\partial f/\partial x_i$、$\partial f/\partial x_j$ 为 x_i、x_j 的偏导数,通常称为灵敏系数;$u(x_i)$ 和 $u(x_j)$ 为输入量 x_i 和 x_j 的标准不确定度;$r(x_i,x_j)$ 为输入量 x_i 和 x_j 的相关系数估计值。式(2-49)称为不确定度传递律或传播律。

(2) 输入量不相关时不确定度的合成。

① 当影响测量结果的几个不确定度分量相互均不相关且彼此独立,但存在函数关系时,式(2-49)简化为

$$u_C(y)=\left[\sum_{i=1}^{N}\left(\frac{\partial f}{\partial x_i}\right)^2u^2(x_i)\right]^{\frac{1}{2}}$$

令灵敏系数 $C_i=\partial f/\partial x_i$,上式也可表示为

$$u_C(y)=\left[\sum_{i=1}^{N}C_i^2u^2(x_i)\right]^{\frac{1}{2}}\qquad(2-50)$$

② 当影响测量结果的几个不确定度分量相互均不相关且彼此独立,不能写出函数关系时,合成标准不确定度为各标准不确定度分量 u_i 的方和根值,即由下式表示:

$$u_C=\sqrt{\sum_{i=1}^{N}u_i^2}\qquad(2-51)$$

式中,u_i 为第 i 个标准不确定度分量,各分量均为直接测量的结果;N 为标准不确定度分量的个数。

在标准不确定度分量相关时，还可以采用适当的方法去除相关性或使协方差为零，使问题简化。

例 2 - 12　某数字电压表在出厂时的技术规范说明："在仪器校准后的两年内，1 V 的不确定度是读数的 14×10^{-6} 倍加量程的 2×10^{-6} 倍。"在校准一年后，在 1 V 量程上测量电压，得到一组独立重复测量的算术平均值为 $U = 0.928\ 571$ V，并已知其 A 类标准不确定度为 $u_A(\overline{U}) = 14\ \mu V$。假设概率分布为均匀分布，计算电压表在 1 V 量程上测量电压的合成标准不确定度。

解　电压的合成标准不确定度计算如下。

已知 A 类标准不确定度为 $u_A(\overline{U}) = 14\ \mu V$，B 类标准不确定度可由已知的信息计算，首先计算区间半宽 a：

$$a = 14 \times 10^{-6} \times 0.928\ 571\ V + 2 \times 10^{-6} \times 1\ V = 15\ \mu V$$

假设概率分布为均匀分布，则 $k = \sqrt{3}$，那么，电压的 B 类标准不确定度为

$$u_B(\overline{U}) = \frac{15\ \mu V}{\sqrt{3}} = 8.7\ \mu V$$

于是合成标准不确定度为

$$u_C(\overline{U}) = \sqrt{u_A^2(\overline{U}) + u_B^2(\overline{U})} = [(14\mu V)^2 + (8.7\mu V)^2]^{\frac{1}{2}} = 16.5\ \mu V$$

（3）不确定度分量的忽略。一切不确定度分量均贡献于合成不确定度，即只会使合成不确定度增加。忽略任何一个分量，都会导致合成不确定度变小。但由于采用的是方差相加得到合成方差，当某些分量小到一定程度后，对合成不确定度实际上起不到什么作用，为简化分析与计算，就可以忽略不计。例如，忽略某些分量后，对合成不确定度的影响不足十分之一，则可根据实际情况决定是否忽略这些分量。

4）扩展不确定度的确定方法

扩展不确定度 U 由合成标准不确定度 u_C 与置信因子 k 的乘积得到：

$$U = ku_C \tag{2-52}$$

测量结果可表示为 $Y = y \pm U$，y 是被测量 Y 的最佳估计值。被测量 Y 的可能值以较高的概率落在区间 $[y - U, y + U]$ 内。置信因子是根据所确定区间需要的置信概率选取的。

置信因子的选取方法有以下几种：

（1）如果无法得到合成标准不确定度的自由度，且测量值接近正态分布，则一般取 k 的典型值为 2 或 3。通常在工程应用时，按惯例取 $k = 3$。

（2）根据测量值的分布规律和所要求的置信水平，选取 k 值。例如，假设为均匀分布时，置信水平 $P = 0.95$，查表 2 - 6 得 $k = 1.65$。

表 2 - 6　均匀分布时几种置信概率与置信因子 k 的关系

$P\%$	k	$P\%$	k
57.74	1	99	1.71
95	1.65	100	1.73

（3）如果 $u_C(y)$ 的自由度较小，并要求区间具有规定的置信水平，求置信因子的方法如下：

① 如果被测量 $Y = f(X_1, X_2 \cdots, X_n)$，求出其合成标准不确定度 $u_C(y)$，再根据下式计算 $u_C(y)$ 的有效自由度 v_{eff}：

$$v_{\text{eff}} = \frac{u_C^4(y)}{\sum\limits_{i=1}^{N} \dfrac{C_i^4 u^4(x_i)}{v_i}} \tag{2-53}$$

式中，$C_i = \dfrac{\partial f}{\partial x_i}$；$u(x_i)$ 为各输入量的标准不确定度；v_i 为 $u(x_i)$ 的自由度。

当 $u(x_i)$ 是 A 类不确定度时，计算 v_i 的方法与标准不确定度的 A 类评定方法相同。

当 $u(x_i)$ 是 B 类不确定度时，可用下式估计自由度 v_i：

$$v_i \approx \frac{1}{2} \left[\frac{\Delta u(x_i)}{u(x_i)} \right]^{-2} \tag{2-54}$$

式中，$\dfrac{\Delta u(x_i)}{u(x_i)}$ 为 $u(x_i)$ 的相对不确定度。

② 根据要求的置信概率 P 和计算得到的自由度 v_{eff}，可查 t 分布的 t 值表得置信因子 k_t。

2.4.3　误差分配及最佳测量方案

1. 误差分配

如果说上面讨论的由各分项误差合成总误差是误差传播的正问题，那么给定总误差后，如何将这个总误差分配给各分项，即对各分项误差应提出什么要求，就可以说是误差传播的反问题。这种制定误差分配方案的工作是经常会遇到的，但是当总误差给定后，由于存在多个分项，所以从理论上来说误差分配方案可以有无穷多种，因此只可能在某些前提下进行分配。下面介绍一些常见的误差分配原则。

1）等准确度分配

等准确度分配是指分配给各分项的误差彼此相同，即

$$\varepsilon_1 = \varepsilon_2 = \cdots = \varepsilon_m$$

$$\sigma(x_1) = \sigma(x_2) = \cdots = \sigma(x_m)$$

则由式(2-45)及式(2-46)可以得到分配给各分项的误差为

$$\varepsilon_j = \frac{\varepsilon_y}{\sum\limits_{j=1}^{m} \dfrac{\partial f}{\partial x_j}}, \quad j = 1 \sim m \tag{2-55}$$

$$\sigma(x_j) = \frac{\sigma(y)}{\sqrt{\sum\limits_{j=1}^{m} \left(\dfrac{\partial f}{\partial x_j} \right)^2}}, \quad j = 1 \sim m \tag{2-56}$$

等准确度分配通常用于各分项性质相同（量纲相同）、大小相近的情况。

2）等作用分配

等作用分配是指分配给各项的误差在数值上虽然不一定相等，但它们对测量误差总和的作用或者说对总和的影响是相同的，即

$$\frac{\partial f}{\partial x_1} \varepsilon_1 = \frac{\partial f}{\partial x_2} \varepsilon_2 = \cdots = \frac{\partial f}{\partial x_m} \varepsilon_m$$

$$\left(\frac{\partial f}{\partial x_1}\right)^2 \sigma^2(x_1) = \left(\frac{\partial f}{\partial x_2}\right)^2 \sigma^2(x_2) = \cdots = \left(\frac{\partial f}{\partial x_m}\right)^2 \sigma^2(x_m)$$

由式(2-45)及式(2-46)可求出应分配给各分项的误差:

$$\varepsilon_j = \frac{\varepsilon_y}{m\,\dfrac{\partial f}{\partial x_j}} \tag{2-57}$$

$$\sigma(x_j) = \frac{\sigma(y)}{\sqrt{m}\,\left|\dfrac{\partial f}{\partial x_j}\right|} \tag{2-58}$$

按等作用分配原则进行误差分配以后,可根据实际测量时各分项误差达到给定要求的困难程度适当进行调节,在满足总误差要求前提下,对不容易达到要求的分项适当放宽分配的误差,而对容易达到要求的分项分配的误差则可适当小些,以使各分项测量的要求不致难易不均。

3) 抓住主要误差项进行分配

当各分项误差中第 k 项误差特别大时,按照微小误差准则,若其它项对总和的影响可以忽略,这时就可以不考虑次要分项的误差分配问题,只要保证主要项的误差小于总和的误差即可。即当

$$\frac{\partial f}{\partial x_k}\varepsilon_k \gg \sum_{i \neq k} \frac{\partial f}{\partial x_j}\varepsilon_j$$

$$\left(\frac{\partial f}{\partial x_k}\right)^2 \sigma^2(x_k) \gg \sum_{j \neq k} \left(\frac{\partial f}{\partial x_j}\right)^2 \sigma^2(x_j)$$

时,就可以只考虑主要项的影响,即

$$|\varepsilon_k| < \left|\frac{\varepsilon_y}{\dfrac{\partial f}{\partial x_k}}\right|$$

$$\sigma(x_k) < \frac{\sigma(y)}{\left|\dfrac{\partial f}{\partial x_k}\right|}$$

主要误差项也可以是若干项,这时可把误差在这几个主要误差项中分配,对影响较小的次要误差项则可不予考虑或酌情分给少量误差比例。

2. 最佳测量方案的选择

对于实际测量,我们通常希望测量的准确度越高越好,即误差的总和越小越好。所谓测量的最佳方案,从误差的角度看就是要做到

$$\varepsilon_y = \sum_{j=1}^{m} \frac{\partial f}{\partial x_j}\varepsilon_j = \min \tag{2-59}$$

$$\sigma^2(y) = \sum_{j=1}^{m} \left(\frac{\partial f}{\partial x_j}\right)^2 \sigma^2(x_j) = \min \tag{2-60}$$

当然,若能使上述和式中每一项都能达到最小,总误差就会最小。有时通过选择合适的测量点能满足这一要求,但是通常各分项误差 ε_j 及 $\sigma(x_j)$ 受到一些客观条件的限定,所以选择最佳方案的方法一般只是根据现有条件,了解各分项误差可能达到的最小数值,然后比较各种可能的方案,选择合成误差最小者作为现有条件的"最佳"方案。

由前述误差传递公式可知，要使测量误差最小可以从以下两方面考虑：

(1) 选择最有利的函数公式。一般情况下，直接测量的项数愈少，则合成误差也会愈小。所以在间接测量中，如果可由不同的函数公式来表示，则应优先选取包含测量值数目最少的函数公式来表示；若不同的函数公式所包含的测量值数目相同，则应选取分项误差对总项影响较小的函数公式。

例 2 - 13 测量电阻 R 消耗的功率时，可间接测量电阻值 R、电阻上的电压 U、流过电阻的电流 I，然后采用不同的方案来计算功率。设电阻、电压、电流测量的相对误差分别为 $\gamma_R = \pm 1\%$，$\gamma_U = \pm 2\%$，$\gamma_I = \pm 2.5\%$，那么采用哪种测量方案较好？

解 由例 2 - 10 可知，题中间接测量电阻消耗的功率可采用三种方案，各种方案的功率相对误差如下：

方案 1：$P = UI$

$$\gamma_P = \gamma_I + \gamma_U = \pm(2.5\% + 2\%) = \pm 4.5\%$$

方案 2：$P = U^2/R$

$$\gamma_P = 2\gamma_U - \gamma_R = \pm(2 \times 2\% + 1\%) = \pm 5\%$$

方案 3：$P = I^2 R$

$$\gamma_P = 2\gamma_I + \gamma_R = \pm(2 \times 2.5\% + 1\%) = \pm 6\%$$

可见，在题中给定的各分项误差条件下，选择第一方案 $P = UI$ 所得总的测量误差最小，所以用测量电压和电流来计算功率比较合适。上例中的结论是在题中给定的条件下得出的。当条件不同时，导致的结论也可能不同。

(2) 使各个测量分量的误差对总函数的灵敏系数最小。由函数误差关系式可知，若使分项误差灵敏系数 C_i 最小，则合成误差可相应减小。根据这个原则，合理地选择测量方案及函数关系式，尽量使各项误差灵敏度系数 $C_i = \partial y / \partial x_i$ 最小，可有效降低各分项对总误差的影响。

以上是从误差方面考虑的最佳测量方案的选择，实际测量中的最佳方案，除了要考虑误差大小外，还要从测量的经济性、可靠性及操作的方便性等方面综合考虑。

2.5 测量数据处理

通过实际测量取得测量数据后，通常还要对这些数据进行计算、分析、整理，有时还要把数据归纳成一定的表达式或画成表格、曲线等，也就是要进行数据处理。数据处理是建立在误差分析的基础上的。在数据处理过程中要进行去粗取精、去伪存真的工作，并通过分析、整理引出正确的科学结论，这些结论还要在实践中进一步检验。

2.5.1 有效数字的处理

1. 有效数字

由于在测量中不可避免地存在误差，并且仪器的分辨能力有一定的限制，测量数据不可能完全正确。同时，在对测量数据进行计算时，遇到像 π、e、$\sqrt{2}$ 等无理数，实际计算时也只能取近似值，因此我们通常得到的数据只是一个近似数。当我们用这个数表示一个量时，这个数应能反映测量的水平即测量误差，根据这种思想确定有效数字的位数，通常规定误差不得超过所表达数字末位单位的一半。例如，若数字末位是个位，则包含的误差绝对值应不大于 0.5，若数字末位是十位，则包含的误差绝对值应不大于 5。对于这种误差不大于末位单位数字的一半，从它左边第一个不为零的数字起，直到右面最后一位数字止的全部数字，称为有效数字。

从上述定义可看出：有效数字是和测量的准确度密切相关的，它所隐含的极限（绝对）误差不超过有效数字末位的半个单位。例如：

3.142：四位有效数字，极限误差≤0.0005；

8.700：四位有效数字，极限误差≤0.0005；

8.7×10^3：二位有效数字，极限误差≤0.05×10^3；

0.0807：三位有效数字，极限误差≤0.00005。

值得注意的是，舍入处理后的近似数，中间的 0 和末尾的 0 都是有效数字，不能随意添加也不能随意取舍。多写则夸大了测量准确度，少写则夸大了误差。但开头的零不是有效数字，因为它们仅与选取的测量单位有关。

对于测量数据的绝对值比较大（或比较小），而核心数据尾数又比较少的测量数据，通常采用核心数据与底数为十的幂指数相乘的方式表示，如 $a \times 10^n$。当然，其误差大小由 a 的末位与幂指数共同决定。

测量结果（或读数）的有效位数应由该测量的不确定度来确定，即测量结果的最末一位应与不确定度的位数对齐。例如，某物理量的测量结果值为 63.44，测量扩展不确定度 $U = 0.4$，则根据上述原则，该测量结果的有效位数应保留到小数后一位即 63.4，测量结果表示为 63.4 ± 0.4。

2. 数字舍入规则

为了使测量结果的表示准确、唯一和计算方便，在数据处理时，需对测量数据和所用常数进行舍入处理。当需要 n 位有效数字时，对超过 n 位的数字就要根据舍入规则进行处理。

数据舍入规则：

(1) 小于 5 舍去，即舍去部分的数值小于所保留末位的 0.5 个单位时，末位不变。

(2) 大于 5 进 1，即舍去部分的数值大于所保留末位的 0.5 个单位时，在末位增 1。

(3) 等于 5 时，取偶数，即舍去部分的数值恰好等于所保留末位的 0.5 个单位，则当末位是偶数时，末位不变；末位是奇数时，在末位增 1（将末位凑为偶数）。

例如，将下列数据舍入到小数第二位：

12.4344→12.43	63.73501→63.74	0.69499→0.69
25.3250→25.32	17.6955→17.70	123.115→123.12

需要注意的是，舍入应一次到位，不能逐位舍入，否则会得到错误的结果。例如上例中 0.69499，错误做法是：0.69499→0.6950→0.695→0.70，而正确结果为 0.69。

在"等于 5"的舍入处理上，采用取偶数规则，是为了在比较多的数据舍入处理中，使产生正、负误差的概率近似相等，从而使测量结果受舍入误差的影响减少到最低程度。

3. 近似运算规则

当需要对几个测量数据进行运算时，要考虑有效数字保留多少位的问题，以便不使运算过于麻烦而又能正确反映测量的准确度。保留的位数原则上取决于各数据中准确度最差的那一项。

（1）加法运算：以小数点后位数最少的为准（若各项无小数点，则以有效位数最少者为准），其余各数可多取一位。例如：

$$
\begin{array}{r}
10.2838 \\
15.03 \\
+\quad 8.69547 \\
\hline
34.00927 \approx 34.01
\end{array}
\qquad\longrightarrow\qquad
\begin{array}{r}
10.284 \\
15.03 \\
+\quad 8.695 \\
\hline
34.009 \approx 34.01
\end{array}
$$

（2）减法运算：当两数相差甚远时，原则同加法运算；当两数很接近时，有可能造成很大的相对误差，因此，第一要尽量避免导致相近两数相减的测量方法，第二在运算中多一些有效数字。

（3）乘除法运算：以有效数字位数最少的数为准，其余参与运算的数字及结果中的有效数字位数与之相等。例如：

$$
\frac{517.43 \times 0.28}{4.08} = \frac{144.8804}{4.08} \approx 35.5 \longrightarrow \frac{517.43 \times 0.28}{4.08} = \frac{520 \times 0.28}{4.1} \approx 35.51 \approx 35.5 \approx 36
$$

为了保证必要的精度，参与乘除运算的各数及最终运算结果也可以比有效数字位数最少者多保留一位有效数字。例如上面例子中的 517.43 和 4.08 各保留至 517 和 4.08，结果为 35.5。

（4）乘方、开方运算：运算结果比原数多保留一位有效数字。例如：

$$(27.8)^2 \approx 772.8 \qquad\qquad (115)^2 \approx 1.322 \times 10^4$$

$$\sqrt{9.4} \approx 3.07 \qquad\qquad \sqrt{265} \approx 16.28$$

2.5.2 测量结果的处理

1. 等精度测量

当对某一量进行等精度测量时，测量值中可能含有系统误差、随机误差和粗大误差，为了给出正确合理的结果，应按下述基本步骤对测得的数据进行处理：

（1）求出算术平均值 $\bar{x} = \dfrac{1}{n}\sum\limits_{i=1}^{n} x_i$；

（2）列出残差 $v_i = x_i - \bar{x}$，并验证 $\sum\limits_{i=1}^{n} v_i = 0$；

（3）按贝塞尔公式计算标准偏差的估计值 $s = \sqrt{\dfrac{1}{n-1}\sum\limits_{i=1}^{n} v_i^2}$；

（4）按莱特准则 $|v_i| > 3s$，或格拉布斯准则 $|v_{max}| > Gs$ 检查和剔除粗大误差，若有粗大误差应逐一剔除，重新计算 $\bar{x}$ 和 s 后再判断，直到无粗大误差；

（5）判断有无系统误差，如有系统误差，应查明原因，修正或消除系统误差后重新测量；

（6）计算算术平均值的标准偏差 $s_{\bar{x}} = \dfrac{s}{\sqrt{n}}$ ；

（7）写出最后结果的表达式，即 $A = \bar{x} \pm k s_{\bar{x}}$ （单位）。

例 2-14 对某温度进行了 16 次等精度测量，测量数据列于表 2-7 中。要求给出包括误差在内的测量结果表达式。

表 2-7 例 2-14 所用测量数据

序号	测量值 x_i/℃	残差 v_i	残差 v_i'（去掉 x_5 后）	序号	测量值 x_i/℃	残差 v_i	残差 v_i'（去掉 x_5 后）
1	205.30	0.00	+0.09	9	205.71	+0.41	+0.50
2	204.94	−0.36	−0.27	10	204.70	−0.60	−0.51
3	205.63	+0.33	+0.42	11	204.86	−0.44	−0.35
4	205.24	−0.06	+0.03	12	205.35	+0.05	+0.14
5	206.65	+1.35	—	13	205.21	−0.09	0.00
6	204.97	−0.33	−0.24	14	205.19	−0.11	−0.02
7	205.36	+0.06	+0.15	15	205.21	−0.09	0.00
8	205.16	−0.14	−0.05	16	205.32	+0.02	+0.11

解 ① 求出算术平均值：

$$\bar{x} = \frac{1}{16} \sum_{i=1}^{n} x_i = 205.30$$

② 计算 $v_i = x_i - \bar{x}$ 并列于表 2-7 中，通过验证， $\sum_{i=1}^{n} v_i = 0$ 。

③ 计算标准偏差：

$$s = \sqrt{\frac{1}{16-1} \sum_{i=1}^{16} v_i^2} = 0.4434$$

④ 按莱特准则判断有无 $|v_i| > 3s = 1.3302$ ，查表中第 5 个数据 $v_5 = 1.35 > 3s$ ，则应将对应 $x_5 = 206.65$ 视为粗大误差，加以剔除，现剩下 15 个数据。

⑤ 重新计算剩余 15 个数据的平均值： $\bar{x}' = 205.21$ ，重新计算 $v_i' = x_i - \bar{x}'$ 并列于表 2-7 中，经验证， $\sum_{i=1}^{n} v_i = 0$ 。

⑥ 重新计算标准偏差：

$$s' = \sqrt{\frac{1}{15-1} \sum_{i=1}^{15} v_i'^2} = 0.27$$

⑦ 按莱特准则再判断有无 $|v_i'| > 3s' = 0.81$ ，现各 $|v_i'|$ 均小于 $3s$ ，则认为剩余 15 个数据中不再含有粗大误差。

⑧ 根据 v_i' 作图，判断有无变值系统误差，如图 2-13 所示。从图中可见无明显累进性或周期性系统误差。

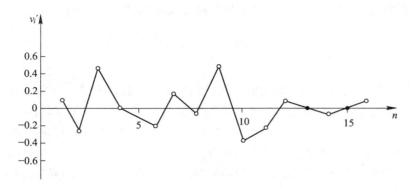

图 2-13　残差图

⑨ 计算算术平均值的标准偏差：

$$s_{\bar{x}} = \frac{s'}{\sqrt{15}} = \frac{0.27}{\sqrt{15}} \approx 0.07$$

⑩ 写出测量结果表达式：

$$x = \bar{x}' \pm 3s_{\bar{x}} = (205.2 \pm 0.2)℃（取置信系数 k = 3）$$

2. 不等精度测量

前面所讨论的测量结果的计算都是基于等精度测量条件的，即在相同地点用相同的测量方法和相同的测量设备，由相同的测量人员在相同环境条件（温度、湿度、干扰等）下短时间内进行的重复测量。若在测量条件不相同的情况下进行测量，则测量结果的精密度将不相同，这样的测量称为不等精度测量。例如，用不同精度的仪器进行对比，显然所得到的测量结果不会相同。那么怎样对待及处理不等精度测量的结果呢？

1）不等精度测量中权的概念和定义

在等精度测量中，各个测量数据的标准偏差是相同的，可以认为是同样可靠的，并取所有测量数据的算术平均值作为最后的测量结果。在不等精度测量中，各测量数据的标准偏差不相同，即各个测量结果的可靠程度不一样，因而不能简单地取各测量结果的算术平均值作为最后的测量结果，应让可靠程度大的测量结果在最后的结果中占的比重大一些，可靠程度小的占的比重小一些。为此引入了权的概念，即各测量结果的可靠程度可用一数值来表示，此数值就称为该测量结果的"权"，记为 W。测量结果的权可理解为：当它与另一些测量结果比较时，对该测量结果所给予的信赖程度。

由于测量数值 x_j 的可靠度越高，标准偏差 σ_j 越小，所以定义权 W_j 为

$$W_j = \frac{\lambda}{\sigma_j^2} \tag{2-61}$$

即权值与标准偏差的平方成反比。式中，λ 为任意常数，由 $\lambda = W_j \sigma_j^2$ 可知，当 $W_j = 1$ 即为单位权时，λ 的数值恰为 σ_j^2，因此，λ 可以看成是单位权的方差。在讨论一列非等精度测量值时，若 λ 增大或减小某固定倍数，各测量值的权将同时增大或减小若干倍，但各测量值之间权的比值不变，因而不影响问题的讨论。

2）加权平均值

在不同测量条件下，对某一量 X 进行 m 次测量，测得的数据分别为 x_1、x_2、$\cdots$、x_m，

对应的权分别为 W_1、W_2、$\cdots$、W_m，那么如何根据这些数据估计 X 的数值呢？显然这时仍用 $\bar{x} = (1/m)\sum\limits_{j=1}^{m} x_j$ 来估计肯定是不合适了，因为各数据不是等精度的，不应受到相同的对待。

需要用科学的方法确定非等精度测量估计值的公式。这里介绍一种将非等精度测量等效为等精度测量的方法，它的基本思想是将每个权为 W_j 的测量值 x_j 都看成是 W_j 次等精度测量的平均值（若权 W_j 不为整数也不影响问题的讨论，因为可以想象把各个权同乘一个系数，就能设法近似地把各个权都变成整数）。例如，x_1、x_2、x_3 的权分别为 3、5、2，它们的权不相同可能是由于仪器精密度不同、测量方法不同等很多因素造成的，但我们可以把该测量等效为共有 $3+5+2=10$ 次等精度的测量，x_1、x_2、x_3 分别是其中 3、5、2 次测量的平均值。若每次等精度测量的方差为 σ^2，则三组平均值权的比为

$$W_1 : W_2 : W_3 = \frac{\lambda}{\sigma_1^2} : \frac{\lambda}{\sigma_2^2} : \frac{\lambda}{\sigma_3^2} = \frac{\sigma^2}{\sigma^2/3} : \frac{\sigma^2}{\sigma^2/5} : \frac{\sigma^2}{\sigma^2/2} = 3 : 5 : 2$$

这样就把非等精度的测量等效为等精度的测量了。对等精度的测量前面已作过较详细的讨论，因而容易得出所需的结论。同时，由于这种等效关系是可逆的，即不同次数等精度测量的平均值也可以等效于不同权的非等精度测量，因而用这种方法导出的结论不失一般性。下面就用这种方法讨论上述 X 的估计值。

首先把 m 次非等精度测量等效为 $n = \sum\limits_{j=1}^{m} W_j$ 次等精度测量，各测量值 x_j 等效为 W_j 次等精度测量的平均值，非等精度测量值与其权乘积的和 $\sum\limits_{j=1}^{m} W_j x_j$ 等效于 n 次等精度测量值之和 $\sum\limits_{i=1}^{n} x_i$，这样 X 的 m 次非等精度测量的平均值就等效为 n 次等精度测量值的平均值，即由 $\bar{x} = (1/n)\sum\limits_{i=1}^{n} x_i$ 得到 m 次非等精度测量结果的加权平均值为

$$\bar{x} = \frac{\sum\limits_{j=1}^{m} W_j x_j}{\sum\limits_{j=1}^{m} W_j} \tag{2-62}$$

式中，$\sum\limits_{j=1}^{m} W_j$ 为等效于全部等精度测量的次数，$\sum\limits_{j=1}^{m} W_j x_j$ 为等效于全部等精度测量值的和。在等精度测量中，σ_j 相等，W_j 也相等，$\bar{x} = \frac{1}{m}\sum\limits_{i=1}^{m} x_i$ 就是加权平均值的特例。一般用式 (2-62) 来计算非等精度或者说不等权测量的估计值，即

$$\hat{X} = \frac{\sum\limits_{j=1}^{m} W_j x_j}{\sum\limits_{j=1}^{m} W_j} = \frac{\sum\limits_{j=1}^{m} \dfrac{x_j}{\sigma_j^2}}{\sum\limits_{j=1}^{m} \dfrac{1}{\sigma_j^2}} \tag{2-63}$$

例 2-15 已知 X 的三个非等精度测量值分别为 $x_1 = 10.2$，$x_2 = 10.0$，$x_3 = 10.4$，它们的权分别为 3、5、2，求 X 的估计值。

解 由式(2-63)可得

$$\hat{X} = \frac{\sum\limits_{j=1}^{m} W_j x_j}{\sum\limits_{j=1}^{m} W_j} = \frac{10.2 \times 3 + 10.0 \times 5 + 10.4 \times 2}{3 + 5 + 2} = 10.14$$

3) 加权平均值的标准偏差

加权平均值的标准偏差 $\sigma(\bar{x})$ 可由标准偏差合成公式推导得到:

$$\sigma^2(\bar{x}) = \frac{1}{\sum\limits_{j=1}^{m} \frac{1}{\sigma_j^2}} = \frac{\lambda}{\sum\limits_{j=1}^{m} W_j} \tag{2-64}$$

在知道了各不等精度测量值的标准偏差后,可以直接求出加权平均值及其标准偏差。最后的测量结果可表示为 $A = \bar{x} \pm k\sigma(\bar{x})$(单位)。在有限次测量时,可用标准偏差的估计值 s_j 代替 σ_j 进行计算。

例 2-16 用两种方法测量某电压。第一种方法测量 6 次,其算术平均值 $U_1 = 10.3$ V,标准偏差 $\sigma_1 = 0.2$;第二种方法测量 8 次,其算术平均值 $U_2 = 10.1$ V,标准偏差 $\sigma_2 = 0.1$ V。求电压的估计值、标准偏差及测量结果的表达式。

解 取 $\lambda = 1$,则两种测量值的权分别为

$$W_1 = \frac{\lambda}{\sigma_1^2} = \frac{1}{0.2^2} = \frac{1}{0.04} , \quad W_2 = \frac{\lambda}{\sigma_2^2} = \frac{1}{0.1^2} = \frac{1}{0.01}$$

则电压的估计值为

$$\hat{U} = \frac{W_1 U_1 + W_2 U_2}{W_1 + W_2} = \frac{\dfrac{1}{0.04} \times 10.3 + \dfrac{1}{0.01} \times 10.1}{\dfrac{1}{0.04} + \dfrac{1}{0.01}} = 10.14\text{V}$$

电压估计值的标准差为

$$\sigma(\hat{U}) = \sqrt{\frac{\lambda}{\sum\limits_{j}^{2} W_j}} = \sqrt{\frac{1}{\dfrac{1}{0.04} + \dfrac{1}{0.01}}} = \sqrt{0.008} = 0.089\text{V}$$

故测量结果为 $(10.14 \pm 3 \times 0.089)$V $= (10.14 \pm 0.27)$V,取置信系数 $k=3$。

2.5.3 最小二乘法与回归分析

1. 最小二乘法原理

在电子系统中,大量存在变量 y 与变量 x 是函数关系的情况,同时在函数关系中,常常还包含有若干个常数参量 α、β 等,即

$$y = f(x; \alpha, \beta, \cdots)$$

式中常数参量 α、β 等有时并不知道,需要通过测量手段来确定。在上式函数类型已知的情况下,如果有 n 个未知参数,若测量过程中不包含有误差,则只要对应 n 个不同的 x_i 值,测量出 n 个相应的 y_i 值,就可以用联立方程的方式求出这 n 个未知参数 α、β、$\cdots$。例如已知 $y = \alpha + \beta x$,式中 α、β 为两个未知参数,则对应两个不同的 x 值测出相应的两个 y

值，就可以用联立方程

$$\begin{cases} y_1 = \alpha + \beta x_1 \\ y_2 = \alpha + \beta x_2 \end{cases}$$

解出 α 和 β 的数值。

但在实际测量中，误差总是存在的，即使没有系统误差以及不考虑自变量 x 本身的误差，由于测量中不可避免地存在着随机误差，因此 y 的测量值 y_j 与由函数关系对应的真实值 $f(x_j; \alpha, \beta, \cdots)$ 之间具有一定的随机误差 δ_j，即

$$\delta_j = y_j - f(x_j; \alpha, \beta, \cdots)$$

在这种情况下，虽然 x_j、y_j 可测，但由于 δ_j 永远无法知道，所以就不再能用 n 个联立方程求解出 α、β 等 n 个未知参数了。但是，我们可以利用上述关系式，根据最大似然估计的方法对未知参数进行估计。

在对 y 的各独立测量中，设第 j 次测量的随机误差为 δ_j，且设 δ_j 服从正态分布，则 m 次测量值的随机误差恰好等于 $(\delta_1, \delta_2, \cdots, \delta_m)$ 这一事件的概率密度为

$$L = \prod_{j=1}^{m} \frac{1}{\sigma(y_j)\sqrt{2\pi}} \mathrm{e}^{-\left[\frac{\delta_j^2}{2\sigma^2(y_j)}\right]}$$

对上式两端取对数，有

$$\ln L = \sum_{j=1}^{m} \ln\left[\frac{1}{\sigma(y_j)\sqrt{2\pi}}\right] - \sum_{j=1}^{m}\left[\frac{\delta_j^2}{2\sigma^2(y_j)}\right]$$

根据最大似然估计原理，当 $\hat{\alpha}$、$\hat{\beta}$ 等为 α、β 等的估计值时，上式中的各 δ_j 值应能使 L 或 $\ln L$ 达到最大，这时就要求

$$\sum_{j=1}^{m} \frac{\delta_j^2}{2\sigma^2(y_j)} = \min$$

上式中各项同乘 2λ 后，和式仍为最小，即

$$\sum_{j=1}^{m} \frac{\lambda\delta_j^2}{\sigma^2(y_j)} = \sum_{j=1}^{m} W_j\delta_j^2 = \min \tag{2-65}$$

在实际测量中由于 y 的真值 $f(x; \alpha, \beta, \cdots)$ 不易求得，因此常用残差 $v_j = y_j - \hat{y}$ 来代替随机误差 δ_j，其中 $\hat{y} = f(x; \hat{\alpha}, \hat{\beta}, \cdots)$。$v_j$ 的物理意义见图 2-14。这样式（2-65）就变为

$$\sum_{j=1}^{m} W_j v_j^2 = \min \tag{2-66}$$

上式说明在残差服从正态分布的情况下，残差平方的加权和为最小时，满足最大似然估计条件。同时应把满足这个条件的各参数值作为该参数的估计值。

若上述 m 次测量为等精度测量，即 $W_1 = W_2 = \cdots = W_m$，则最大似然估计的条件变为

$$\sum_{j=1}^{m} v_j^2 = \min \tag{2-67}$$

用式（2-66）确定参数估计值的方法称为最小二乘法，因为式中各残差的二次方的加权和最小。严格来说，最小二乘法只适用于残差或者说随机误差服从正态分布的情况，但对于误差接近于正态分布的情况也可以适用。

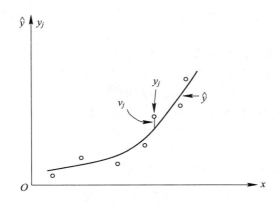

图 2-14　最大似然估计中所用的残差

例 2-17　对某量 X 分别进行了 m 次测量，其测量值及相应的权分别为 x_1、x_2、$\cdots$、x_m，及 W_1、W_2、$\cdots$、W_m，用最小二乘法求 X 的估计值。

解　本例为 $y = x$ 的特殊情况，这时 $\delta_j = x_j - X$，若 $\hat{X}$ 为 X 的估计值，则从最小二乘原理出发，应满足式(2-66)，即

$$\sum_{j=1}^m W_j v_j^2 = \min$$

这时必有

$$\frac{\partial \left[\sum\limits_{j=1}^m W_j v_j^2 \right]}{\partial \hat{X}} = 0$$

即

$$\frac{\partial \left[\sum\limits_{j=1}^m W_j \left(x_j - \hat{X} \right)^2 \right]}{\partial \hat{X}} = 0$$

解得

$$\hat{X} = \frac{\sum\limits_{j=1}^m W_j x_j}{\sum\limits_{j=1}^m W_j}$$

上式与式(2-62)一致，这说明根据最小二乘原理求得的 X 的估计值与前面把非等精度测量等效为等精度测量所得的估计值相同。

2. 曲线拟合与回归分析

在自然科学中，实际上很多量之间并没有严格的函数关系，而只是存在一种不完全确定的相关关系。例如电池电压随时间的改变、晶体三极管的电流放大系数随温度的变化等，这种相关关系并不能完全从理论上用一个严格的函数关系式限定，但又确实存在一定的关联，而不是毫不相干。这种相关关系也可以用一个表达式来近似地描述。为了寻找表达式中变量 y 和 x 之间的关系，人们常常通过实测的方法对不同的 x 值测出相应的 y 值，然后根据测得数据画出 y 与 x 之间的关系曲线。在测试过程中，虽然经常令 x 为可以控制或可以精确观察的量，但是由于随机误差的影响，通常会使 y 值变成一个随机变量。这样测量数据点 x_1、y_1，x_2、y_2，$\cdots$，x_n、y_n 就往往不在一条光滑的曲线上，如图 2-15 所

示。若把各测量值直接连成一条条波动的折线显然是不恰当的，因为它不符合 y 与 x 之间关系的客观规律。

那么应该用一条什么样的曲线或者说用一个什么表达式来描述 y 与 x 之间的关系才合适呢？这就是曲线的拟合或修习问题。在要求不太高的情况下，人们常根据实测数据画一条平滑曲线，使测量数据大体上在这条平滑曲线两侧均匀分布。但是即使对同一组数据，不同人画出的曲线也是不同的。例如对图 2-15 中的测量数据，就可能画出 a、b、c 等多种曲线。

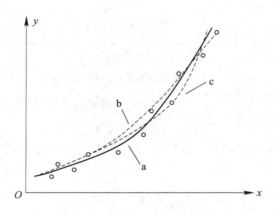

图 2-15　根据测量结果拟合曲线

在一些要求严格的场合，这当然是不希望的，同时这种画法也常常不容易给出所画曲线的数学表达式，而后者对用计算机处理数据往往是非常必要的。

如果能对应每个 x_j 测量出足够多（理论上为无穷多）个 y_j，并求出当 $x=x_j$ 时它的数学期望 $E(y_j)$，则能够消除随机误差的影响。选取不同的 x_j，求出对应的 $E(y_j)$，用 x_j 与 $E(y_j)$ 的关系画出的曲线或找出的关系式将是比较理想的。这样作出的曲线称为 y 对 x 的回归曲线，描述该曲线的方程叫回归方程。那么，用什么样的方法寻找回归方程（曲线）才是最科学的呢？最小二乘法是最佳选项，即按此方法获得所估计的参数后，回归方程应使各点残差的平方加权之和最小，在等精度测量中应使各点残差的平方之和最小。

根据一组测量数据，用最小二乘法找到的回归方程的参数，只是依赖于样本的一种估计值，分析结果受抽样误差或者说测量误差的影响，这样的回归方程应叫样本回归方程。为讨论简单起见，仍称它为回归方程。

根据一组测量数据求回归方程的具体方法主要包括下面两个方面：

(1) 确定数学表达式即回归方程的类型；

(2) 确定回归方程中常参数及常数项 α、β 等的数值。

回归方程的类型通常要根据专业知识来选择，当从理论上不能确定函数曲线应属于哪种形式时，可参阅表 2-8 中几种常见曲线的函数形式，选择与实测结果相近的形式。在能同时用几种曲线来近似的情况下，可比较各种方法近似后的残差，取其残差平方和最小者，并力求函数关系式不要过于复杂，以节省计算工作量。当找不到相近的函数关系式时，还可以用幂级数的前 n 项

$$y = a_0 + a_1 x + \cdots + a_{n-1} x^{n-1}$$

去逼近。只要在所讨论的范围内幂级数是收敛的，这种逼近就是允许的。

表 2 - 8　几种常见曲线的函数形式及对应直线方程的转换

函数名称	曲线形状		经验公式	转换关系	直线方程
双曲线	$b_0 > 0$ $b_1 > 0$	$b_0 > 0$ $b_1 < 0$	$\dfrac{1}{y} = b_0 + \dfrac{b_1}{x}$	$Y = \dfrac{1}{y}$ $X = \dfrac{1}{x}$	$Y = b_0 + b_1 X$
幂函数	$b_1 > 1$ $b_1 = 1$ $0 < b_1 < 1$ $a > 0$		$y = a x^{b_1}$	$Y = \lg y$ $X = \lg x$ $b_0 = b_1 \lg a$	$Y = b_0 + b_1 X$
指数函数	$a < 0$ $a > 0$		$y = a\,\mathrm{e}^{b_1 x}$	$Y = \ln y$ $b_0 = \ln a$ $X = x$	$Y = b_0 + b_1 X$
对数曲线	$b_1 > 0$	$b_1 < 0$	$y = b_0 + b_1 \lg x$	$Y = y$ $X = \lg x$	$Y = b_0 + b_1 X$

　　在选定了回归方程的形式以后，主要任务就根据各点的测量数据，利用最小二乘法的关系式来估计方程式中的未知参数。对于等精度测量，各点的测量数据应满足

$$\sum_{j=1}^{m} \left[y_j - f(x_j\,;\,\alpha,\,\beta,\,\cdots) \right]^2 = \min$$

因此，解下面的联立方程就可以求出 α、β 等的估计值：

$$\begin{cases} \dfrac{\partial \sum\limits_{j=1}^{m} \left[y_j - f(x_j\,;\,\alpha,\,\beta,\,\cdots) \right]^2}{\partial \alpha} = 0 \\[6mm] \dfrac{\partial \sum\limits_{j=1}^{m} \left[y_j - f(x_j\,;\,\alpha,\,\beta,\,\cdots) \right]^2}{\partial \beta} = 0 \\[2mm] \qquad\qquad \vdots \end{cases} \qquad (2-68)$$

由于实际中大量存在的是线性关系，特别是在小范围内，非线性关系又可以近似为线性关系，所以回归方程的一个常见特例就是估计线性回归方程中的参数，即求关系式 $y = \alpha + \beta x$ 中 α、β 的情况。这样式(2-68)的方程组就成为两项，即

$$\begin{cases} \dfrac{\partial \sum\limits_{j=1}^{m} \left[y_j - f(x_j; \alpha, \beta, \cdots) \right]^2}{\partial \alpha} = 0 \\[4mm] \dfrac{\partial \sum\limits_{j=1}^{m} \left[y_j - f(x_j; \alpha, \beta, \cdots) \right]^2}{\partial \beta} = 0 \end{cases}$$

解得

$$\left. \begin{aligned} \beta &= \frac{m \sum x_j y_j - \sum x_j \sum y_j}{m \sum x_j^2 - \left(\sum x_j \right)^2} = \frac{\sum x_j y_j - m \bar{x} \bar{y}}{\sum x_j^2 - m \bar{x}^2} \\[3mm] \alpha &= \left(\frac{\sum y_j}{m} \right) - \left(\frac{\sum x_j}{m} \right) \beta = \bar{y} - \bar{x} \beta \end{aligned} \right\} \tag{2-69}$$

上式求线性回归方程中参数 α、β 的方法是很有用的，有些高等级的计算器还配有用上式求 α、β 的程序。

例 2-18 根据表 2-9 中的实验数据，用回归分析法求 x 与 y 间的近似关系式。

表 2-9 实验数据

x	1	3	8	10	13	15	17	20
y	3	4	6	7	8	9	10	11

解 将实测数据标于图 2-16 上，由图可见 y 与 x 的关系近似于一条直线。选取回归方程的类型为 $y = \alpha + \beta x$，式中包括两个待估计的常数 α 及 β。

将题中数据代入式(2-69)，求得 $\alpha = 2.66$，$\beta = 0.422$，则可得到 y 与 x 的关系式为

$$y = 2.66 + 0.422x$$

将这个关系式画于图 2-16 中，可以看出，此直线很好地逼近了实测数据。

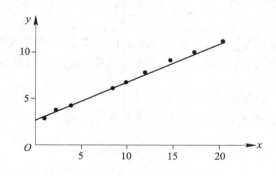

图 2-16 实测数据与回归分析结果

对某些非线性关系，也常常可以通过一些变换将其转化为线性关系来计算。这样就可以直接利用式(2-69)求线性关系中的参数 α、β，然后将关系式经过反变换，找出非线性关系的表达式。几种常见曲线的函数形式所对应直线方程的转换见表 2-8。

思 考 与 练 习 题

2-1　解释下列名词的含义：真值、约定值、标称值、示值、修正值、测量误差。

2-2　什么是等精度测量？什么是非等精度测量？

2-3　试述系统误差、随机误差、粗差的特点。

2-4　简述系统误差、随机误差的概念，以及它们在测量系统（仪器）中与正确度、精密度、准确度的关系。

2-5　图 2-17 中（a）、（b）分别是伏安法测电阻 R_0 的两种电路，若电压表的内阻为 R_V，电流表的内阻为 R_1，分别求两种电路的测量值 $R_x = U/I$ 受电表影响产生的绝对误差和相对误差，并讨论所得结果。

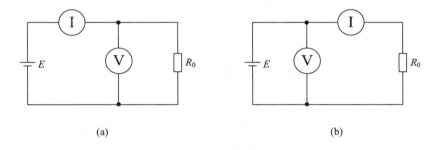

(a)　　　　　　　　　　　　　　　　(b)

图 2-17　伏安法测量电阻

2-6　在图 2-18 中，用内阻为 R_V 的电压表测量 A、B 两点间的电压。若忽略电源 E、电阻 R_1、R_2 的误差：

（1）不接电压表时，A、B 间的实际电压 U_{AB} 是多少？

（2）若 $R_V = 20\ \text{k}\Omega$，由它引入的示值相对误差和实际值相对误差各为多少？

（3）若 $R_V = 1\ \text{M}\Omega$，由它引入的示值相对误差和实际值相对误差各为多少？

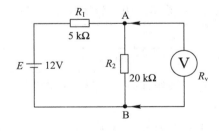

图 2-18　题 2-6 用图

2-7　已知 CD-4B 型超高频导纳电桥在频率高于 1.5 MHz 时，测量电容的误差为

$$\pm 5\% (\text{读数值}) \pm 1.5\ \text{pF}$$

求用该电桥分别测 200 pF、30 pF、2 pF 电容时，测量的绝对误差和相对误差，并以所得绝对误差为例，讨论仪器误差的相对部分和绝对部分对总测量误差的影响。

2-8　检定 2.5 级、量程为 100 V 的电压表，当指针在 50 V 刻度点上时，标准电压表读数为 48 V，试问在这一点上此表是否合格。

2-9　欲测量 8 V 左右的电压，现有两块电压表，一块量程为 10 V，准确度 $s_1 = 1.5$ 级；另一块量程为 50 V，准确度 $s_2 = 1.0$ 级，应采用哪一块电压表测量结果较为准确？

2-10　用等臂电桥 $(R_1 = R_2)$ 测电阻 R_x，电路如图 2-19 所示，R_s 为标准可调电阻，利用交换 R_x 与 R_s 位置的方法对 R_x 进行两次测量，试证明 R_x 的测量值与 R_1 及 R_2 的误差 ΔR_1 及 ΔR_2 无关。

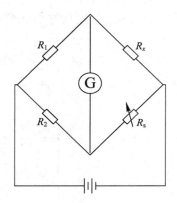

图 2-19　电桥法测量电阻

2-11　对某信号源的输出频率 f_x 进行了 10 次等精度测量，结果为

110.105，110.090，110.090，110.070，110.060，110.050，110.040，110.030，110.035，110.030(kHz)

试用马利科夫及阿卑-赫梅特判据判别是否存在变值系差。

2-12　采用微差法测量未知电压 U_x，设标准电压的相对误差不大于 5/10 000，电压表的相对误差不大于 1%，相对微差为 1/50，求测量的相对误差。

2-13　对某信号源的输出频率 f_x 进行了 8 次测量，数据如表 2-10 所示，求 $E(f_x)$ 及 $s(f_x)$。

表 2-10　测量数据

次数	1	2	3	4	5	6	7	8
频率/kHz	1000.82	1000.79	1000.85	1000.84	1000.73	1000.91	1000.76	1000.82

2-14　设题 2-13 中不存在系统误差，在要求置信概率为 99% 的情况下，估计输出频率的真值应所在范围。

2-15　设有大电阻 R_1，小电阻 R_2，已知 $R_1 \gg R_2$，它们的相对误差分别为 γ_1、γ_2，且具有相同的数量级。当把这两个电阻分别串、并联时，相对误差是多少？哪个电阻的误差对总电阻的误差影响大？

2-16　RC 相移网络如图 2-20 所示，u_2 导前 u_1 的角度为

$$\varphi = \arctan \frac{1}{\omega RC}$$

已知 ω、R、C 及 $\Delta\omega/\omega$、$\Delta R/R$、$\Delta C/C$，求 φ 角的绝对误差 $\Delta\varphi$ 及相对误差 γ_φ。

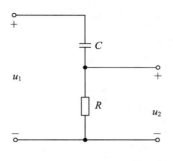

图 2-20　移相网络

2-17　用示波器观察两个同频率的正弦信号如图 2-21 所示，图中 $x_1 = 1.2$ cm，$x_2 = 8.0$ cm。

(1) 计算 u_2 导前 u_1 的角度 φ；

(2) 若由于示波器分辨力的限制，x_1 的读数应为 1.2 ± 0.1 cm，x_2 的读数应为 8.0 ± 0.1 cm，那么用这种方法测量所造成的误差 $\Delta\varphi$ 及 $\Delta\varphi/\varphi$ 各为多少？

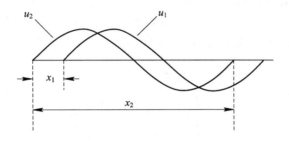

图 2-21　相位差示意图

2-18　用两种不同的方法测电阻，若测量中均无系统误差，所得阻值（Ω）为：

第一种方法（测 8 次）：100.36，100.41，100.28，100.30，100.32，100.31，100.37，100.29；

第二种方法（测 6 次）：100.33，100.35，100.29，100.31，100.30，100.28。

(1) 若分别用以上两组数据的平均值作为电阻的两个估计值，那么哪个估计值更可靠？

(2) 用两次测量的全部数据求被测电阻的估计值（加权平均）。

2-19　电能的计算公式为 $W = \dfrac{V^2}{R}t$，若已知 $\gamma_U = \pm 1\%$，$\gamma_R = \pm 0.5\%$，$\gamma_t = \pm 1.5\%$，求电能的相对误差。

2-20　某电压放大器，测得输入电压 $U_i = 1.0$ mV，输出电压 $U_o = 1200$ mV，两者的相对误差均为 $\pm 2\%$，求放大器增益的分贝误差。

2-21　电阻 R 上的电流 I 产生的热量 $Q = 0.24 I^2 R t$，式中 t 为通过电流的持续时间，已知测量 I 与 R 的相对误差为 1.0%，测定 t 的相对误差为 5.0%，求 Q 的相对误差。

2-22　用一块量程为 5 V，准确度 $s = 1.5$ 级电压表测量图 2-22 中 A、B 点的电压分

别为 $U_A=4.26$ V 和 $U_B=4.19$ V，若忽略电压表的负载效应，求：

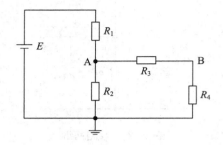

图 2-22　题 2-22 用图

(1) U_A、U_B 的绝对误差、相对误差各为多少？

(2) 利用公式 $U_{AB}=U_A-U_B$ 计算，则电压 U_{AB} 的绝对误差、相对误差各为多少？

2-23　两个电阻的测量值分别是 $R_1=20\Omega\pm20\%$，$R_2=(100\pm0.4)\Omega$，试求两个电阻在串联与并联时的总电阻及其相对误差。

2-24　在图 2-23 中，$U_1=U_2=40$ V，若用 50 V 交流电压表进行测量，允许总电压 U 的最大误差为 $\pm2\%$，应选择什么等级的电压表？

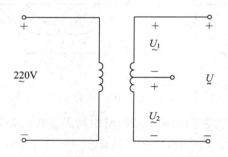

图 2-23　题 2-24 用图

2-25　对某电阻进行了 10 次测量，测量值（kΩ）分别为：

99.2，99.4，99.5，99.3，99.1，99.3，99.3，99.4，99.2，99.5

若测量的系统误差为 $\pm1\%$，并为均匀分布，测量的随机误差为正态分布。对测量数据进行处理，给出电阻的测量值和测量值所包含的不确定度。

2-26　按照舍入规则，对下列数据进行处理，使其各保留三位有效数字，并指出各数字的最大误差。

86.3724，7.9145，3.1750，0.003125，59250

2-27　设电压 U 的三个非等精度测量值分别为 $U_1=1.0$ V，$U_2=1.2$ V，$U_3=1.4$ V，它们的权分别为 6、7、5，求 U 的最佳估计值。

2-28　用数字电压表测得一组电压数值如表 2-11 所示，分别用莱特准则及格拉布斯准则（$P_c=99\%$）判断有无坏值，并写出测量报告。

表 2 - 11　电压数值

n	x_i	n	x_i	n	x_i
1	20.42	6	20.43	11	20.42
2	20.43	7	20.39	12	20.41
3	20.40	8	20.30	13	20.39
4	20.43	9	20.40	14	20.39
5	20.42	10	20.43	15	20.40

2 - 29　试述最小二乘法(内容)及用最小二乘法拟合测量曲线的方法过程。

2 - 30　测量 x 和 y 的关系,得到一组数据如表 2 - 12 所示,试用最小二乘法拟合,求上述实验数据的最佳曲线。

表 2 - 12　x 和 y 的关系数据

x_i	6	17	24	34	36	45	51	55	74	75
y_i	10.3	11.0	10.01	10.9	10.2	10.8	11.4	11.1	13.8	12.2

第3章 频率、时间测量技术

3.1 概　　述

3.1.1 频率、时间测量的特点

频率、时间测量的特点包括：

（1）测量准确度高。在所有的物理量测量中，频率和时间测量的准确度是最高的。迄今为止，复制的频率和时间的基准，其稳定度高达 $10^{-13} \sim 10^{-15}$ 量级。所以，频率和时间测量在所有的测量领域起着技术带头作用，是测量技术的排头兵。

（2）测量范围宽。现代科学技术中所涉及的信号频率范围是极其宽广的，从百分之一赫兹甚至更低频率开始，一直到 10^{12} Hz 以上，处于这么宽范围内的频率，利用现代电子技术都可以做到一定精度的测量。当然，在不同的频段，需采用不同针对性的技术。

（3）极易实现数字化。利用数字电路的逻辑功能很容易将频率、时间的大小转换为对应数字量的大小，很容易实现用数字显示测量结果。

（4）测量速度快。频率和时间测量极易实现数字化、自动化，所以操作、控制方便，测量信号的转换时间和显示的惯性大大减小，从而大大提高了测量速度。

（5）频率信息的传输和处理方便。交流信号容易传输、放大，频率信息容易处理，如倍频、分频及混频等都比较容易实现，并且精确度也很高，这使得对各不同频段的频率测量能机动、灵活地实施。

3.1.2 频率、时间测量的意义

频率、时间测量的意义包含：

（1）时间是国际单位中七个基本物理量之一，很多物理量的单位及量值的大小确定都与时间的单位与量值的大小有关。

（2）几乎任何测控系统都离不开周期性信号的作用和时间大小的控制，都需要对相关信号的频率和时间信息进行测量，从事与电子有关的技术工作更是如此，这是时频测量技术最基本的意义。

（3）时频测量更广泛的意义在于：许多测量对象的大小，都可以通过传感器、转换电路等手段转化为相应频率或时间的大小，通过对频率或时间的测量及定标，可以实现对这些电量、电参数和非电量的测量。在这些测量过程中，频率或时间测量是其测量的基础和核心，完成了频率或时间的测量工作就等于完成了这些测量工作的核心任务。频率、时间测量的技术水平也就直接关系到被测量的测量水平，所以，频率和时间测量在电子测量技术中占据着举足轻重的地位。

（4）在计量及尖端的测控领域，还需要对时频基准进行校对，因此对时频测量的准确度要求更高，从而滋生出时频测量更尖端、更广泛的技术领域，如卫星通信、宇宙飞船、航天飞机的导航、定位及控制都与频率、时间的测量与控制有关。

3.1.3　时间、频率的基本概念

1. 时间的定义与标准

时间的基本单位是秒，用 s 表示，在年历计时中，觉得秒的单位太小，常用日、星期、月、年表示；在电子测量中，常常觉得秒的单位太大，常用毫秒（ms，10^{-3} s）、微秒（μs，10^{-6} s）、纳秒（ns，10^{-9} s）、皮秒（ps，10^{-12} s）表示。"时间"，在一般概念中有两种含义：一指"时刻"，表示某时间或现象何时发生的。例如图 3-1 中的脉冲信号在 t_1 时刻开始出现，在 t_2 时刻消失；二是指"间隔"，即两个时刻之间的时间距离，表示某现象或事件持续的时间长度。例如图 3-1 中的 Δt，$\Delta t = t_2 - t_1$ 表示 t_1、t_2 这两个时刻之间的时间间隔，即矩形脉冲持续的时间长度。我们应该知道"时刻"与"间隔"二者的测量方法是不同的。

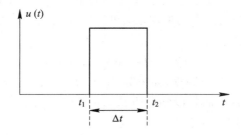

图 3-1　时刻、时间间隔示意图

早期，人们把地球自转一周所需要的时间定为一天，把一天的 1/86 400 定为 1 秒。但地球自转速度受季节等因素的影响，要经常进行修正，考虑到地球的公转周期相当稳定，在 1956 年正式定义 1899 年 12 月 31 日 12 时起始的回归年（太阳连续两次"经过"春分点所经历的时间）长度的 1/31 556 925.974 7 为 1 秒。

虽然回归年不受地球自转速度的影响，使秒的定义更加确切，但观测比较困难，不能立即得到，不便于作为测量过程的参照标准。近几十年来，随着原子技术的发展，出现了以原子秒为基础构成的时间标准，称为原子时标，简称原子钟。在 1967 年第十三届国际计量大会上通过的秒的定义为："秒是铯 133 原子（Cs^{133}）基态的两个超精细能级之间跃迁所对应辐射的 9 192 631 770 个周期所持续的时间。"现在各国标准时间发播台所发送的是协调世界时标（UTC），其准确度优于 $\pm 2 \times 10^{-11}$。我国陕西天文台是规模较大的现代化授时中心，它有发播时间与频率的专用电台，台内有铯原子钟作为我国的原子时间标准，能够保持三万年以上才有正负一秒的偏差。中央人民广播电台的北京报时声，就是由陕西天文台授时给北京天文台，再通过中央人民广播电台播发的。需要说明的是，时间标准并不像米尺或砝码那样的标准，因为"时间"具有流逝性。换言之，时间总是在改变着，不可能让其停留或保持住。用标准尺校准普通尺时，你可以把它们靠在一起作任意多次的测量，从而得到较高的测量准确度。但在测量"时刻"时却不能这样，当你延长测量时间时，所要测量的"时刻"已经流逝成为了"过去"。对于时间间隔的测量也是如此。所以说，时间标准

具有不同于其他物理量标准的特性，这在测量方法和误差处理中表现得尤为明显。

2. 频率的定义与标准

生活中的"周期"现象人们早已熟悉，如地球自转的日出日落现象是确定的周期现象，重力摆或平衡摆轮的摆动、电子学中的电磁振荡等都是确定的周期现象。自然界中类似上述周而复始重复出现的事物或事件还可以举出很多。周期过程重复出现一次所需要的时间称为周期，通常用 T 来表示。在数学领域，把这类具有周期性的现象用函数关系来描述：

$$F(t)=F(t+mT) \tag{3-1}$$

式中，m 为整实数，即 $m=0,\pm1,\pm2,\cdots,\pm n$；$t$ 为描述周期过程的时间变量；T 为周期过程的周期。

频率是单位时间内周期性过程重复、循环或振动的次数，通常用 f 来表示。联系周期与频率的定义，不难看出 f 与 T 之间有下述关系：

$$f=\frac{1}{T} \tag{3-2}$$

若周期 T 的单位是秒，那么由式(3-2)可知频率的单位是 1/秒，即赫兹(Hz)。

对于电谐振动、电磁振荡这类周期现象，可用更加明确的函数关系描述。大家熟悉的正弦函数关系的交流电压为

$$u(t)=U_{m}\sin(\omega t+\varphi)$$

式中，U_m 为电压的振幅；ω 为角频率，$\omega=2\pi f$；φ 为初相位。

整个电磁频谱有各种各样的频段划分方式，表3-1给出了国际无线电咨询委员会规定的各频段对应的频率划分范围。

表3-1 无线电频段的划分

名称	频率范围	波长	名称
甚低频(VLF)	3～30 kHz	10^5～10^4 m	超长波
低频(LF)	30～300 kHz	10^4～10^3 m	长波
中频(MF)	300～3000 kHz	10^3～10^2 m	中波
高频(HF)	3～30 MHz	10^2～10^1 m	短波
甚高频(VHF)	30～300 MHz	10～1m	米波
超高频(UHF)	300～3000 MHz	1～0.1m	分米波

在微波技术中，通常按波长划分为米波、分米波、厘米波、毫米波、亚毫米波。在无线电广播中，则划分为长、中、短三个波段。在电视中，把从 48.5 MHz 到 223 MHz 按每频道占据 8 MHz 范围带宽划分为1～12频道，称为 VHF 频道，频率再往上的称为 UHF 频道。总之，频率完全是根据各部门、各学科的需要来划分的。在电子测量技术中，常以 1 MHz 为界，1 MHz 以下称低频测量，以上称高频测量(一般，正弦波信号发生器就是如此划分的)。

常用的频率标准有晶体振荡石英钟，常使用在一般的电子设备与系统中。由于石英有很高的机械稳定性和热稳定性，它的振荡频率受外界因素的影响很小，因而比较稳定，可以达到 10^{-10} 左右的频率稳定度，又加之石英振荡器结构简单，制造、维护、使用都较方

便，其精确度已能满足大多数电子设备的需要，所以已成为人们青睐的频率标准源。近代最准确的频率标准是原子频率标准，简称为原子频标。原子频标有很多种，其中铯束原子频标的稳定性、制作重复性较好，因而高标准的频率标准源大多采用铯束原子频标。原子频标的原理是：原子处于一定的量子能级，当它从一个能级跃迁到另一个能级时，将辐射或吸收一定频率的电磁波。由于原子本身结构及其运动的永恒性，所以原子频标比天文频标和石英钟频标都稳定。铯-133 原子两个能级之间的跃迁频率为 9 192.631 770 MHz，利用铯原子源射出的原子束，在磁间隙中获得偏转，在谐振腔中激励起微波交变磁场，当其频率等于跃迁频率时，原子束穿过间隙，向检测器汇集，从而获得了铯束原子频标。铯束原子频标的准确度可达 10^{-13}，被广泛作为航天飞行器的导航、监测、控制的频率源。这里应明确，时间标准和频率标准具有同一性，可由时间标准导出频率标准，也可由频率标准导出时间标准，由前面所述的铯原子时标秒的定义与铯原子频标赫兹的定义很容易理解此点，一般情况下不再区分时间和频率标准，而统称时频标准。

3. 时频标准的传递

人们的生活、工作、科学研究都需要一定的时频标准，为了规范与交流方便，各行各业、各个地区都应该有统一的时频标准，问题是如何统一时频标准。这就涉及时频标准怎样传递的问题。通常，时频标准采用下述两类方法提供给用户使用。其一，称为本地比较法，就是用户把自己要校准的装置搬到拥有标准源的地方，或者由有标准源的主控室通过电缆把标准信号输送到需要的地方，然后通过中间测试设备进行比对。使用这类方法的优点是环境条件可以得到很好的控制，外界干扰可以减小到最小，所以时频标准得以很好的传递，但缺点是作用距离有限，远距离的用户要将自己的装置搬来搬去，会带来许多麻烦。其二，是发送可以接收的标准电磁波法，这里所说的标准电磁波，是其时间频率受标准源控制的电磁波，或含有标准时频信息的电磁波，拥有标准源的地方通过发射设备将上述标准电磁波发送出去，用户用相应的接收设备将标准电磁波接收下来，便可得到标准时频信号，并与自己的装置进行比对测量。现在，从甚长波到微波的无线电的各频段都有标准电磁波广播。如甚长波中有美国海军导航台的 NWC 信号（22.3 kHz）、英国的 GBR 信号（16 kHz）；长波中有美国的罗兰 C 信号（100 kHz）、我国的 BPL 信号（100 kHz）；短波中有日本的 JJY 信号、我国的 BPM 信号（5，10，15 MHz）；微波中有电视网络等。用标准电磁波传送标准时频，是时频量值传递与其他物理量传递方法显著不同的地方，它极大地扩大了时频测量的范围，大大提高了远距离时频测量的水平。

3.1.4　频率测量方法概述

频率测量方法的选择，取决于测量的频率范围和测量准确度要求。例如，在实验室中研究频率对谐振回路、电阻值、电容的损耗角，或对其它电参量的影响时，能将频率测量到 $\pm 1 \times 10^{-2}$ 量级的准确度或稍高一点也就足够了；对于广播发射机的频率测量，其准确度应达到 $\pm 1 \times 10^{-5}$ 量级；对于单边带通信机则应优于 $\pm 1 \times 10^{-7}$ 量级；而对于各种等级的频率标准，则应在 $\pm 1 \times 10^{-8} \sim \pm 1 \times 10^{-13}$ 量级之间。由此可见，对频率测量来讲，不同的测量对象与任务，对其测量准确度的要求相差悬殊。测试方法是否可以简单，所使用的仪器是否可以低廉，完全取决于对测量准确度的要求。

根据频率测量的原理、方法和特点，频率测量的方法大体上可作如图 3 - 2 所示的分类。

图 3 - 2　频率测量方法分类

模拟法是用一些现象、波形及位移等建立起已知频率与待测频率的关系，通过直接或间接的方法得到被测信号的频率。典型的方法是电桥法、谐振法及示波法等。数字法是指在一定的时间间隔内，用电子计数器对时间间隔内的待测信号的周期数计数，通过定标获得待测信号的频率。

本章将重点介绍电子计数器在频率、时间等方面的测量原理，关于模拟法测量频率的一些原理及方法将在 3.6 节中作简单介绍。

3.2　电子计数法测量频率

3.2.1　电子计数法测频原理

若某一信号在 T 秒时间内重复变化了 N 次，则根据频率的定义，可知该信号的频率 f_x 为

$$f_x = \frac{N}{T} \tag{3-3}$$

在实际测量中，由于计数器的容量有限，又为了保证不同频率测量的准确度，通常根据 f_x 的不同大小取不同的 T 值，且 $T = 10^{-n} \text{s}$(n 为整数)。T 取值不同，对应 n 大小不同。通常 T 取 1 s 或 1 s 的十倍比率时间，如 10 s，1 s，0.1 s，0.01 s 等。这样计数值 N 和 f_x 之间的关系为

$$f_x = N \times 10^n \text{ Hz}$$

在实际测量系统中，通过逻辑控制器合理地控制显示器中小数点的位置及单位选择并结合计数值 N 来自动显示测量结果。例如：测量某信号的频率，选择 6 位 LED 显示，并控制单位为"kHz"，则：

若 $T = 1$ s，$N = 263\ 587$，显示结果 $F = 263.587$ kHz；

若 $T = 0.1$ s，$N = 26\ 358$，显示结果 $F = 0263.58$ kHz。

只是 T 不同，误差就不同，这些皆是计数显示电路的工作。再考虑到闸门 T 形成电路、T 时间内对应 N 个脉冲的产生电路即计数脉冲形成电路，电子计数法测频的原理框图及各点波形如图 3 - 3 所示。它主要由下列三部分组成：时基 T 产生电路、计数脉冲形成电路及计数显示电路。

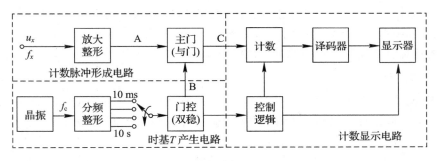

(a)原理框图

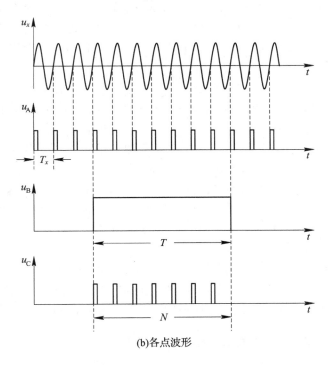

(b)各点波形

图 3-3 电子计数法测频的原理框图及各点波形

1. 时基 T 产生电路

这部分的作用就是提供准确的计数时间 T，一般由高稳定度的石英晶体振荡器电路、整形电路、分频电路与门控（双稳）电路组成。晶体振荡器输出的正弦信号（频率为 f_c，周期为 T_c）经整形后进行 k 次分频，得到周期 $T=kT_c$ 的窄脉冲，以此窄脉冲触发双稳（即门控）电路，从门控电路输出端即可得到宽度为 T 的闸门时间脉冲，即时间基准。闸门时间 T 的选择由分频系数 k 控制。

2. 计数脉冲形成电路

这部分电路的作用是将被测的周期信号转换为可计数的窄脉冲，一般由放大、整形电路和主门（与门）电路组成。被测输入周期信号（频率为 f_x，周期为 T_x）经放大、整形得到周期为 T_x 的窄脉冲，送至主门的一个输入端。主门的另一个输入端由时基电路产生的闸门脉冲来控制。在闸门脉冲开启主门期间，周期为 T_x 的窄脉冲才能通过主门，并在输出端产生脉冲输出，在闸门脉冲关闭期间，就不能在主门的输出端产生脉冲输出。在闸门脉冲控制下的主门输出脉冲，就可以送入计数器计数，所以将主门输出的脉冲称为计数脉冲，相应的这部分电路称为计数脉冲形成电路。

3. 计数显示电路

这部分电路用于计数被测信号在闸门宽度 T 时间内重复的周期次数 N，并显示被测信号的频率，一般由计数电路、译码器电路、显示器及逻辑控制电路组成。在逻辑控制电路的控制下，计数器对主门输出的计数脉冲实施二进制计数，其输出经译码器后，转换为 LED 显示器能显示的对应十进制数的相应笔段电平，并通过控制显示器中小数点的位置及单位来显示测量结果。因时基 T 都是 10 的整数次幂倍秒，所以显示出的十进制数就是被测信号的频率，其单位可能是 Hz、kHz 或 MHz。同时，逻辑控制电路用来控制计数器的工作程序：启动→计数→显示→复零→计数……。闸门信号的一个周期代表着一次测量过程。

在频率计的设计中，需要根据测量范围及测量分辨率确定计数器的个（位）数，并根据计数器的位数来确定显示器的位（个）数。若每个计数器分别连接有译码器到各自位的显示器，则称其为静态译码显示；如果只用一个译码器，采用通过多路选择开关分别选择各计数器的输出到译码器的输入，并将译码器的输出按逻辑选通到相应的显示位，则称其为动态译码显示，也称扫描显示。在设计显示系统时，不管是静态译码显示还是动态译码显示，在计数器与译码器之间需要设计寄（锁）存器，在计数器计数工作期间，显示器是不显示的，只有在闸门时间结束并经数字寄存后方才译码显示。在第 6 章的应用举例中，静态数字频率计的设计采用的是静态译码显示，而三位数字电压表设计采用的是动态译码显示。

结构框图中一些主要点的波形如图 3-3(b) 所示。需要说明的是，图 3-3(b) 各点波形是一次测量过程（一个测量闸门）的波形，在实际测量中，这些测量过程是不断进行的，即多个测量闸门的过程，测量是按"启动→计数→显示→复零→计数"循环进行的。

3.2.2 计数器测频方案设计举例

设计一个四位 LED 静态译码显示的频率计，测量范围为 10 MHz。确定闸门时间（分四挡）、显示器中相应的小数点位置及单位控制关系，并画出相应的原理结构框图。

1. 确定最小闸门时间 T_{min}

因为是四位 LED 静态译码显示的频率计，测量范围为 10 MHz，所以最大测量频率为 9.999 MHz，则

$$T_{min} = \frac{9999}{9.999 \times 10^6} = 1 \text{ ms}$$

有了最小闸门时间后，就可以根据最小闸门时间确定其余闸门时间。如果其余闸门时间以十倍步长确定，剩下的问题就是在不同的闸门时间作用下确定显示数字对应的单位及显示器中相应的小数点位置。下面对几组数据进行分析。

2. 测量关系分析

测量关系分析见表 3-2。

表 3 - 2　测量关系分析

f_x	T（闸门时间）	N（计数值）	显示及单位选择
1 MHz	1 ms	1000	1.000 MHz
100 kHz	1 ms	0100	0.100 MHz
100 kHz	10 ms	1000	100.0 kHz
10 kHz	10 ms	0100	010.0 kHz
10 kHz	100 ms	1000	10.00 kHz
1 kHz	100 ms	0100	01.00kHz
1 kHz	1 s	1000	1000 Hz
100 Hz	1 s	0100	0100 Hz

从以上的测量关系分析可以看出：当闸门时间 $T = 1$ ms 时，LED 显示器第一位小数点点亮，并选择单位为 MHz；当闸门时间 $T = 10$ ms 时，LED 显示器第三位小数点点亮，并选择单位为 kHz；当闸门时间 $T = 100$ ms 时，LED 显示器第二位小数点点亮，并选择单位为 kHz；当闸门时间 $T = 1$ s 时，LED 显示器小数点不受控制，并选择单位为 Hz。

3. 原理结构框图

作为四位 LED 静态显示，需要四个十进制计数器、相应的寄存器及四个十进制译码器，什么时间计数、什么时间显示测量结果以及怎样根据闸门时间来控制显示器中小数点位置等工作可由逻辑控制器来完成。频率计的基本原理结构框图如图 3 - 4 所示。

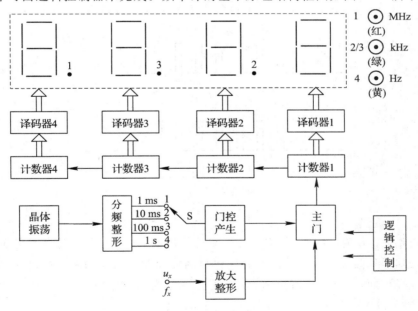

图 3 - 4　频率计原理结构框图

本节提供的是设计频率计的基本思想，实际测量中，在计数器与译码器之间还要考虑寄存器的设计，以及怎样用逻辑控制器实现测量的过程及结果显示的控制。这部分内容将在第 7 章静态频率计设计举例中详细分析。

3.2.3 误差分析

在 3.1 节中曾明确过计数式测量频率的方法有许多优点，但是这种测量方法也不可避免地存在着测量误差。下面来分析电子计数测频的测量误差。

根据误差合成原理得

$$\frac{\Delta f_x}{f_x} = \frac{\Delta N}{N} - \frac{\Delta T}{T} \tag{3-4}$$

从上式可以看出：电子计数测量频率方法引起的频率测量相对误差，由计数器累计脉冲数相对误差（计数器计数误差）和闸门标准时间相对误差两部分组成。因此，对这两种相对误差可以分别加以讨论，然后再考虑总的频率测量相对误差。

1. 计数器计数误差——±1 误差

在测频时，主门的开启与结束时刻与计数脉冲之间的时间关系是不相关的，也就是说它们在时间轴上的相对位置是随机的，这样，即使采用相同的闸门时间 T（先假定标准时间相对误差为零），计数器所计得的数也不一定相同，从而形成测量的误差即计数误差。由于在相同的主门开启时间 T 内，计数器最多多计一个数或最少少计一个数，所以也称其为 ±1 误差或量化误差。

计数器的 ±1 误差可用图 3-5 中的闸门信号和计数脉冲信号的时间关系来分析。

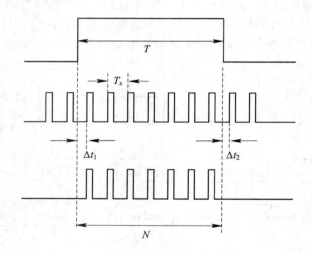

图 3-5 计数器的 ±1 误差示意图

在图 3-5 中，T 为闸门时间，T_x 为被测信号周期，Δt_1 为主门开启时刻至第一个计数脉冲前沿的时间（假设计数脉冲前沿使计数器翻转计数），Δt_2 为闸门关闭时刻至下一个计数脉冲前沿的时间。设计数值为 N（处在 T 区间之内窄脉冲的个数，图中 $N=7$），则

$$T = NT_x + \Delta t_1 - \Delta t_2 = \left(N + \frac{\Delta t_1 - \Delta t_2}{T_x}\right)T_x = (N + \Delta N)T_x$$

其中

$$\Delta N = \frac{\Delta t_1 - \Delta t_2}{T_x} \tag{3-5}$$

考虑到 Δt_1 和 Δt_2 都是不大于 T_x 的正时间量，由式(3-5)可以看出：$\Delta t_1 - \Delta t_2$ 虽然可能为正或负，但它们的绝对值不会大于 T_x，ΔN 的绝对值也不会大于 1，即 $|\Delta N| \leqslant 1$。再联系 ΔN 为计数增量，只能为实整数，也可以对照图 3-5 进行分析，在 T、T_x 为定值的情况下，从最坏情况考虑，可以令 $\Delta t_1 \to 0$、$\Delta t_1 \to T_x$，也可令 $\Delta t_2 \to 0$，或 $\Delta t_2 \to T_x$，可知 ΔN 的取值只有三个可能值，即 $\Delta N = 0$、1 或 -1，所以，脉冲计数最大绝对误差即 ± 1 误差为

$$\Delta N = \pm 1$$

所以，计数器计数的最大相对误差为

$$\frac{\Delta N}{N} = \pm \frac{1}{N} = \pm \frac{1}{f_x T} \qquad (3-6)$$

式中，f_x 为被测量信号频率，T 为闸门时间。由式(3-6)不难得出如下结论：计数器相对误差与被测信号频率成反比，与闸门时间成反比。也就是说，被测信号频率越高，此项相对误差越小；闸门时间越宽，此项相对误差也越小。例如，T 选为 1 s，若被测频率 $f_x = 100$ Hz，则 ± 1 误差为 ± 1 Hz；若 f_x 为 1000 Hz，± 1 误差也为 ± 1 Hz，而计算其相对误差，前者是 $\pm 1\%$，后者却是 $\pm 0.1\%$，显然被测频率越高，相对误差越小。再如，若被测频率 $f_x = 100$ Hz，当 $T = 1$ s 时，± 1 误差为 ± 1 Hz，其相对误差为 $\pm 1\%$，而当 $T = 10$ s 时，± 1 误差为 ± 0.1 Hz，其相对误差为 $\pm 0.1\%$。本例所用数据表明：当 f_x 一定时，增大闸门时间 T，可减小脉冲计数的相对误差。

2. 闸门时间误差（时基误差）

闸门时间不准，造成主门启闭时间或长或短，显然要产生测频误差。闸门信号 T 是由晶振信号分频而得的。设晶振频率为 f_c（周期为 T_c），分频系数为 k，则有

$$T = k T_c = k \cdot \frac{1}{f_c}$$

由误差合成原理可知

$$\frac{\Delta T}{T} = -\frac{\Delta f_c}{f_c} \qquad (3-7)$$

式(3-7)表明：闸门时间相对误差在数字上等于晶振频率的相对误差，所以也称时基误差。

3. 计数器测频的总误差

将式(3-6)、式(3-7)代入式(3-4)可得计数器测频的总误差为

$$\frac{\Delta f_x}{f_x} = \pm \frac{1}{T f_x} + \frac{\Delta f_c}{f_c}$$

考虑到 Δf_c 有可能大于零，也有可能小于零，若按最坏情况考虑，测量频率的最大相对误差应写为

$$\frac{\Delta f_x}{f_x} = \pm \left(\frac{1}{T f_x} + \left| \frac{\Delta f_c}{f_c} \right| \right) \qquad (3-8)$$

对式(3-8)稍作分析便可看出：要提高频率测量的准确度，应采取如下措施：① 扩大闸门时间 T 或倍频被测信号的频率，以减小 ± 1 误差；② 提高晶振频率的准确度和稳定度，以减小时间基准引起的测量误差。

在实际测量中，应怎样合理选择闸门时间呢？这里举一个例子来说明如何选择闸门时间才算是恰当的。一台可显示 8 位数的计数式频率计，取单位为 kHz，设 $f_x = 10$ MHz，

当选择闸门时间 $T=1$ s 时，仪器显示值为 10000.000kHz；当选 $T=0.1$ s 时，显示值为 010000.00 kHz；选 $T=10$ ms 时，显示值为 0010000.0 kHz。由此可见，选择的 T 越大，数据的有效位数越多，同时量化误差越小，因而测量准确度越高。但是，在实际测量中并非闸门时间越长越好。本例中，如果选 $T=10$ s，则仪器显示为 0000.0000 kHz，把最高位丢了，造成虚假现象，当然也就谈不上测量准确了，原因是对应的数字量过大，而计数器（显示器）实际位数又有限，从而产生了计数器的溢出。所以选择闸门时间的原则是：在不使计数器产生溢出现象的前提下，应取闸门时间尽量大一些，减少量化误差的影响，使测量的准确度最高。

从式（3-8）可知，当闸门时间 T 一定时，被测信号频率 f_x 越高，由 ±1 误差引起的测量误差越小，被测信号频率 f_x 越低，则由 ±1 误差引起的测量误差越大，例如 $f_x=10$ Hz，$T=1$ s，则由 ±1 误差引起的测量误差可达 10%。所以，测量低频信号频率时不宜采用直接测频的方法。

3.2.4 频率测量技术应用

1. 应用系统模型组建

任何被测量（电参量或非电参量）x，如果能将其大小转换为对应电周期性信号的频率大小，就可以用电子计数器频率测量的方法进行测量，并以数字化的形式获得被测量的大小。

2. 应用系统结构框图

频率测量应用系统结构框图如图 3-6 所示。

图 3-6 频率测量应用系统结构框图

3. 测量关系的确定

若 $f_x=k_1x$，又 $f_x=\dfrac{N}{T}=\dfrac{N_x}{k_2T_c}$，则

$$x=\frac{1}{k_1k_2}\cdot\frac{1}{T_c}N_x$$

其中，k_1 为比例常数，k_2 为分频系数，T_c 为时钟周期，N_x 为测频时的数字量。调节 k_1、k_2，使 $k_1k_2=\dfrac{10^n}{T_c}$，或调节 T_c，使 $T_c=\dfrac{10^n}{k_1k_2}$，则 $x=10^{-n}N_x$，其中 n 为自然正整数。

通过合理控制显示器中小数点的位置及单位选择，就可以用数字的形式直接显示被测量 x，当然，也可以用微处理器进行关系运算、数据处理及结果显示的控制等，则测量手段更加灵活。

3.3 电子计数法测量周期

周期是频率的倒数，既然电子计数器能够测量信号的频率，人们自然会联想到电子计数器也能测量信号周期。二者在原理上有相似之处，但又不能等同，下面作具体的讨论。

3.3.1 电子计数法测量周期的原理

图 3-7 是应用计数法测量信号周期的原理框图和各点波形。将图 3-7(a)与图 3-3 (a)对照，可以看出，图 3-7(a)是将图 3-3(a)中晶振标准频率信号和输入被测信号的位置对调而构成的。当输入信号为正弦波时，图中各点波形如图 3-7(b)所示。在图 3-7(a)中，被测信号经放大整形后，形成控制闸门时间的脉冲信号，其宽度等于被测信号的周期

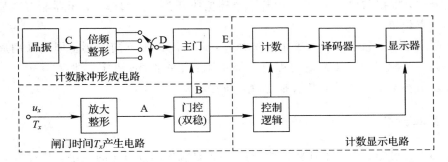

(a)原理框图

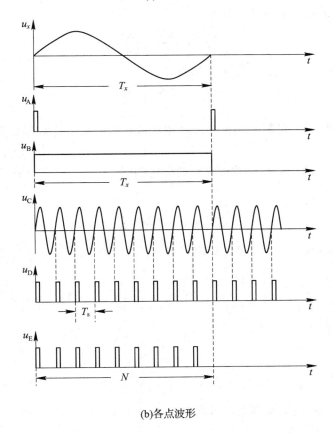

(b)各点波形

图 3-7 计数法测量周期的原理框图和各点波形

T_x。晶体振荡器的输出经分频后得到频率为 f_s 的标准信号，其周期为 T_s，加于主门输入端，调整分频系数 k 可选择所需的时间标准，在闸门时间 T_x 内，标准频率脉冲信号通过闸门形成计数脉冲，送至计数器计数，经译码后，在显示器上显示计数值 N。由图 3-7(b)所示的波形图可得

$$T_x = NT_s \tag{3-9}$$

同理，一般取 $T_s = 10^{-n}s$（n 为正整数），这样，计数结果就可以直接表示 T_x 值。例如 $T_s = 1\ \mu s$，$N = 562$ 时，$T_x = 562\ \mu s$；$T_s = 0.1\ \mu s$，$N = 26\ 250$ 时，$T_x = 2625.0\ \mu s$。在实际电子计数器中，根据需要，T_s 可以用若干个挡位的开关转换选择，显示器能自动显示时间单位和小数点位置。

在实际测量中，除了时间标准可以选择外，还可以根据不同的测量周期采用周期倍乘的方式来调整闸门时间，其调整的程度由周期"倍乘系数" m 决定，即 $T = mT_x$。根据需要，m 可以用若干个挡位的开关转换选择，通常取 m 为 $10^i (i = 0, 1, 2, \cdots)$。

3.3.2 误差分析

从式(3-9)可知，用电子计数器测量出的被测信号周期 T_x 的大小，与计数器在闸门时间 T_x 内所计的数 N 有关，与晶体振荡器的输出或经分频后得到的频率 f_s 有关。由误差合成原理可知，式(3-9)的测量误差为

$$\frac{\Delta T_x}{T_x} = \frac{\Delta N}{N} + \frac{\Delta T_s}{T_s}$$

考虑到 $T_s = kT_c$（k 为分频系数），则有

$$\frac{\Delta T_x}{T_x} = \frac{\Delta N}{N} - \frac{\Delta f_c}{f_c} \tag{3-10}$$

同样，电子计数器测量周期的误差由两项构成，第一项为计数器计数误差，第二项为时基误差。

计数器计数误差的分析与计数器测频的分析相同，由于在极限情况下量化误差 $\Delta N = \pm 1$，所以

$$\frac{\Delta N}{N} = \pm \frac{1}{N} = \pm \frac{T_s}{T_x}$$

对于第二项时基误差，由于晶振频率误差 Δf_c 的符号可能为正也可能为负，按最坏情况考虑，则有

$$\frac{\Delta T_x}{T_x} = \pm \left(\frac{1}{N} + \left| \frac{\Delta f_c}{f_c} \right| \right) = \pm \left(\frac{T_s}{T_x} + \left| \frac{\Delta f_c}{f_c} \right| \right) \tag{3-11}$$

例如，某计数式频率计，$|\Delta f_c / f_c| = 2 \times 10^{-7}$，在测量周期时，取 $T_s = 1\ \mu s$，则当被测信号周期 $T_x = 1\ s$ 时，有

$$\frac{\Delta T_x}{T_x} = \pm \left(\frac{1 \times 10^{-6}}{1} + 2 \times 10^{-7} \right) = \pm 1.2 \times 10^{-6}$$

其测量准确度很高，接近晶振频率准确度，当 $T_x = 1\ ms (f_x = 1000\ Hz)$ 时，测量误差为

$$\frac{\Delta T_x}{T_x} = \pm \left(\frac{1 \times 10^{-6}}{1 \times 10^{-3}} + 2 \times 10^{-7} \right) \approx \pm 0.1\%$$

当 $T_x = 10\ \mu\mathrm{s}(f_x = 100\ \mathrm{kHz})$ 时

$$\frac{\Delta T_x}{T_x} = \pm\left(\frac{1 \times 10^{-6}}{10 \times 10^{-6}} + 2 \times 10^{-7}\right) \approx \pm 10\%$$

由这几个误差计算结果可以明显看出，用计数法测量周期时，其测量误差主要取决于量化误差，被测周期越大（f_x 越小）时误差越小，被测周期越小（f_x 大）时误差越大。

为了减小测量误差，可以减小 T_s（增大 f_s），但这受到实际计数器计数速度的限制。在条件许可的情况下，应尽量增大 f_s。另一种方法是把 T_x 扩大 m 倍，则计数器计数结果为

$$N = \frac{mT_x}{T_s} \tag{3-12}$$

由于 $\Delta N = \pm 1$，所以

$$\frac{\Delta N}{N} = \pm\frac{T_s}{mT_x} \tag{3-13}$$

式（3-13）表明了量化误差降低了 m 倍，将式（3-12）代入式（3-11）得

$$\frac{\Delta T_x}{T_x} = \pm\left(\frac{T_s}{mT_x} + \left|\frac{\Delta f_c}{f_c}\right|\right) \tag{3-14}$$

从式（3-14）可见，经"周期倍乘"后再进行周期测量，其测量误差大为减小，但也应注意到，其受仪器显示位数及测量时间的限制。

在通用电子计数器中，测频率和测周期的原理及误差的表达式都是相似的，但是从信号的流通路径来说则是完全不同的。测频率时，标准时间由内部基准即晶体振荡器产生，一般选用高准确度的晶振，采取防干扰措施以及稳定触发器的触发电平，就可使标准时间的误差小到可以忽略，测频误差主要取决于量化误差（即 ± 1 误差）。在测量周期时，信号的流通路径和测频时完全相反，这时内部的基准信号在闸门时间信号控制下通过主门进入计数器。闸门时间信号则由被测信号经整形产生，它的时间宽度不仅取决于被测信号周期 T_x，还与被测信号的幅度、波形陡峭程度以及叠加噪声情况等有关，而这些因素在测量过程中是无法预先知道的，因此测量周期的误差因素比测量频率要多。

在测量周期时，被测信号经放大整形后作为时间闸门的控制信号（简称门控信号），因此，噪声将影响门控信号（即 T_x）的准确性，造成所谓触发误差，如图 3-8 所示。

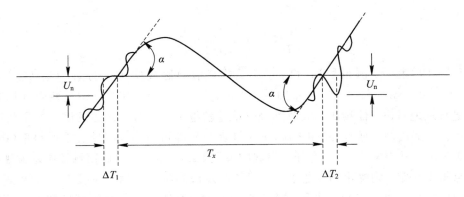

图 3-8　触发误差示意图

若被测正弦信号为正常的情况，在过零时刻触发，则开门时间为 T_x，若存在噪声，有可能使触发时间提前 ΔT_1，也有可能使触发时间延迟 ΔT_2。若粗略分析，设正弦波形过零点的斜率为 $\tan\alpha$，α 角如图中虚线所标，则

$$\Delta T_1 = \frac{U_n}{\tan\alpha} \tag{3-15}$$

$$\Delta T_2 = \frac{U_n}{\tan\alpha} \tag{3-16}$$

式中，U_n 为被测信号上叠加的噪声"振幅值"，若被测信号为正弦波，即 $u_x = U_m \sin\omega_x t$，门控电路触发电平为 U_p，则

$$\tan\alpha = \frac{\mathrm{d}u_x}{\mathrm{d}t}\bigg|_{\substack{u_x=U_p\\t=t_p}} = 2\pi f_x U_m \cos\omega_x t_p = \frac{2\pi}{T_x} U_m \sqrt{1 - \sin^2\omega_x t_p}$$

$$= \frac{2\pi}{T_x} U_m \sqrt{1 - \left(\frac{U_p}{U_m}\right)^2} \tag{3-17}$$

将式(3-17)代入式(3-15)、式(3-16)，可得

$$\Delta T_1 = \Delta T_2 = \frac{U_n T_x}{2\pi U_m \sqrt{1 - \left(\dfrac{U_p}{U_m}\right)^2}}$$

由于一般门电路采用过零触发，即 $U_p = 0$，因此

$$\Delta T_1 = \Delta T_2 = \frac{T_x}{2\pi} \cdot \frac{U_n}{U_m} \tag{3-18}$$

在极限情况下，闸门开门的起点将提前 ΔT_1，关门的终点将延迟 ΔT_2，或者相反，根据随机误差的合成，采用方和根合成法，可得总的触发误差为

$$\Delta T_x = \pm\sqrt{(\Delta T_1)^2 + (\Delta T_2)^2} = \sqrt{2}\,\frac{T_x}{2\pi} \cdot \frac{U_n}{U_m} = \frac{T_x U_n}{\sqrt{2}\,\pi U_m}$$

所以，由随机噪声引起的触发相对误差为

$$\frac{\Delta T_x}{T_x} = \pm\frac{1}{\sqrt{2}\,\pi} \cdot \frac{U_n}{U_m}$$

如前类似分析，若门控信号周期扩大 m 倍，则由随机噪声引起的触发相对误差可降低为

$$\frac{\Delta T_x}{T_x} = \pm\frac{1}{m\sqrt{2}\,\pi} \cdot \frac{U_n}{U_m} \tag{3-19}$$

式(3-19)表明：测量周期时的触发误差与信噪比成反比。例如：$U_m/U_n = 10$ 时，$\Delta T_x/T_x = \pm2.3\times10^{-2}$；$U_m/U_n = 100$ 时，$\Delta T_x/T_x = \pm2.3\times10^{-3}$。由这些数据计算的结果可以更直观地看出，信噪比越大时其触发误差就越小。若对引起触发误差的主要因素分别单独考虑，由式(3-15)~式(3-18)稍作推理分析即可看出：信号过零点斜率($\tan\alpha$)值越大，则在相同噪声幅度 U_n 条件下，引起的 ΔT_1、ΔT_2 越小，从而使触发误差就越小；信号过零点斜率一定，则噪声幅度越大，引起的触发误差越大。信号幅度 U_m 对触发误差的影响已隐含在信号过零点斜率因素当中。信号频率一定时，若信号幅度值越大，则其过零点的斜率也越大。据此推知，信号幅度 U_m 越大时引起的触发误差越小。触发误差还应与

触发器的触发灵敏度有关，若触发器的触发灵敏度高，可以想见，一个小的噪声扰动，就可使触发器翻转，所以在相同的其它条件下，触发器触发灵敏度越高，则引起的触发误差越大。

分析至此，若考虑噪声引起的触发误差，那么用电子计数器测量信号周期的误差共有三项，即量化误差（± 1 误差）、标准频率误差和触发误差。按最坏的可能情况考虑，在求其总误差时，可进行绝对值相加，即

$$\frac{\Delta T_x}{T_x} = \pm\left(\frac{T_s}{mT_x f_c} + \left|\frac{\Delta f_c}{f_c}\right| + \frac{1}{\sqrt{2}\,m\pi}\frac{U_n}{U_m}\right) \qquad (3-20)$$

式中，m 为"周期倍乘"数，U_m 为信号的最大振幅，U_n 为被测信号上叠加的噪声"振幅值"。

3.3.3　中界频率

式（3-8）表明，被测信号频率 f_x 越高，用计数法测量频率的准确度也越高；而式（3-14）表明，被测信号周期 T_x 越长，用计数法测量周期的测量准确度也越高。显然二者结论是对立的。因为频率与周期有互为倒数的关系，所以频率、周期的测量可以相互转换，即测信号的周期，可以先测出频率，经倒数运算得到周期；测量信号频率，可以先测出周期，再经倒数运算得到频率。人们自然会想到，测高频信号频率时，用计数法直接测出频率；测低频信号频率时，用计数法先测其周期，再换算为频率，从而得到高准确度的测量。那么多高的频率称为高频，多低的频率称为低频呢？为了判断的方便，引出了"中界频率"的概念。所谓高频、低频就是以称为"中界频率"的频率为界来划分的。"中界频率"是这样来定义的：对某频率的信号使用测频法和测周期法测量频率，两者引起的误差相等，则该信号的频率定义为中界频率，记为 f_z。

若忽略周期测量时的触发误差，根据上面所述中界频率的定义，考虑 $\Delta T_x / T_x = -\Delta f_x / f_x$ 之关系，令式（3-8）与式（3-14）取绝对值相等，即

$$\frac{1}{Tf_x} + \left|\frac{\Delta f_c}{f_c}\right| = \frac{T_s}{mT_x} + \left|\frac{\Delta f_c}{f_c}\right|$$

将上式中 f_x 换为中界频率 f_z，T_x 换为 T_z 再写为 $1/f_z$，则中介频率为

$$f_z = \sqrt{\frac{m}{T\cdot T_s}} \qquad (3-21)$$

式中，T 为测频时选用的闸门时间，T_s 为测周期时的计数脉冲的周期，也称为时标，m 为测周期时的周期倍乘系数。一般的频率测量仪器既可以测频，也可以测周期，又考虑到在测频时有各种闸门时间 T 可供选择，在测周期时，既有各种时标 T_s 大小可供选择，又有各种周期倍乘系数 m 可供选择，若不考虑选择参数时计数器的溢出问题，则有价值的中介频率关系式为

$$f_z = \sqrt{\frac{m_{max}}{T_{max}\cdot T_{smin}}} \qquad (3-22)$$

例 3-1　某电子计数器，在测频时，若可取的最大的闸门宽度 $T=10$ s；在测周期时，若可取的最小时标 $T_c = 0.01~\mu s$，并选择周期倍乘 $m = 10^2$。试确定该仪器可以选择的中界频率 f_z 为多大。

解 将题目中的条件代入式(3-21),得

$$f_z = \sqrt{\frac{m}{T \cdot T_s}} = \sqrt{\frac{10^2}{10 \times 0.01 \times 10^{-6}}} = 31.62 \text{ kHz}$$

所以本仪器可选择的中界频率 $f_z = 31.62$ kHz,因此用该仪器测量低于 31.62 kHz 信号频率时,最好采用测周期的方法,而测量高于 31.62 kHz 信号频率时,最好采用测频的方法。

例 3-2 某计数器,标准频率的准确度为 $\pm 2 \times 10^{-7}$,其它数据如表 3-3 所示。

表 3-3 计数器数据

闸门(T):	1 ms	10 ms	0.1 s	1 s	10 s
时标(T_s):	0.1 μs	1 μs	10 μs	100 μs	1 ms
周期倍乘(m):	×1	×10	×10²	×10³	×10⁴

(1) 测量 80 kHz 频率,则采用测频还是测周期好?计算最小测量误差。

(2) 若采用七位显示器,求测量 10 kHz 频率时的最小误差。

解 (1) 中界频率为

$$f_z = \sqrt{\frac{m_{max}}{T_{smin} T_{max}}} = \sqrt{\frac{10^4}{0.1 \times 10^{-6} \times 10}} = 100 \text{ kHz}$$

因为 100 kHz>80 kHz,所以测周期好。

最小误差为

$$\frac{\Delta T_x}{T_x} = \pm(0.8 \times 10^{-6} + 2 \times 10^{-7}) = \pm 1.0 \times 10^{-6}$$

(2) 因为 100 kHz>80 kHz,所以测周期好,而测周期时的计数值为

$$N = \frac{m_{max} T_x}{T_{smin}} = \frac{m_{max}}{T_{smin} f_x} = \frac{10^4}{0.1 \times 10^{-6} \times 10^4} = 10^7$$

对于七位显示来说已溢出,所以取 $T_s = 1$ μs,这时的中界频率为

$$f_z = \sqrt{\frac{m_{max}}{T_{smin} T_{max}}} = \sqrt{\frac{10^4}{1 \times 10^{-6} \times 10}} = 31.6 \text{ kHz}$$

因为 31.6 kHz>10 kHz,所以还是测周期好。而此时测周期的计数值为

$$N = \frac{m_{max} T_x}{T_{smin}} = \frac{m_{max}}{T_{smin} f_x} = \frac{10^4}{1 \times 10^{-6} \times 10^4} = 10^6$$

不会产生溢出,这时的最小误差为

$$\frac{\Delta T_x}{T_x} = \pm\left(\frac{1}{N} + \left|\frac{\Delta f_c}{f_c}\right|\right) = \pm\left(\frac{1}{10^6} + 2 \times 10^{-7}\right) = \pm 1.2 \times 10^{-6}$$

3.3.4 周期测量技术应用

1. 应用系统模型组建

任何被测量(电参量或非电参量)x,如果能将其大小转换为对应电周期性信号的周期

大小，就可以用电子计数器周期测量的方法进行测量，并以数字化的形式获得被测量的大小。

2. 应用系统结构框图

周期测量应用系统结构框图如图 3 - 9 所示。

图 3 - 9　周期测量应用系统结构框图

3. 测量关系的确定

若 $T_x = k_1 x$，又 $T_x = N_x T_s = k_2 T_c N_x$，则 $x = \dfrac{k_2}{k_1} T_c N_x$，其中：$k_1$ 为比例常数，k_2 为分频系数，T_c 为时钟周期，N_x 为测周期时的数字量。调节 k_1、k_2，使 $\dfrac{k_2}{k_1} = \dfrac{10^{-n}}{T_c}$，或调节 T_c，使 $T_c = \dfrac{k_1}{k_2} \times 10^{-n}$，则 $x = 10^{-n} N_x$，其中 n 为自然正整数。

通过合理控制显示器中小数点的位置及单位选择，就可以用数字的形式直接显示被测量 x，当然，也可以用微处理器进行关系运算、数据处理及结果显示的控制等，则测量手段更加灵活。

3.4　电子计数法测量时间间隔及应用

在对信号波形的时域参数进行测量时，经常需要测量信号波形上升边时间、下降边时间、脉冲宽度、波形起伏波动的时间区间及人们所感兴趣的波形中两点之间的时间间隔等，上述诸多测量，都可归纳为时间间隔的测量。

3.4.1　时间间隔测量原理

时间间隔的测量与上节讨论的信号周期的测量原理与方法类似。在前面关于时间的概念中介绍过，时间间隔是两个时间时刻间的时间宽度，所以，时间间隔要解决的两个首要问题：一是两个时刻点信号的提取，二是怎样将反映时间间隔大小的两个信号转换为对应的闸门时间宽度。在闸门时间内利用计数器测量出所通过的标准脉冲数，从而获得对应时间间隔大小。若对应时间间隔的闸门宽度为 T，时标周期为 T_s，T 时间内计数器所计的时标脉冲数为 N，则

$$T = N T_s \tag{3-23}$$

时间间隔测量的原理框图及各点波形如图 3 - 10 所示。

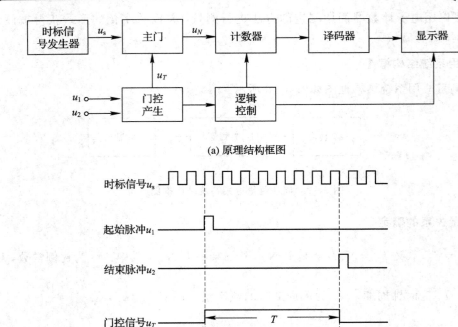

(a) 原理结构框图

(b) 各点波形

图 3-10　电子计数器测量时间间隔原理框图及波形

　　时间间隔测量与周期测量所不同的是门控信号的获取方式不同。从图 3-10 可以看出，这里的门控信号产生是由两个脉冲信号 $u_1(t)$ 与 $u_2(t)$ 共同来决定的。实际上，用基本 RS 触发器就可以解决此问题，其它类似于周期测量的方法。

3.4.2　时间间隔测量技术应用

　　任何电参量或非电量，只要能将其转换为对应电信号时间间隔的大小，都可以通过时间间隔测量技术对其标定和测量。设 x 为被测量，测量系统可用图 3-11 所示的结构框图来描述。

图 3-11　结构框图

　　若 $T=k_1x$，又 $T=N_xT_s=k_2T_cN_x$，则

$$x=\frac{k_2}{k_1}T_cN_x$$

其中，k_1 为比例常数，k_2 为分频系数，T_c 为时钟周期，N_x 为 T 时间内的数字量。调节

k_1、k_2，使 $\dfrac{k_2}{k_1}=\dfrac{10^{-n}}{T_c}$，或调节 T_c，使 $T_c=\dfrac{k_1}{k_2}\times 10^{-n}$，则 $x=10^{-n}N_x$，其中 n 为自然正整数。

通过合理控制显示器中小数点的位置及单位选择，就可以用数字的形式直接显示被测量 x。当然，也可以用微处理器进行关系运算、数据处理及结果显示的控制等，则测量手段更加灵活。

1. 两信号相位差测量

只有两个频率相同的信号才有固定的相位差，如图 3-12 所示是两个频率相同的正弦信号相位差转换为对应时间间隔 T 的波形示意图。先将两个正弦信号 $u_{x_1}(t)$ 与 $u_{x_2}(t)$ 分别通过过零比较器转换为相应的方波，经过进一步处理后转换为反映其相位差的脉冲信号 $u_1(t)$、$u_2(t)$。当然，也可以将两个正弦信号 $u_{x_1}(t)$ 与 $u_{x_2}(t)$ 分别通过施密特整形器直接转换为能同样反映相位差的两个脉冲信号，两个脉冲信号再通过门控产生电路转化为对应相位差的时间间隔 T。

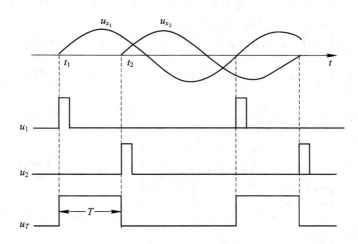

图 3-12　测量关系波形示意图

具体测量关系如下：

因为 $\Delta t=t_2-t_1=T$，又 $T=NT_s$，所以

$$\Delta\varphi=\frac{2\pi}{T_x}T=\frac{2\pi T_s}{T_x}N=eN$$

其中，$e=\dfrac{2\pi T_s}{T_x}$ 为定度系数。

调节 T_s，使得 $T_s=10^{-n}\dfrac{T_x}{2\pi}$，则

$$\Delta\varphi=10^{-n}N$$

其中，n 为自然正整数。

通过合理控制显示器中小数点的位置及单位选择，就可以用数字的形式直接显示相位差（单位弧度）。当然，也可以用微处理器进行关系运算、数据处理及结果显示的控制等，则测量手段更加灵活。

2. 超声波测距

利用超声波这个"测量工具"，依托电子测量技术测量距离需要解决三个问题。第一个问题是超声波传感器的使用。超声波传感器包括超声波发射器和超声波接收器。超声波发射器将一定频率的电信号转换为相应频率的声波信号（电/声转换）。超声波接收器将相应频率的声波信号转换为相同频率的电信号（声/电转换）。超声波发射器和超声波接收器配套使用，每套超声波传感器都有其工作频率（传感元件内的双晶振子对一定频率的信号产生谐振），一般是在距离起始端发射超声波信号，经过距离的末端反射后再在距离的起始端接收，声波的传播时间体现了对应的距离。第二个问题是怎样利用超声波传感器及相关电路，把待测距离转换为对应时间间隔的电信号，这一步是解决测量问题的关键。第三个问题是利用时间间隔测量技术，把对应时间间隔的被测距离显示出来。测量原理及过程可用图 3-13 所示的测量关系波形示意图来表示。

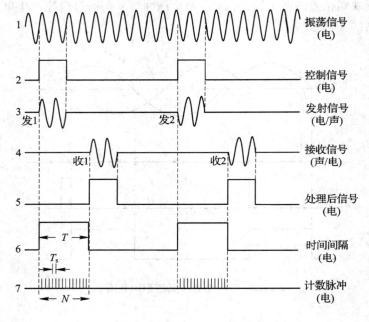

图 3-13 测量关系波形示意图

在图 3-13 中，电振荡信号 1 可用电振荡信号发生器实现，其频率应符合所选择的超声波传感器的工作频率，通常采用的是脉冲波振荡信号（超声波传感器有谐振选频作用）；其次，根据测量距离确定电控制信号 2，此信号可以用能定时的多谐振荡器实现，此信号中的每一个脉冲的起点对应着所测量距离的起点，也对应着后续时间间隔的起点；通过振荡信号 1 和控制信号 2 的作用产生电信号，将电信号施加到超声波发生器，产生用于测量距离的声波串（段）信号 3；声波串信号 3 经过距离末端反射后被超声波接收器接收与转换，从而转换为时间延迟后的电信号 4；电信号 4 经过处理后转换为对应控制信号 5，5 信号中的每一个脉冲起点对应着所测量距离的末端，也对应着后续时间间隔的末点；与此同时，测量电路将控制信号 2 与控制信号 5 转换为对应时间间隔 T 的信号 6；将时间间隔信号 6 和时钟信号加到主门，用时间间隔信号 6 控制周期为 T_s 的时钟的输出，从而获得计数脉冲信号 7，信号 7 在 T 时间内的时钟个数 N 对应了所测量距离的大小。所测量距离 x 为

$$x = T \times 340/2 = 170T = 170T_s N = eN$$

其中，$e = 170T_s$ 为定度系数，若调节 T_s，使得 $T_s = \dfrac{10^{-n}}{170}$，则

$$x = 10^{-n}N$$

其中，n 为自然正整数。

通过合理控制显示器中小数点的位置及单位选择，就可以用数字的形式直接显示距离（单位 m）。

传统式的数字测距仪用模拟电路和数字电路实现，现代的数字式测距仪采用微处理器发出控制信号，并通过微处理器控制计数、数字运算及结果显示，测量手段更加灵活。

3. 直流电压测量

用时间间隔测量技术测量直流电压的首要问题是怎样将直流电压量转换为对应时间间隔大小。后面第 4 章数字电压测量技术中的斜波式 A/D 转换及双积分式 A/D 转换前端内容就是将待测直流电压量转换为时间间隔的典型方法。在斜波式 A/D 转换器中，将斜波式参考电压分别加到输入电压比较器和接地比较器，两个比较器输出信号稍加处理就可以转换为对应时间间隔的两个脉冲信号，通过时间间隔产生电路转换为对应的时间间隔；在双积分式 A/D 转换器中，是通过核心的两次积分过程将待测电压量转换为对应的时间间隔。具体方法将在第 4 章的相关内容中介绍。

3.5 减小计数器±1 误差的方法

不管是用计数器测频还是测周期，都可以归结为对时间的测量。在对时间的测量中，引起测量误差的主要因素是计数器±1 误差，所以，怎样减小计数器±1 误差对测量结果的影响是提高测量准确度的关键。本节介绍几种典型的减小计数器±1 误差的方法：平均法、多周期同步法、模拟内插法和相位重合法。

3.5.1 平均法

在普通计数器中，由于闸门开启与关闭时刻和被测信号脉冲的时间关系的随机性，在 N 次计数中，单次测量结果的相对误差在 $-1/N \sim 1/N$ 范围内出现。某一个误差值的出现对于所有的单次测量来说是服从均匀分布的，因而，在多次测量的情况下其平均值必然随着测量次数的无限增多而趋于零。若进行了 n 次测量，各次测量随机误差 δ_i 的值分别为 δ_1、$\delta_2 \cdots$、δ_n，根据随机误差的特性，则有

$$\lim_{n \to \infty} \frac{1}{n} \sum_{i=1}^{n} \delta_i \to 0 \tag{3-24}$$

尽管在实际的操作中测量次数 n 总是有限的，但是由于其误差的部分抵偿性，仍会使测量准确度大大提高。

以有限次 n 的测量来逼近式（3-24），考虑到误差的随机性，按随机误差的积累定律来求平均测量的误差限：

$$\frac{\Delta T}{T} = \pm \frac{\sqrt{\sum_{i=1}^{n}\left(\frac{1}{N_i}\right)^2}}{n} \tag{3-25}$$

对于±1 字量化误差来说：

$$\frac{1}{N_1} = \frac{1}{N_2} = \cdots = \frac{1}{N_n} = \frac{1}{N}$$

故式(3-25)可改写为

$$\frac{\Delta T}{T} = \pm \frac{1}{\sqrt{n}} \times \frac{1}{N} \tag{3-26}$$

可见随着测量次数的增加，其误差为单次误差的 $\frac{1}{\sqrt{n}}$。

　　需要说明的是，要想使用平均测量法，就必须使闸门开启时刻和被测信号脉冲的关系是随机的。实现随机关系的一种方法是用齐纳二极管产生的噪声对时基脉冲进行随机相位调制，使时基脉冲具有随机的相位抖动，也就是使闸门开启时刻和被测信号脉冲之间具有真正的随机性。

3.5.2　多周期同步法

　　直接法测频中，由于闸门信号与被测信号在时间关系上是随机的，因而容易产生±1误差。如果能采用与被测信号在时间关系上相关的闸门信号进行测量，就可以有效地减小±1 误差的影响。多周期同步法技术实现了此想法。

　　在多周期同步法测频中，实际闸门的宽度不是一个固定的值，而是与被测信号严格同步的，它是被测信号周期的整数倍。图 3-14(a)所示为多周期同步法测频原理框图，它主要由参考闸门产生电路、放大整形电路、同步闸门产生电路、主门1、主门2、计数器1、计数器2、单片机运算电路和显示电路等组成。参考闸门产生电路产生闸门宽度为 T_r 的参考闸门信号，实际闸门的开启与关闭由参考闸门和被测信号共同决定：当参考闸门开启后，由随后到来的第一个被测信号脉冲的上升沿决定实际闸门的开启；当参考闸门关闭后，由随后到来的第一个被测信号脉冲的上升沿决定实际闸门的关闭。这样就得到一个与被测信号严格同步的同步闸门信号。同步闸门发生器可以用图中的 D 触发器来完成。

　　当实际闸门给出后，由实际闸门控制两个主门的打开与关闭。通过主门1的被测信号由计数器1计数(实际测量中是将整形后的被测信号反相后送入主门1的)，通过主门2的标频信号脉冲由计数器2进行计数。当实际闸门关闭后，两个计数器停止计数。各点波形如图 3-14(b)所示。

　　图 3-14(a)中，f_x 为输入信号频率，f_s 为时钟脉冲的频率。两个计数器在同步闸门的作用下分别对频率为 f_x 和频率为 f_s 的脉冲进行计数。计数器 1 的计数值 $N_x = f_x T$，计数器 2 的计数值 $N_s = f_s T$，由于

$$\frac{N_x}{f_x} = \frac{N_s}{f_s} = T$$

所以，被测频率 f_x 为

$$f_x = \frac{N_x}{N_s} f_s \qquad (3-27)$$

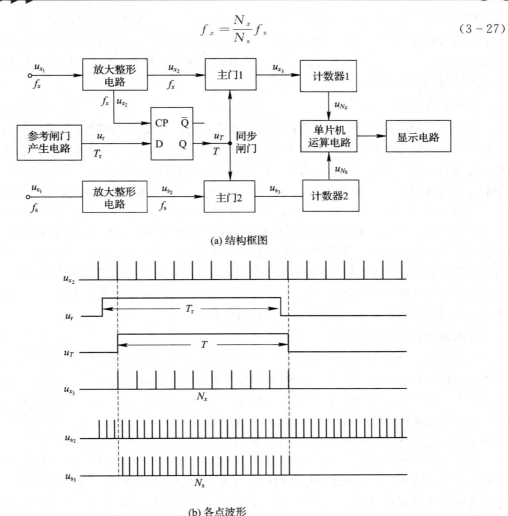

(a) 结构框图

(b) 各点波形

图 3-14　多周期同步法测频原理框图及各点波形

　　由于计数器 1 的计数脉冲与同步闸门的开启完全同步，因而 N_x 不存在 ±1 个字的计数误差，而计数器 2 的计数脉冲因为与同步闸门不完全同步，所以 N_s 存在 ±1 个字的计数误差，若不考虑 f_s 的误差，则多周期同步法的测量误差主要由 N_s 产生，由误差理论可得

$$\frac{\Delta f_x}{f_x} = -\frac{\Delta N_s}{N_s}$$

考虑到 $\Delta N_s = \pm 1$，则有

$$\frac{\Delta f_x}{f_x} = \pm \frac{1}{N_s}$$

由于 f_s 较高，则 N_s 较大，所以与直接法测频相比，测量误差大大减小了。

3.5.3　相检测频技术

　　上面讲述的多周期同步法实现了实际闸门信号与被测信号的同步，但由于没有与时标信号同步，因而在对时标脉冲的计数中仍会产生±1误差。那么怎样实现实际闸门信号既与被测信号同步又与时标信号同步，从而有效地减小测量中的±1误差呢？相检测频技术实现了该想法。相检测频技术是建立在相位重合点理论基础之上的，所以这里先对相位重合点理论做一个简单的介绍。

1. 相位重合点理论

两个任意频率的周期性信号之间的相位差会随时间而变化，这种变化具有周期性，变化的周期是两信号之间的最小公倍数周期 T_{minc}。而在一个 T_{minc} 周期内，两信号间的量化相位差状态中有一些值，它们分别等于信号间的相对初始相位差加 0，ΔT，$2\Delta T$，$\cdots$。这些值远小于这两个信号的周期值。这样的一些相位差点叫做两周期性信号的"相位重合点"。其中 $\Delta T = f_{maxc}/(f_1 f_2)$。所谓"相位重合点"并非绝对重合，而是一个相对的概念。

"相位重合点"反映的是两周期性信号之间特殊的相位关系：相位完全重合或非常接近重合的状态。在一个 T_{minc} 周期内存在两信号之间的相对差值处于 $0 \sim \Delta T$ 的相位差范围之内的状态。利用所谓的"相位重合点检测技术"，使用相位检测线路对相位差信号进行检测，取出两信号相对相位差小于或等于 ΔT 的状态，就可以得到"相位重合点"。而检测线路所能取出的相位差的取值范围称为"相检捕捉范围"。

2. 相检宽带测频技术

上面介绍了"相位重合点"概念，将相位重合点概念引入到信号多周期测频中就得到了相检宽带测频技术，它的本质就是多周期相位重合点检测技术。通过上面的分析可以知道，在两个频率信号的任何两个"相位重合点"之间的时间间隔都是两频率信号周期值的整数倍，如果以这个时间间隔作为闸门信号并对两频率信号进行计数，取得的两个计数值就不会存在一般计数技术中存在的±1个字的误差。

图 3-15 为相检宽带测频的同步闸门产生原理波形图。同步闸门时间信号同时受到参考闸门信号、标频信号与被测信号的相位重合点的共同控制。在绝大多数情况下，该闸门时间宽度与参考闸门时间宽度接近，但其起始时刻严格对应于两个相位重合点，因此这样的闸门信号与标频信号及被测信号同步或接近于同步。在同步闸门时间内分别对标频和被测信号计数，设得到的计数值分别为 N_s、N_x，则被测信号的频率为

$$f_x = \frac{N_x}{N_s} f_s$$

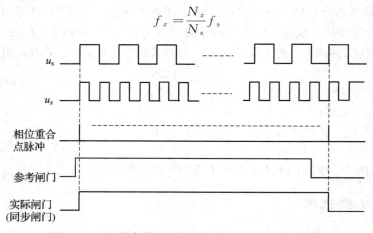

图 3-15 相检宽带测频的同步闸门产生原理波形图

上式虽然和多周期同步法测频法的计算公式相同，但这里实际测量闸门同时同步了标频和被测信号，计数器的计数值几乎不存在 ±1 个字的计数误差，因而具有比多周期同步法更高的测量准确度。

3.5.4　模拟内插法

模拟内插法原理是在计数器频率测量或时间测量电路中内插一部分模拟时序电路，把图 3-5 中小于量化单位的时间零头 Δt_1 和 Δt_2 加以放大，再对放大后的时间进行数字化测量及相关计算，从而有效地减小计数器测量中的 ±1 误差。

内插法要对三段时间量进行测量，即要分别测出 T_s、T_1、T_2（T_1 和 T_2 分别是 Δt_1 和 Δt_2 放大后的时间量），如图 3-16 所示。由于时间 T_s 是时钟脉冲的整数倍，因此不存在量化误差，即 $T_s = N_0 T_0$。所以，用内插法减小 ±1 误差的关键是实现 Δt_1 和 Δt_2 的放大方法，一般需要时间扩展器来实现。

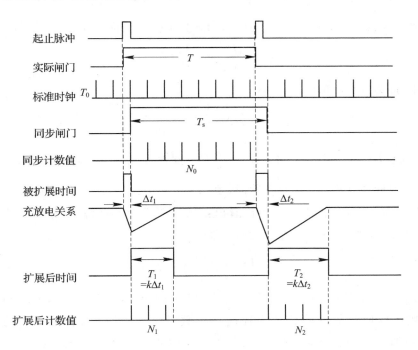

图 3-16　内插法测量的波形关系图

图 3-17 是以 Δt_1 扩展时间为例的模拟内插时间扩展器原理示意图，图（a）为电路原理图，图（b）为波形关系图。扩展关系如下：

在 Δt_1 期间，S_1 闭合，恒流源 I_1 对电容 C 充电，电容上电压为

$$u_{C1} = \frac{1}{C} \int_0^t i_C(t) \mathrm{d}t = \frac{1}{C} \int_0^t I_1 \mathrm{d}t = \frac{I_1}{C} t$$

当 $t = t_1$，即 $t_1 - t_0 = \Delta t$ 时，$u_{C1} = \frac{I_1}{C} \Delta t$。

Δt_1 时间结束，S_1 断开，S_2 接通，恒流源 $I_2 (= I_1/k)$ 对电容 C 反向充电（被放电），电

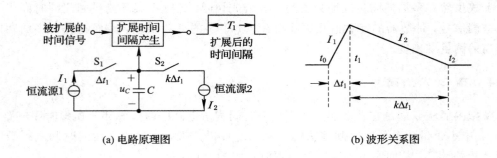

(a) 电路原理图   (b) 波形关系图

图 3 – 17 内插时间扩展器原理示意图

容上电压为

$$u_{C2} = u_{C1} + \frac{1}{C}\int_0^t (-I_2)\mathrm{d}t = \frac{I_1}{C}\Delta t - \frac{I_2}{C}t$$

当 $t = t_2$，亦 $t_2 - t_1 = T_1$ 时，电容上的电压回到起始电平位置，即

$$u_{C2} = \frac{I_1}{C}\Delta t - \frac{I_2}{C}T_1 = 0$$

此段时间 T_1 即为扩展后的时间，所以

$$T_1 = \frac{I_1}{I_2}\Delta t_1, \quad \Delta t_1 = \frac{I_2}{I_1}T_1$$

若 $I_1 = kI_2$，则 $T_1 = k\Delta t_1$，即 $\Delta t_1 = \frac{1}{k}T_1$；同理可得：$T_2 = k\Delta t_2$，即 $\Delta t_2 = \frac{1}{k}T_2$。

若在 T_1 时间内计得 N_1 个时钟脉冲，则 $T_1 = N_1 T_0$；若在 T_2 时间内计得 N_2 个时钟脉冲，则 $T_2 = N_2 T_0$。由图 3 – 17 可以看出：T_s 与被测时间间隔 T 的区别仅在于多计了 Δt_2 而少计了 Δt_1，故 $T = T_s + \Delta t_1 - \Delta t_2$，即

$$T = \left(N_0 + \frac{N_1 - N_2}{k}\right)T_0 \tag{3-28}$$

由此可见，虽然在测 T_1、T_2 时依然存在 ±1 字的误差，但其相对大小缩小了 k 倍，若 $k = 1000$，则可以使计数器的分辨力提高三个数量级。例如：若标准时钟的周期 $T_0 = 100\ \mathrm{ns}$，则普通计数器的分辨力不会超过 100 ns，内插后其分辨力提高到 0.1 ns，这相当于普通计数器用 10 GHz 时钟时的分辨力，测量准确度大大提高。

利用上述原理，可以测量待测信号的周期和频率，在这种情况下，除了测量 T_s、T_1、T_2 之外，还要确定在这个时间间隔内被测信号有多少个周期（N_x）。这样，就可以通过如下计算得到周期 T_x 和频率 f_x：

$$T_x = \frac{\left(N_0 + \dfrac{N_1 - N_2}{k}\right)T_0}{N_x}$$

$$f_x = \frac{kN_x}{(kN_0 + N_1 - N_2)T_0}$$

3.6　模拟法测量频率

3.6.1　电桥法测频

电桥法测频是利用电桥的平衡条件和被测信号频率有关这一特性来建立测量关系的。交流电桥能够达到平衡，电桥的四个臂中至少有两个电抗元件，其具体的线路有多种形式，这里以常见的文氏电桥线路为例，介绍电桥法测频的原理。图 3-18 为文氏电桥的原理电路。

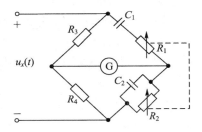

图 3-18　文氏电桥原理电路

图 3-18 中 G 为指示电桥平衡的检流计。该电桥的复平衡条件为

$$\left(R_1 + \frac{1}{\mathrm{j}\omega_x C_1}\right) R_4 = \left[\frac{1}{\dfrac{1}{R_2} + \mathrm{j}\omega_x C_2}\right] R_3$$

即

$$\left(R_1 + \frac{1}{\mathrm{j}\omega_x C_1}\right)\left(\frac{1}{R_2} + \mathrm{j}\omega_x C_2\right) = \frac{R_3}{R_4} \tag{3-29}$$

要让式(3-29)成立，应使等式左端实部等于 R_3/R_4，虚部等于零，从而得该电桥平衡的两个实平衡条件为

$$\frac{R_1}{R_2} + \frac{C_2}{C_1} = \frac{R_3}{R_4} \tag{3-30}$$

$$R_1 \omega_x C_2 - \frac{1}{R_2 \omega_x C_1} = 0 \tag{3-31}$$

由式(3-31)得

$$\omega_x = \frac{1}{\sqrt{R_1 R_2 C_1 C_2}} \quad \text{或} \quad f_x = \frac{1}{2\pi\sqrt{R_1 R_2 C_1 C_2}}$$

若 $R_1 = R_2 = R$，$C_1 = C_2 = C$，则有

$$f_x = \frac{1}{2\pi RC} \tag{3-32}$$

要让电桥平衡，R、C 和 f_x 必须满足式(3-32)的条件，如果 f_x 变化，则 R、C 也应相应地变化。为了在不同的 f_x 下使式(3-32)成立，一般将 R(或 C)作为可调节的。对于不同

的 f_x，调节 R（或 C），使电桥对 f_x 达到平衡（检流计指示最小），若在可变电阻（或电容）旋钮的对应位置放置面板，并按频率刻度，那么在实际测量时，测试者就可以由旋钮的位置对应的频率刻度值直接读得被测信号的频率。

电桥法测频的准确度取决于电桥中各元件的准确度、判断电桥平衡准确度（检流计的灵敏度及人眼观察误差）和被测信号的频谱纯度。它能达到的测频准确度大约为 $\pm(0.5\sim1)\%$。在高频时，由于电路中寄生参数影响严重，会使测量准确度大大下降，所以这种电桥法测频仅适用于 10 kHz 以下的音频范围。

3.6.2　谐振法测频

谐振法测频就是利用电感、电容、电阻的串联谐振或并联谐振与被测信号频率有关这一特性来建立测量关系的。图 3-19 是这种测频方法的原理电路图。其中，图 3-19(a) 为串联谐振测频原理图，图 3-19(b) 为并联谐振测频原理图。两图中的电阻 R_L 为实际电感的等效损耗电阻，在实际的谐振法测频电路中看不到这个电阻的存在。

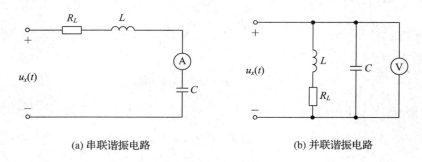

(a) 串联谐振电路　　　　　　　　　　(b) 并联谐振电路

图 3-19　谐振法测频原理电路图

图 3-19(a) 串联谐振电路的固有谐振频率为

$$f_0 = \frac{1}{2\pi\sqrt{LC}} \tag{3-33}$$

当 f_0 和被测信号频率 f_x 相等时，电路发生谐振，此时，串联接入回路中的电流表将指示最大值。当被测频率偏离 f_0 时，指示值下降，据此可以判断谐振点。

图 3-19(b) 并联谐振电路的固有谐振频率近似为

$$f_0 \approx \frac{1}{2\pi\sqrt{LC}} \tag{3-34}$$

当 f_0 和被测信号频率 f_x 相等时，电路发生谐振，此时，并联接于回路两端的电压表将指示最大值，当被测频率偏离 f_0 时，指示值下降，据此可以判断谐振点。串联谐振电路或并联谐振电路的谐振曲线如图 3-20 所示。

被测频率信号接入电路后，调节图 3-19(a) 或图 3-19(b) 中的 C（或 L），使图 3-19(a) 中电流表或图 3-19(b) 中电压表指示最大，表明电路达到谐振，由式 (3-33) 或式 (3-34) 可得

$$f_x = f_0 = \frac{1}{2\pi\sqrt{LC}} \tag{3-35}$$

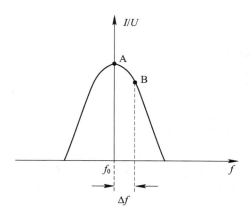

图 3-20　谐振电路的谐振曲线

若在可变电容(或电感)旋钮的对应位置放置面板,并标记频率刻度,那么在实际测量时,测试者就可以由旋钮的位置对应的频率刻度值直接读得被测信号的频率。谐振法测量频率的原理和测量方法结构比较简单,操作方便,所以应用较为广泛。

谐振法测频的测量误差主要由下述几方面的因素引起:

① 由于式(3-34)表述的谐振频率计算公式是近似计算公式,因此,用该式计算其结果会有误差是必然的,只不过是误差大小的问题。在谐振回路中,若电感、电容的损耗越小,也可以说当回路的品质因数 Q 越高,由此式计算的误差就越小,反之越大。

② 由图 3-20 谐振曲线可以看出,当回路 Q 值不太高时,靠近谐振点处的曲线较平坦,这样不容易准确找出真正的谐振点 A。例如,若由于调谐不准误把 B 点认为谐振点,则电表读数与真正谐振时的数值就存在偏差,由此也就引起频率偏差 Δf。

③ 在使用式(3-33)~式(3-35)计算回路谐振频率或被测频率时,是在认定 L、C 在标准元件条件下进行的,面板上的频率刻度也是在标准元件值条件下经过计算刻度的,但当环境温度、湿度以及可调元件磨损等因素变化时,将使电感、电容实际的元件值发生变化,从而使回路固有频率发生变化,也就造成了测量误差。

④ 通常用改变电感的办法来改变频段,用可变电容作频率细调,由于频率刻度不能分得无限细,人眼读数常常有一定的误差,所以这也是造成测量误差的一种因素。

综合以上各因素,谐振法测量频率的误差大约在 $\pm(0.25 \sim 1)\%$ 范围内,常作为频率粗测或某些仪器的附属测频部件。

3.6.3　频率/电压转换法

在直读式频率计中,也有先把频率量转换为对应的电压或电流,然后用表盘刻度有频率的电压表或电流表指示被测频率。图 3-21(a)是一种频率/电压转换法测量频率的原理框图。下面以测量正弦波频率 f_x 为例简单介绍其工作原理。

首先把正弦信号 u_x 转换为频率与之相等的尖脉冲 u_A,然后让其触发单稳多谐振荡器,产生频率为 f_x、宽度为 τ、幅度为 U_m 的矩形脉冲列 u_B,如图 3-21(b)所示。不难得到,u_B 的平均值 U_0 等于

$$U_0 = \frac{1}{T_x}\int_0^{T_x} u_B(t)\,\mathrm{d}t = \frac{U_m\tau}{T_x} = U_m\tau f_x \qquad (3-36)$$

在这里,积分器起到低通滤波器的作用。当 U_m、τ 一定时,输出的直流电压 U_0 正比于 f_x,所以,将 U_0 加入直流电压表的输入端,经过表盘对频率的直接刻度,直流电压表及其刻度指示就成为了 $F-U$ 转换型直读式频率计,这种 $F-U$ 转换频率计的最高测量频率可达几兆赫,测量误差主要决定于 U_m、τ 的稳定度以及电压表的误差,一般为百分之几,可以连续监视频率的变化是这种测量法的突出优点。

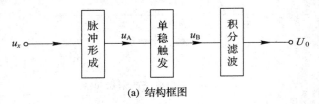

(a) 结构框图

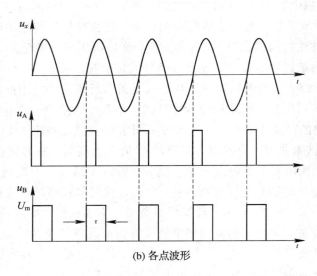

(b) 各点波形

图 3-21 频率-电压转换法测量频率原理

3.6.4 示波法测频

示波法测频,除了大家常用的先测出被测信号的周期,然后再利用关系换算得到被测信号的频率外,另一种测量频率的方法就是李沙育图形法。采用李沙育图形法测量频率时,示波器工作在 $X-Y$ 方式下,频率已知的正弦参考信号与频率未知的待测正弦信号分别加到示波器的 X、Y 两个输入端,调节已知信号的频率,使荧光屏上得到李沙育图形,由此可测出被测信号的频率。

示波器工作于 $X-Y$ 方式时,X 和 Y 两通道对电子束的使用时间是相等的,而且 X 和 Y 信号分别控制电子束水平、垂直方向的位移,所以信号频率越高,波形经过垂直线和水平线交点的次数越多,即垂直线、水平线与李沙育图形的交点数分别与 X 和 Y 信号的频率成正比。经过分析,李沙育图形与 X、Y 信号的频率存在如下关系:

$$\frac{f_y}{f_x} = \frac{N_H}{N_V}$$

式中，N_H 和 N_V 分别为水平线、垂直线与李沙育图形的交点数；f_y、f_x 分别为示波器 Y、X 输入端信号的频率，若 Y 输入端为被测频率的信号，X 输入端信号的频率 f_x 已知，则被测信号的频率 f_y 为

$$f_y = \frac{N_H}{N_V} f_x \tag{3-37}$$

李沙育图形的形式既与正弦信号 X 和 Y 的频率有关系，又与 X 和 Y 的相位有关系。常用的几种不同频率、不同相位的李沙育图形如表 3-4 所示。

表 3-4　几种不同频率、不同相位的李沙育图形

φ	0°	45°	90°	135°	180°
$\frac{f_y}{f_x} = 1$					
$\frac{f_y}{f_x} = \frac{2}{1}$					
$\frac{f_y}{f_x} = \frac{3}{1}$					
$\frac{f_y}{f_x} = \frac{3}{2}$					

实际上，垂直线及水平线和李沙育图形的切点数 N'_V 及 N'_H 也与 X、Y 信号的频率成正比，即

$$\frac{f_y}{f_x} = \frac{N'_H}{N'_V} = \frac{N_H}{N_V} \tag{3-38}$$

例 3-3　如图 3-22 所示的李沙育图形，已知正弦信号 X 的频率为 2 MHz，则正弦信号 Y 的频率是多少？

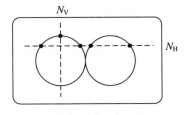

图 3-22　李沙育图形举例

解　分别在李沙育图形上画出垂直线和水平线，如图 3-32 所示。由图可知：$N_H = 4$，$N_V = 2$，由式（3-37）得

$$f_y = \frac{N_H}{N_V} f_x = \frac{4}{2} \times 2 = 4 \text{ MHz}$$

需要说明的是：在确定 N_H 和 N_V 时，必须在李沙育图形交点数最多的位置画水平线和垂直线。

当两个信号的频率之比不是准确地等于整数比时，例如 $f_y = (N_H/N_V)(f_x + \Delta f)$，且 Δf 很小，这种情况的李沙育图形与 $f_y = (N_H/N_V) f_x$ 时的李沙育图形相似。不过由于存在 Δf，等效于 f_y、f_x 两信号的相位差不断随时间而变化，造成李沙育图形将随时间 t 慢慢翻动。当满足 $(N_H/N_V)\Delta f \cdot t = N$ 时，完成 N 次翻动（$N = 0, 1, \cdots$），因此数出 N 次翻动所需的时间 t 就可确定出 Δf，即

$$\Delta f = \frac{N_V}{N_H} \cdot \frac{N}{t} \tag{3-39}$$

Δf 的符号可以这样来确定：改变已知信号的频率 f_x 进行多次重复测量，若增加 f_x 时，李沙育图形转动变快，表明 $(N_H/N_V) f_x > f_y$，则 Δf 应取负号，反之应取正号。在特殊情况下（$f_x \approx f_y$、$N_H = N_V$）时，李沙育图形是一滚动的椭圆，这时仍按式（3-39）计算 Δf，则被测频率

$$f_y = f_x \pm \Delta f \tag{3-40}$$

当输入的两信号频率比较大时，屏幕上的图形将变得非常复杂，光点的径迹线密集（从表 3-4 可看出此规律），难以确定图形与垂直及水平直线的交点数，给调整和测量带来很大困难，尤其是存在 Δf 图形转动的情况下更是如此，所以，李沙育图形法适合测量频率比在 1∶10～10∶1 之间的信号。此外，还要求 f_y、f_x 都十分稳定才便于测量操作。李沙育图形测频法一般仅用于测量音频到几十兆赫兹范围的频率，测量的相对误差主要决定于已知的标准频率的准确度和计算 Δf 的误差。

思考与练习题

3-1 简述时频测量技术的特点；简述两种传统频率测量的方法和原理。

3-2 画出计数器测频的结构框图、各点波形，简述测频原理、误差来源及减小误差的方法。

3-3 画出计数器测周期的结构框图、各点波形，简述测频原理、误差来源及减小误差的方法。

3-4 简述计数器测量时间间隔的系统结构及测量原理，并以一种应用为例，简述测量原理。

3-5 用电子计数器测量一个频率为 100 kHz 的信号，分别计算当闸门时间置于 1 s、0.1 s 和 10 ms 情况时，由 ±1 误差产生的测量误差。

3-6 欲用电子计数器测量一个频率为 200 Hz 的信号，采用测频（选闸门时间为 1 s）和测周（选时标为 0.1 μs）两种方法，试比较这两种方法由 ±1 误差所引起的测量误差。

3-7 利用计数器测频，已知内部晶振频率 $f_c = 1$ MHz，$\Delta f_c/f_c = \pm 1 \times 10^{-7}$，现被测频率 $f_x = 100$ kHz，若要求 ±1 误差对测频的影响比标准频率误差低一个量级（即为 $\pm 1 \times 10^{-6}$），则闸门时间应选择多大？若被测频率 $f_x = 1$ kHz，且闸门时间保持不变，上

述要求能否满足？若不能满足要求，应怎样调整测量方案？

3-8　某电子计数器，已知时标信号的频率误差 $\Delta f_c / f_c = \pm 1 \times 10^{-8}$，现待测信号的频率为 10 kHz，信噪比 $S/N = 40$ dB，问：下述那种测量方案的测量误差最小？

（1）测频，闸门时间 1 s；

（2）测周期，时标 100 μs，周期倍乘 $m = 1000$。

提示：根据提供的信噪比可以计算出测周期时的触发误差。

3-9　某通用计数器最大闸门时间 $T = 10$ s，最小时标 $T_s = 0.1$ μs，最大周期倍乘 $m = 10^4$，为了尽量减小量化误差对测量结果的影响，问：当被测信号的频率小于多少赫兹时，宜将测频改为测周期进行测量？

3-10　你了解到的减小 ± 1 误差的方法都有哪些？以一种减小 ± 1 误差的方法为例，简述减小 ± 1 误差的原理。

第4章 电压测量技术

4.1 概　述

4.1.1 电压测量的意义

电压是表征电信号(能量)的三个基本参数(电压、电流及功率)之一,欲知电信号能量大小需要提取和测量电压参数值,电流和功率也往往是通过电压进行间接测量的。另外,电子电路及电子设备的各种工作状态和特性都可以通过电压量表现出来,例如电路的饱和与截止状态、线性工作范围、电路中的控制信号和反馈信号等,以及频率特性、调制度、失真度、灵敏度等。任何电路系统的分析与研究皆离不开电压测量,所以,电压测量是电量测量中最基本、最常见的一种测量。

电压测量准确度高,技术成熟,技术资料系统、全面,经验、方法丰富,所以在电子技术许多方面的研究与应用中,通常都是以电压信号形式作为问题的切入点,进行关系的展开与分析。在许多自动化生产系统,需要对诸多工作参数进行监测,这些工作参数都可以通过传感器转换成电压量,通过电压测量即可方便地实现对这些参数的测量与监测。

鉴于电压测量的诸多特点,许多电参量(电流、电阻、电容及电感等)及非电量(温度、压力、流量及位移等)被千方百计地转换为相应直流电压量或交流电压信号有关参数大小,通过对相应电参量的测量,实现对这些测量对象的定标与测量。电压测量也是非电量测量的基础。

4.1.2 电压测量的特点

电压测量的特点体现了电子测量的基本特点,这些特点充分反映在实现电压测量的各种仪器设备和数据采集系统中,归纳起来主要有以下几点。

1. 电压信号的频率范围宽

现代的电压测量技术,其覆盖的电压信号频率范围相当宽,包括直流电压(零频)和交流电压的测量,交流电压的频率可从 10^{-6} Hz 至 10^9 Hz。在电子测量中,习惯上将 1 MHz 以上(至 3 GHz)称为高频或射频,1 MHz 以下称为低频,10 Hz(或 5 Hz)以下称为超低频。

2. 电压量值范围宽

现代的电压测量技术,可测量的电压范围极宽,低至纳伏级(10^{-9} V)的微弱信号(如心电医学信号、地震波等),高至数百千伏的超高压信号(电力系统中)。通常,将电压测量范围分为超高压(数万伏及以上)、高压(数千伏)、大电压(数十伏)、中电压(0.1 V 至数十伏）、小电压（1 μV～0.1 V）及超小（微弱）电压（1 μV 以下）。

3. 电压信号的波形多样化

电压测量除了直流电压以外，还有交流电压。交流电压波形多种多样，除大量存在的正弦电压外，还包括失真的正弦波及各种非正弦波，如矩形波、脉冲波、三角波、斜波电压以及各种调制波形等，而噪声电压则是一种无规则的随机电压信号。

4. 电压测量系统的输入阻抗高

电压信号可以视为理想电压源和等效内阻的串联。电压信号接入电压测量仪器后，电压测量仪器的输入阻抗就是被测电路的额外负载，由于仪器输入阻抗的存在会对测量结果产生影响，要求仪器具有足够高的输入阻抗。目前，直流数字电压表的输入阻抗在小于 10 V 量程时可高达 10 GΩ 甚至 1000 GΩ 以上，由于分压器的接入，量程一般可达 10 MΩ。对于交流电压的测量，由于需通过变换电路，故即使是数字电压表，其输入阻抗也不高，一个典型数值为 1 MΩ // 15 pF（// 表示并联）。而对于高频交流电压测量，若输入阻抗不匹配会引起被测信号的反射，所以还要考虑被测电路和测量仪器输入阻抗的匹配。

5. 测量准确度高

由于电压测量的基准是直流标准电池，且在直流电压测量中，各种分布性参量的影响极小，因此，直流电压的测量可获得最高的测量准确度。目前，数字电压表测量直流电压的准确度可达 10^{-8}；至于交流电压，一般通过交流/直流（AC/DC）变换（检波）电路来测量，当测量高频电压时，分布参量的影响不可忽视，再加上波形误差，故即使采用数字电压表，交流电压的测量准确度目前也只能达到 10^{-5} 左右。在实际测量中，电压测量的准确度要求与具体测量场合有关，如工业测量领域，有时只是需要监测电压的大致范围，其精度要求可低至百分之几，但有些场合则需要进行高精度的测量，如 10^{-3} 至 10^{-5} 或更高，而作为电压标准的计量仪器，其精度则可达 10^{-8} 至 10^{-9}。

6. 测量速度高

在测量领域，一般分为静态测量和动态测量。静态测量速度可以很慢（每秒几次），但通常要求测量准确度很高；动态测量速度很高（每秒百万次以上），但测量准确度可以较低一些。测量速度和准确度始终是一对矛盾体，人们追求高速度、高准确度的测量往往需要付出很大的代价。

7. 抗干扰能力强

各种干扰信号（噪声）直接或等效地叠加在被测信号上，对测量结果产生影响，特别是微弱信号的测量。另外，测量仪器本身也会产生噪声（如内部热噪声），以及存在来自测量仪器的供电系统的噪声。因此，电压测量需要特别重视抗干扰措施，提高测量仪器的抗干扰能力。

需要说明的是，任何测量仪器不可能覆盖所有测量的电压频率范围、量程范围，满足准确度和速度等要求，一般是不同的仪器工作在其中的不同范围。

4.1.3　电压测量的方法分类

电压测量按对象可以分为直流电压测量和交流电压测量，按测量的技术手段可以分为模拟电压测量和数字电压测量。不同的测量方法造就了不同类型的测量仪器。

1. 模拟电压测量

模拟电压测量包括模拟直流电压测量和模拟交流电压测量。模拟直流电压测量一般是将被测模拟电压经过放大或衰减后，驱动直流电流表（动圈式 μA 表）指针偏转，以指示测量结果，其结构简单，但一般测量准确度较低；对于交流电压测量，则需进行交流/直流（AC/DC）变换（或称检波），将交流电压变换成直流电压或再经过放大后驱动直流电流表（动圈式 μA 表）指针偏转，以指示测量结果。交流电压的模拟测量方法（电流表指示）简单、价廉，特别是在测量高频电压时，其测量准确度不亚于数字电压表，因此，传统的模拟式电压表、电平表和噪声测量仪表仍在应用。

2. 电压数字化测量

电压数字化测量也包括直流电压数字化测量和交流电压数字化测量。直流电压数字化测量是通过模拟/数字（A/D）转换器，将模拟电压量转换成对应的数字电压量，然后将数字量译码后，以十进制数字显示被测电压值。数字化电压测量直观方便，功耗低，测量准确度高，以 A/D 转换器为核心即可构成数字电压表（DVM）。交流电压的数字化测量，需先让交流电压经过 AC/DC 变换后变为直流电压，然后通过数字化直流电压测量方法来实现。数字多用表（DMM）既可以测量直流、交流电压，又可以测量电流、阻抗等，因而得到广泛应用。

实现交流电压数字化测量的另一种方法是，直接采用高速 A/D 转换器，将被测交流电压波形以奈奎斯特采样频率实时采样，然后对采样数据进行处理，计算出被测交流电压的有效值、峰值和平均值。例如，根据交流电压有效值定义，可由有效值

$$U \approx \sqrt{\frac{1}{N} \sum_{k=1}^{N} u^2(k)}$$

的公式计算出交流电压的有效值，式中，N 为 $u(t)$ 的一个周期内的采样点数。如果对被测波形的采样序列 $u(k)$ 进行平均和求最大值，还很容易地得到平均值和峰值。上述交流电压的测量方法可称为"采样–计算法"。

3. 电压示波测量方法

利用模拟示波器或数字存储示波器可直观显示出被测电压波形，并读出相应的电压参量，利用示波器既可以测量直流电压，也可以测量交流电压，实际上，示波器是一种广义电压表。

4.2 直流电压的测量

4.2.1 普通直流电压表

普通直流电压通常由动圈式高灵敏度直流电流表串联适当的电阻构成，如图 4 – 1 所示。

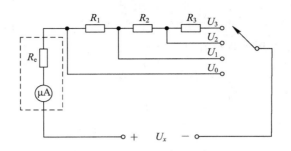

图 4-1　普通直流电压表电路

设电流表的满偏(满度)电流为 I_m，电流表本身内阻为 R_e，由串联电阻 R_n 所构成的电压表的满度电压为

$$U_m = I_m(R_e + R_n) \tag{4-1}$$

电压表内阻为

$$R_V = R_e + R_n = \frac{U_m}{I_m} \tag{4-2}$$

例如，图 4-1 中电流表串接 3 个电阻后除了最小电压量程 $U_0 = I_m \cdot R_e$ 外，又增加了 U_1、U_2、U_3 三个量程，根据所扩展的量程，不难估算出三个扩展量程的阻值分别为

$$R_1 = \frac{U_1}{I_m} - R_e$$

$$R_2 = \frac{U_2 - U_1}{I_m}$$

$$R_3 = \frac{U_3 - U_2}{I_m}$$

通常把内阻 R_V 与量程 U_m 之比(Ω/V 数)定义为电压表的电压灵敏度，即

$$K_V = \frac{R_V}{U_m} = \frac{1}{I_m} \ (\Omega/V) \tag{4-3}$$

"Ω/V"数越大，表明为使指针偏转同样角度所需驱动电流越小。"Ω/V"数一般标明在磁电式电压表表盘上，可依据其大小推算出不同量程时的电压表内阻，即

$$R_V = K_V U_m \tag{4-4}$$

式中，U_m 为某电压量程的满度电压值，R_V 为对应量程的内阻。不同的量程，其 U_m 和对应的 R_V 不同。例如，某电压表的"Ω/V"数为 20 kΩ/V，则 5 V 量程和 25 V 量程时电压表内阻分别为 100 kΩ 和 500 kΩ。

动圈式直流电压表结构简单，使用方便，但误差较大。除了读数误差外，误差主要决定于表头本身和扩展电阻的准确度。一般直流电压表的准确度等级在 $\pm 1\% \sim \pm 5\%$ 左右，精密直流电压表的准确度等级可达 $\pm 0.1\%$。普通直流电压表的主要缺点是灵敏度不够高和输入电阻偏低，特别是在较低的量程上，电压表的输入电阻更低，这时的负载效应对被测电路工作状态及测量结果的影响不可忽视，会使测量结果产生大的误差。在高输出电阻的直流电压测量中，误差更为明显。

图 4-2 是用普通直流电压表测量高输出电阻电路直流电压的等效电路图。设被测电路的输出电阻 R_0 为 $100\ k\Omega$，被测电压实际值 E_0 为 5V，电压表内阻为 R_V。若不考虑其它方面的误差影响，则电压表读数值为

$$U_0 = \frac{R_V}{R_0 + R_V} E_0 \tag{4-5}$$

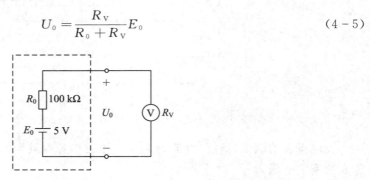

图 4-2　普通直流电压表测量高输出电阻电路电压等效电路

由于负载效应所产生的读数相对误差为

$$\gamma = \frac{U_0 - E_0}{E_0} = -\frac{R_0}{R_0 + R_V} \tag{4-6}$$

由式(4-6)可以看出，R_V 越小，γ 越大。对于低的电压量程挡，R_V 更小，则对测量结果的影响更大。为了消除由于负载效应产生的误差，可以使用两个不同量程挡 U_1、U_2 进行两次测量测量，记录电压表的两次读数值分别为 U_{01}、U_{02}，由于

$$U_{01} = \frac{R_{V1}}{R_0 + R_{V1}} E_0,\ U_{02} = \frac{R_{V2}}{R_0 + R_{V2}} E_0,\ R_{V1} = \frac{U_1}{I_m},\ R_{V2} = \frac{U_2}{I_m}$$

所以，可用下式计算出被测电压值为

$$E_0 = \frac{\dfrac{U_2}{U_1} - 1}{\dfrac{U_2}{U_1} - \dfrac{U_{02}}{U_{01}}} U_2 \tag{4-7}$$

例如，在图 4-2 中，若电压表的"Ω/V"数为 $20\ k\Omega/V$，先后用 5 V 量程和 25 V 量程测量端电压 U_0 的读数值分别为 2.50 V 和 4.17 V，代入上式可计算得 $E_0 \approx 5.10$ V。

虽然采用上述办法可消除 R_V 对测量结果的影响，但是比较麻烦。在工程测量中，为了满足测量准确度的要求，最常用的办法是采用直流电子电压表进行测量。

4.2.2　直流电子电压表

电子电压表与一般电压表所不同的是，在测量电路中引入了有源电路，如电压放大器、源极跟随器等。如图 4-3 所示为直流电子电压表原理结构，由磁电式表头加装 FET 源极跟随器和直流放大器组成。采用 FET 源极跟随器是为了提高电路的输入阻抗；采用直流放大器是为了扩展测量范围的下限，即提高测量灵敏度；在输入端接入由高阻值电阻构成的分压电路，是为了扩展电压测量的上限。

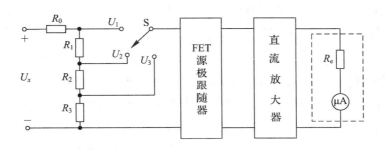

图 4 - 3 电子电压表组成原理结构图

在电路的设计中，一般根据能测量的最小电压量确定放大器的增益（放大倍数）。在实际测量时，根据被测量的大小，合理选择衰减量（选择量程），能够提高测量范围。

在上述使用直流放大器的电子电压表中，直流放大器的零点漂移限制了电压灵敏度的提高，为此，电子电压表中常采用斩波式放大器（或称调制式放大器）以抑制零点漂移，以及使用具有自动稳零电路的高精度放大器，从而可使电子电压表能测量到微伏级的电压，大大提高测量灵敏度和准确度。

4.2.3 直流数字电压表

如果将图 4 - 3 中磁电式表头用 A/D 转换器及与之相连的数字显示器代替，即构成直流数字电压表，如图 4 - 4 所示。图中 A/D 转换器把模拟直流电压量转换成相应的数字电压量，送往数字显示器显示出来。在数字电压表前端配接适当的转换电路，将被测参数转换成对应的直流电压，就可构成该被测参数的数字仪表。因此直流数字电压表是许多数字式电测仪表的核心部件，用途广泛。关于直流数字电压的测量及直流数字电压表原理将在本章 4.5 节中作比较详细的介绍。

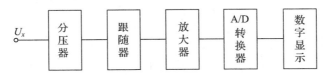

图 4 - 4 直流数字电压表基本结构框图

4.3 交流电压的测量

4.3.1 表征交流电压的基本参量

峰值、平均值和有效值是表征交流电压的三个基本电压参量。另外，对于峰值或平均值相等的不同波形，由于其有效值不同，为了利用带有正弦波有效值刻度的电压表测量不同的波形电压，引入了不同波形峰值到有效值、平均值到有效值的变换系数，即波峰因数和波形因数，从而可以方便地进行有关参数的转换和计算。所以，波峰因数和波形因数也是表征交流电压的另外两个基本参量。

1. 峰值

交流电压的峰值是指以零电平为参考的最大电压幅值，即等于交流电压波形的正峰值，用 U_p 表示。以直流分量为参考电平的最大电压幅值称为振幅，通常用 U_m 表示。当不存在直流电压 $\overline{U}$（平均值），或输入被隔离了直流电压的交流电压时，振幅 U_m 与峰值 U_p 相等。图 4-5 以正弦信号交流电压波形为例，说明了交流电压的峰值和振幅的关系。

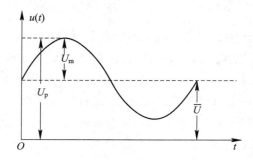

图 4-5　交流电压峰值和振幅的关系

图 4-5 中，U_p 为此交流电压的峰值，U_m 为正弦电压振幅，$\overline{U}$ 为此交流电压的平均值，并有 $U_p = \overline{U} + U_m$。$u(t)$ 可表示为：$u(t) = \overline{U} + U_m \sin\omega t$，其中，$\omega = 2\pi/T$，$T$ 为 $u(t)$ 的周期。对于交流信号，无特别说明外，一般认为 $\overline{U} = 0$，即 $U_p = U_m$。

2. 平均值

交流电压 $u(t)$ 的平均值（简称均值）用 $\overline{U}$ 表示，数学上定义为

$$\overline{U} = \frac{1}{T} \int_0^T u(t)\,\mathrm{d}t \tag{4-8}$$

式中，T 为 $u(t)$ 的周期。

根据这一定义，平均值 $\overline{U}$ 实际上为交流电压 $u(t)$ 的直流分量（参见图 4-5），其物理意义为：$\overline{U}$ 为交流电压波形 $u(t)$ 在一个周期内与时间轴所围成的面积。当 $u(t) > 0$ 部分与 $u(t) < 0$ 部分所围面积相等时，平均值 $\overline{U} = 0$（亦即直流分量为零）。

显然，数学上的平均值为直流分量，对于不含直流分量的交流电压，即对于以时间轴对称的周期性交流电压，其平均值总为零，这样的平均值无法反映交流电压的大小。为了使以时间轴对称的周期性交流电压的平均值也能反映交流电压的大小，定义交流电压平均值为经过全波或半波整流后的波形（一般若无特指，均为全波整流）的平均值。全波整流后的平均值在数学上可表示为

$$\overline{U} = \frac{1}{T} \int_0^T |u(t)|\,\mathrm{d}t \tag{4-9}$$

对于理想的正弦波交流电压，$u(t) = U_p \sin\omega t$，若 $\omega = 2\pi/T$，则其全波整流平均值为

$$\overline{U} = \frac{2}{\pi}U_p = 0.637U_p \qquad (4-10)$$

同样，也可以计算三角波、方波、锯齿波等信号的平均值与其有关参数的关系。

3. 有效值

在电工理论中，交流电压的有效值用 U 表示，定义为：当交流电压 $u(t)$ 在一个周期 T 内通过某纯电阻负载 R 所产生的热量，与一个直流电压 U 在同一负载上产生的热量相等时，则该直流电压 U 的数值就表示了交流电压 $u(t)$ 的有效值。设直流电流为 I，则直流电压 U 在时间 T 内在电阻 R 上产生的热量为

$$Q_- = I^2RT = \frac{U^2}{R}T$$

交流电压 $u(t)$ 在时间 T 内在电阻 R 上产生的热量为

$$Q_\sim = \int_0^T \frac{u^2(t)}{R}dt$$

根据 $Q_- = Q_\sim$，可推导出交流电压有效值的表达式为

$$U = \sqrt{\frac{1}{T}\int_0^T u^2(t)dt} \qquad (4-11)$$

上式在数学上即为方均根值。有效值反映了交流电压的功率，是表征交流电压的重要参量。对于理想的正弦波交流电压 $u(t) = U_p \sin\omega t$，若 $\omega = 2\pi/T$，可推导出正弦波交流电压有效值的表达式为

$$U = \frac{1}{\sqrt{2}}U_p = 0.707U_p \qquad (4-12)$$

同样，也可以计算三角波、方波、锯齿波等信号的有效值与其有关参数的关系。

4. 波峰因数和波形因数

交流电压的波峰因数定义为峰值与其有效值的比值，用 K_P 表示

$$K_P = \frac{峰值}{有效值} = \frac{U_p}{U} \qquad (4-13)$$

对于理想的正弦波交流电压 $u(t) = U_p \sin\omega t$，若 $\omega = 2\pi/T$，则利用式（4-12），可得出正弦波的波峰因数 K_P 为

$$K_{P\sim} = \frac{U_{P\sim}}{U_\sim} = \sqrt{2}$$

同样，也可以计算三角波、方波、锯齿波等信号的波峰因数。

交流电压的波形因数定义为有效值与其平均值的比值，用 K_F 表示，

$$K_F = \frac{有效值}{平均值} = \frac{U}{\overline{U}} \qquad (4-14)$$

对于理想的正弦波交流电压 $u(t) = U_p \sin\omega t$，若 $\omega = 2\pi/T$，则利用式（4-10）和式（4-12），可得正弦波波形因数 K_F 为

$$K_{F\sim} = \frac{U_\sim}{\overline{U}_\sim} = \frac{\pi}{2\sqrt{2}} \approx 1.11$$

同样，也可以计算三角波、方波、锯齿波等信号的波形因数。

式(4-13)和式(4-14)分别定义了波峰因数和波形因数，并以正弦波说明了其峰值、平均值与有效值之间的关系。显然，不同波形有不同的波峰因数和波形因数。表4-1列出了常见波形的有效值、平均值与其相应峰值之间的关系，以及各自的波峰因数和波形因数的大小。实际中最常见的波形是正弦波、三角波和方波，最好记住它们的波峰因数和波形因数。

表4-1 常见波形的有效值、平均值与峰值之间的关系以及各自波形的波峰因数和波形因数

波形名称	波形图	有效值 U	平均值 $\overline{U}$	波峰因数 K_P	波形因数 K_F
正弦波		$\dfrac{U_p}{\sqrt{2}}$	$\dfrac{2U_p}{\pi}$	1.414	1.11
全波整流		$\dfrac{U_p}{\sqrt{2}}$	$\dfrac{2U_p}{\pi}$	1.414	1.11
半波整流		$\dfrac{U_p}{2}$	$\dfrac{U_p}{\pi}$	2	1.57
三角波		$\dfrac{U_p}{\sqrt{3}}$	$\dfrac{U_p}{2}$	1.73	1.15
锯齿波		$\dfrac{U_p}{\sqrt{3}}$	$\dfrac{U_p}{\sqrt{2}}$	1.73	1.15
方波		U_p	U_p	1	1
脉冲波		$\sqrt{\dfrac{\tau}{T}}U_p$	$\dfrac{\tau}{T}U_p$	$\sqrt{\dfrac{T}{\tau}}$	$\sqrt{\dfrac{T}{\tau}}$
白噪声		$\dfrac{U_p}{3}$	$\dfrac{U_p}{3.75}$	3	1.25

为了让大家更好地认识交流电压各参数之间的关系，并把这些关系很好地利用在交流电压的测量中去，特强调以下两个问题：

第一，根据交流电压有效值与峰值、有效值与均值之间的关系，对任何交流电压，根据关系 $U_p = K_P U = K_P K_F \overline{U}$，且 $K_P \geqslant 1$，$K_F \geqslant 1$，可以得知 $U_p \geqslant U \geqslant \overline{U}$，根据这些关系，就能很容易地进行有关参数间的换算，不需要死记公式。

第二，任何一种交流电压，只要得到了其 U_p、U、$\overline{U}$ 三个参量中的一个参量值，就可以根据 K_P 和 K_F 的定义计算出另外两个参量值，这样就自然地告诉了大家获得任何交流电压一个参数值的三种基本途径即三种基本测量方法，这些能很好地帮助大家认识与掌握交流电压测量的各种技术方法。

4.3.2　交流电压的测量方法

一个交流电压 $u(t)$ 的大小，可以用其峰值 U_p、平均值 $\overline{U}$ 或有效值 U 来表征。常用的而且是典型的交流电压为正弦交流电压，一般交流电压表也是按正弦波有效值定标与刻度的。本节主要以正弦电压表为例分析其测量原理，并介绍用正弦波刻度的电压表测量其它交流波形时有关参数的换算。

在模拟交流电压测量仪表中，首先是采用 AC/DC 变换器来完成交流/直流的变换。通常称 AC/DC 变换器为检波器。问题是所转换的直流电压即检波器的输出是从何而来的呢？有下面三种情况：第一种情况是所转换的直流电压即检波器输出可以直接对应被测交流电压峰值的大小——峰值响应，该检波器称为峰值检波器；第二种情况是所转换的直流电压即检波器输出可以直接对应被测交流电压均值的大小——均值响应，该检波器称为均值检波器；第三种情况是所转换的直流电压即检波器输出可以直接对应被测交流电压有效值的大小——有效值响应，该检波器称为有效值检波器。

其次是用此直流电压驱动直流电流表指针偏转。根据被测交流电压有效值大小与直流电流的关系，表盘直接以正弦交流信号的有效值电压刻度。也就是说，对于同一交流电压，如果检波器类型不同，那么检波后的直流电压是不同的，因而刻度特性是不同的。为了讨论问题的方便，下面的交流电压测量分析过程中没有考虑信号的放大与衰减问题，否则，有关刻度特性的数学关系式要做适当调整。

采用不同的检波器及相应的刻度特性就构成了不同类型的交流电压表。根据上述三种检波方式即峰值检波、均值检波、有效值检波及相应的刻度特性，对应有峰值电压表、均值电压表和有效值电压表。

1. 峰值电压表

1）组成形式和特点

峰值电压表组成的一般形式如图 4-6 所示。被测交流电压先经过检波，再进行放大，然后驱动直流电流表，使表头指针发生偏转。因此，一般的峰值电压表也称为检波-放大式电子电压表。

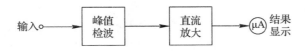

输入 → 峰值检波 → 直流放大 → μA 结果显示

图 4-6　峰值电压表的组成

在峰值电压表中，通常采用二极管峰值检波器，即检波器的输出是被测电压峰值的响应。峰值检波器决定了电压表的频率范围、输入阻抗和灵敏度。测量电压的上限主要取决于检波二极管的反向击穿电压，若采用测量用真空二极管，上限约为 100 V。工作频率范围主要取决于检波二极管的高频特性，若采用超高频二极管，频率一般可达几百兆赫。

在图 4-6 中，若采用普通直流放大器，由于放大器的增益有限，故这类峰值电压表的灵敏度不高，最小量程一般约为 1 V。为了提高检波-放大式电压表的灵敏度，目前，普遍采用了斩波式直流放大器，以解决一般直流放大器的增益与零点漂移之间的矛盾。斩波式直流放大器利用斩波器把直流电压变换成交流电压，并用交流放大器放大，最后再把放大后的交流电压恢复成直流电压，故亦叫做直-交-直放大器。斩波式直流放大器的增益可以做得很高，而且噪声和零点漂移都很小，所以用它做成检波-放大式电压表，其灵敏度可至几微伏，检波-放大式电压表一般用来测量高频交流电压，故又称为"高频毫伏表"或"超高频电压表"。

2）峰值检波原理电路

图 4-7 为峰值检波原理电路。输入交流电压 $u_i = U_m \sin \omega t$，二极管 VD 起整流作用，改变二极管极性可以改变整流的方向，从而改变对应峰值的直流电压极性。在实际测量中，根据被测信号频率，合理选择 C、R 参数值，利用电容 C 的充放电原理，就可在 R 两端得到近似于被测信号峰值的直流电压。其测量关系如图 4-8 所示。

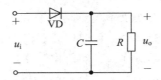

图 4-7 峰值检波原理电路

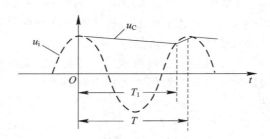

图 4-8 测量关系波形图

电容上电压 u_C 随时间 t 的变化关系为 $U_C = U_m e^{-\frac{t}{RC}}$，其电压波动的最大值为 U_m，最小值为 $U_m e^{-\frac{T_1}{RC}}$，由于 $T_1 \approx T$，所以 $U_m e^{-\frac{T_1}{RC}} \approx U_m e^{-\frac{T}{RC}}$，平均电压为

$$U_d \approx \frac{1}{2}(U_m + U_m e^{-\frac{T}{RC}})$$

对第二项应用麦克劳林公式，并利用 $RC \gg T$ 后得

$$U_m e^{-\frac{T}{RC}} = 1 - \frac{T}{RC} + \frac{1}{2}\left(\frac{T}{RC}\right)^2 - \cdots \approx 1 - \frac{T}{RC}$$

所以

$$u_o = U_d \approx U_m\left(1 - \frac{1}{2}\frac{T}{RC}\right) \approx U_m$$

3）刻度特性

峰值电压表的表头指针偏转的位移（角度）正比于被测电压（任意波形）的峰值，因此若被测的几种电压信号的峰值相同，则分别用峰值电压测量时，表头指针偏转的位移（角度）是相同的。但是，除特殊测量需要（例如脉冲电压表）外，一般峰值电压表都是按正弦波有效值来刻度的，所以，对具有正弦波有效值刻度的峰值电压表来说，其读数值为

$$\alpha = U_{\sim} = \frac{U_{\mathrm{P}}}{K_{\mathrm{P\sim}}} = k_a U_{\mathrm{P}} \tag{4-15}$$

式中，α 为电压表读数；$U_{\sim}$ 为正弦电压有效值；U_{P} 为被测电压的峰值；$K_{\mathrm{P\sim}}$ 为正弦波电压信号的波峰因数；k_a 为定度系数，$k_a = 1/K_{\mathrm{P\sim}} \approx 0.707$。

由此可知，峰值电压表实际上是按式（4-15）刻度的，所以用正弦波电压有效值刻度的峰值电压表只有在测量正弦波电压时读得的读数（有效值）才是正确的。但当用峰值电压表测量非正弦波形的电压时，其读数没有直接的物理意义，只有把读数 α 乘以 $K_{\mathrm{P\sim}} = \sqrt{2}$ 时，才等于被测电压的峰值，即

$$U_{\mathrm{P}} = \alpha \cdot K_{\mathrm{P\sim}} \approx 1.41\alpha$$

通过被测电压的峰值可计算出被测电压的有效值或均值。

峰值电压表的一个优点是，可以把检波二极管及其电路从仪器引出，放置在探头内，这对高频电压测量特别有利，因为使用时可把探头的探针直接接触到被测点。但是，峰值电压表的一个缺点就是当被测信号波形出现谐波失真时，会带来大的测量误差。

实践证明，峰值检波器在高频信号检波时具有线性较好的刻度特性，波形误差较小，且电路结构简单，故在高频交流电压测量中获得了广泛应用。

2. 均值电压表

1）组成形式和特点

均值电压表的组成如图 4-9 所示。被测交流电压先经过放大，再进行检波，然后驱动直流电流表，使表头指针发生偏转。因此，一般的均值电压表也称为放大-检波式电子电压表。

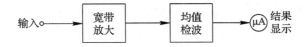

图 4-9 均值电压表的组成

在均值电压表中，一般都采用二极管全波或桥式整流电路作为检波器，检波器对被测电平的平均值产生响应。这种电压表的频率范围主要受宽带放大器带宽的限制，一般所谓的"宽频毫伏表"基本上属于这种类型。由于测量灵敏度受到放大器内部噪声的限制，所以均值电压表一般做到毫伏级。均值电压表一般用来测量低频交流电压，故又称为"低频毫伏表"或"视频毫伏表"，典型的频率范围为 20 Hz～10 MHz。

2）均值检波原理电路

图 4-10 为均值检波原理电路。输入交流电压 $u_{\mathrm{i}} = U_{\mathrm{m}}\sin\omega t$，二极管 VD 起整流作用，若整流二极管具有理想特性，则通过桥式全波整流后，在负载 R_{L} 上的电压 u_o 波形如图 4-11 所示。

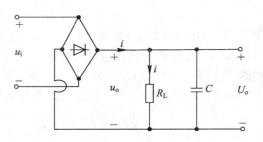

图 4-10　峰值检波原理电路

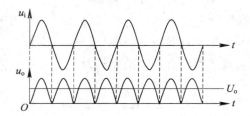

图 4-11　测量关系波形图

利用电容的积分效应，根据被测信号的频率，合理地选择 R_L、C 值，则可得被测信号的平均值为

$$\overline{U} = U_o = \frac{1}{T} \int_0^T |u_i(t)| \, dt = \frac{2}{\pi} U_m$$

3）刻度特性和波形误差

均值电压表的表头指针偏转的位移（角度）正比于被测电压（任意波形）的平均值。因此，若被测的几种电压信号的均值相同，则分别用均值电压表测量时，表头指针偏转的位移（角度）相同。但是，除特殊测量需要（例如脉冲电压表）外，一般均值电压表都是按正弦波有效值来刻度的，所以对具有正弦波有效值刻度的均值电压表来说，其读数值为

$$\alpha = U_\sim = K_{F\sim} \overline{U} = 1.11 \overline{U} \tag{4-16}$$

式中，α 为电压表读数；$U_\sim$ 为电压表所刻度的正弦电压有效值；$K_{F\sim}$ 为正弦波的波形因数；$\overline{U}$ 为被测电压的平均值；k_a 为定度系数，$k_a = K_{F\sim} \approx 1.11$。

由此可知，均值电压表实际上是按式（4-16）刻度的，所以用正弦波电压有效值刻度的平均值电压表，只有在测量正弦波电压时，从电流表上读得的读数（有效值）才是正确的。

但当用均值电压表测量非正弦波形的电压时，其读数就没有直接的物理意义了，只有把读数 α 除以 $K_{F\sim} = 1.11$ 时，才等于被测电压的均值 $\overline{U}$，即

$$\overline{U} = \frac{\alpha}{K_{F\sim}} \approx 0.9\alpha$$

通过被测电压的均值可计算出被测电压的有效值或峰值。

当用均值电压表测量失真的正弦波电压的有效值时，由于被测电压的波形含有谐波成分，所以会产生测量误差。其测量误差不仅取决于各次谐波的幅度，而且也取决于它们的相位。这个结论是不难理解的，因为一个失真的正弦波电压波形不仅取决于各谐波成分的幅度，而且也与它们的相位有关。波形不同，其波形因数偏离 $K_{F\sim} \approx 1.11$ 的程度也不一

样，而平均值电压表是按 $K_{F\sim}\approx 1.11$ 刻度的，这样，如果直接从电压表读数，就会产生程度不同的误差。

实践证明，均值检波器在低频大信号检波时具有线性较好的刻度特性，波形误差较小（与峰值检波相比），且电路结构简单，故在低频交流电压测量中获得了广泛应用。

3. 有效值电压表

有效值电压表也是将交流电压转换成对应有效值的直流电压或直流效应后用直流电流表头指示进行测量的。有效值电压表在非正弦波的测量，尤其是失真正弦波电压的有效值测量中具有很重要作用。

1）有效值/直流电压变换的原理

在现代有效值电压表中，要直接获得被测电压有效值通常采用两种方法，即热电变换和模拟计算电路。

图 4-12 所示为利用热电变换的热电偶式电压表的测量原理图。图中，AB 为不易熔化的金属丝，称为加热丝；M 为电热偶，它由两种不同材料的导体连接而成，其接触点 C 端（热端）与加热丝接触，而打开的冷端 D、E 连接毫伏表。当加入被测电压 $u_x(t)$ 时，加热丝温度升高，热电偶热端与冷端由于存在温差而产生热电动势，直流毫伏表表头指针偏转，在指针偏转的不同位置，按相应交流电压的有效值刻度。热电偶测量交流电压的有效值，采用的是交流电压→温度量→直流电压的转换方式，刻度方法是每输入一交流电压 u_x，对应一热电偶热电势，然后输入端改为大小可调且已知的标准直流电压源，调整直流电压大小，直到热电偶输出相同的热电势，则该直流电压为交流电压的有效值。

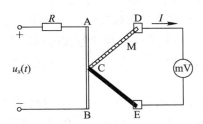

图 4-12　热电偶式电压表有效值测量原理

热电偶式电压表的一个缺点是具有热惯性，故在使用时需等待表头指针偏转稳定后再读数。同时，由于热电偶的加热丝的过载能力差，易烧毁，故当测量估计值未知的电压时，应将其先置于大的量程挡，然后再逐步减小量程。

直接测量被测电压有效值的另外一种方法是利用模拟计算电路。目前，模拟计算电路在有效值电压表中应用广泛。其方法是利用计算电路直接完成下列计算：

$$U_x = \sqrt{\frac{1}{T}\int_0^T u_x^2(t)\,\mathrm{d}t}$$

由模拟计算电路组成的 AC/DC 变换电路称为计算型 AC/DC 变换器，其基本组成如图 4-13 所示。此电路由四部分组成：第一级为实现平方功能的模拟乘法器，即将乘法器的两个输入端并联，作为 $u_x(t)$ 的输入端，则乘法器输出 $u_x^2(t)$；第二级为积分器；第三级将

积分器的输出 $\int u_x^2(t)$ 开方；第四级为放大器，最后的输出电压正比于 U_x。

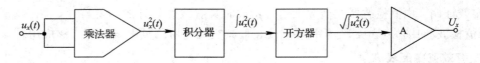

图 4-13 计算型 AC/DC 变换器

2）刻度特性和波形误差

一般的有效值电压表也是以正弦波电压有效值刻度的，但当用正弦波有效值刻度的有效值电压表测量非正弦波时，理论上不会产生波形误差，这是不难理解的，因为一个非正弦波可以分解成基波和一系列谐波。具有有效值响应的电压表，其有效值/直流变换器输出的直流电流（或电压）可写成

$$I = kU_x^2 = k(U_1^2 + U_2^2 + \cdots) \tag{4-17}$$

式中，k 为转换效率，U_1、U_2、$\cdots$、U_n 为基波和各次谐波的有效值。

从式（4-17）可见，变换成的直流电流正比于基波和各次谐波的平方和，而与它们之间的相位差无关，即与波形无关。所以，利用有效值电压表可直接从表头读出被测电压的有效值而无需换算。需要说明的是，当测量失真的正弦波时，若把有效值电压表的读数误认为是基波有效值，那将产生误差，其相对误差为

$$\gamma = \frac{\sqrt{U_x^2 - U_1^2}}{U_1} = \frac{\sqrt{U_2^2 + U_3^2 + \cdots}}{U_1}$$

可见，相对误差正好等于被测电压的非线性失真系数。

实际上，利用有效值电压表测量非正弦波时，有可能产生波形误差，其原因有两个方面：第一，受电压表线性工作范围的限制，当测量波峰因数大的非正弦波时，有可能削波，从而使这一部分波形得不到响应；第二，受电压表带宽限制，高次谐波受到损失。以上两个限制都会使表的读数偏低。

以上三种电压表中，有效值电压表精度最高，但结构复杂，只用于特殊的场合。使用最多的是均值电压表和峰值电压表，其结构简单、使用方便，在使用中又能够达到一定的测量精度，所以应用最为广泛。为了很好认识和使用均值电压表和峰值电压表，学习中应注意两个问题

第一：在使用具有正弦波有效值刻度的不同类型的电压表测量正弦波电压时，不论使用何种检波方式的电压表，其示值（对应指针位置的读数）是被测正弦波电压的有效值，而不能说均值表的示值为被测正弦波电压的均值、峰值表的示值为被测正弦波电压的峰值。

第二：在使用具有正弦波有效值刻度的不同类型的电压表测量非正弦波电压时，不论使用何种检波方式的电压表，其示值（对应指针位置的读数）没有直接的物理意义，即示值一定不是被测电压信号的有效值，只是相当于某种正弦波电压的有效值；同样，也不能说均值表的示值为被测电压信号的均值、峰值表的示值为被测电压信号的峰值；具体被测电压信号的有关参数是多少，需要根据这个示值数及所采用的电压表类型进行数学关系换算。

4. 非正弦波形的测量与读数换算方法

在使用具有正弦波有效值刻度的电压表测量其它波形的电压时，其示值没有直接的物理意义，此时，欲知测量波形的有关参数，必须进行关系换算。在实际测量时，所用仪表的技术类型不同，其换算方法不同，在涉及的仪表换算中，主要是峰值电压表与均值电压表在测量非正弦波时的关系换算。

1）峰值电压表

用具有正弦波有效值刻度的同一块峰值电压表分别测量不同波形的信号时，若示值相同（指针偏转位置相同），则说明各波形信号的峰值相同。

例 4 – 1　用具有正弦波有效值刻度的同一块峰值电压表分别测量正弦波、三角波及方波电压，示值均为 10 V，则三种波形的有效值各为多少？

解　用具有正弦波有效值刻度的峰值表测量正弦波示值为 10 V，说明该正弦波的有效值为 10 V；测量其它波形时，读数 10 V 就没有直接物理意义了，只能说明其它信号的峰值相当于正弦波有效值为 10 V 时的正弦波峰值；测量三种波形示值均为 10 V，说明三种波形的峰值相同。所以，有

$$U_{\mathrm{p}\sim} = \alpha \cdot K_{\mathrm{P}\sim} = 10 \times \sqrt{2} = 14.1 \text{ V} = U_{\mathrm{p}\triangle} = U_{\mathrm{p}\square}$$

故被测三角波的有效值为

$$U_{\triangle} = \frac{U_{\mathrm{p}\triangle}}{K_{\mathrm{P}\triangle}} = \frac{14.1}{\sqrt{3}} = 8.15 \text{ V}$$

被测方波的有效值为

$$U_{\square} = \frac{U_{\mathrm{p}\square}}{K_{\mathrm{P}\square}} = \frac{14.1}{1} = 14.1 \text{ V}$$

本例中，如果问题改为计算各波形的均值，则也要先求出各波形的峰值，然后再计算各波形的均值；如果题意改为用峰值电压表只测量三角波电压，读数为 10 V，要求换算三角波有效值等参数，则计算过程与上述相同。

2）均值电压表

用具有正弦波有效值刻度的同一块均值电压表分别测量不同波形的信号时，若示值相同（指针偏转位置相同），则说明各波形信号的均值相同。

例 4 – 2　用具有正弦波有效值刻度的同一块均值电压表分别测量正弦波、三角波及方波电压，示值均为 10 V，则三种波形的有效值各为多少？

解　用具有正弦波有效值刻度的均值电压表测量正弦波示值为 10 V，则说明该正弦波的有效值为 10 V；测量其它波形时，读数 10 V 就没有直接物理意义了，只能说明其它信号的均值是相当于正弦波有效值为 10 V 时的正弦波均值；测量三种波形示值均为 10 V，说明三种波形的均值相同。所以，有

$$\overline{U}_{\sim} = \frac{\alpha}{K_{\mathrm{F}\sim}} = \frac{10}{1.11} = 9.0 \text{ V} = \overline{U}_{\triangle} = \overline{U}_{\square}$$

故被测三角波的有效值为

$$U_{\triangle} = K_{\mathrm{F}\triangle} \overline{U}_{\triangle} = 1.15 \times 9.0 = 10.4 \text{ V}$$

方波的有效值为

$$U_{\square} = K_{\mathrm{F}\square} \overline{U}_{\square} = 1.0 \times 9.0 = 9.0 \text{ V}$$

本例中，如果问题改为计算各波形的峰值，也要先求出各波形的均值，然后再计算各波形的峰值；如果题意改为用均值电压表只测量三角波电压，读数为 10 V，要求换算三角波有效值等参数，则计算过程与上述相同。

5. 测非正弦波时电压表示值(读数)换算

1) 峰值表

例 4 - 3 用具有正弦波有效值刻度的峰值表测量三角波电压，已知三角波有效值为 10 V，则电压表的示值(读数)为多少？

解 用电压表测量三角波时，因为电压表的示值(读数)为对应正弦波的有效值，但要获得对应正弦波的有效值，就必须知道对应正弦波的峰值或均值。对于峰值表而言，由于仪表指针的偏转位置直接是峰值的响应，所以，获得对应正弦波的峰值很方便。因为

$$U_{\text{p}\triangle} = K_{\text{P}\triangle} U_{\triangle} = \sqrt{3} \times 10 = 17.3 \text{ V}$$

所以对应正弦波的峰值为

$$U_{\text{p}\sim} = U_{\text{p}\triangle} = 17.3 \text{ V}$$

则电压表的示值(读数)为

$$\alpha = U_{\sim} = \frac{U_{\text{p}\sim}}{K_{\text{P}\sim}} = \frac{17.3}{\sqrt{2}} = 12.2 \text{ V}$$

2) 均值表

例 4 - 4 用具有正弦波有效值刻度的均值表测量三角波电压，已知三角波有效值为 10 V，则电压表的示值(读数)为多少？

解 用电压表测量三角波时，因为电压表的示值(读数)为对应正弦波的有效值，但要获得对应正弦波的有效值，就必须知道对应正弦波的峰值或均值。对于均值表而言，由于仪表指针的偏转位置直接是均值的响应，所以，获得对应正弦波的均值很方便。因为

$$\overline{U}_{\triangle} = \frac{U_{\triangle}}{K_{\text{F}\triangle}} = \frac{10}{1.15} = 8.69 \text{ V}$$

所以对应正弦波的均值为

$$\overline{U}_{\sim} = \overline{U}_{\triangle} = 8.69 \text{ V}$$

则电压表的示值(读数)为

$$\alpha = U_{\sim} = K_{\text{F}\sim} \overline{U}_{\sim} = 1.11 \times 8.69 = 9.65 \text{ V}$$

4.4 分 贝 测 量

4.4.1 分贝的定义

在通信系统测试中，通常不是直接计算或测量电路某测试点的电压或负载吸收的功率，而是计算它们与某一电压或功率基准量之比的对数，这就需要引出一个新的度量名称——分贝。在声学中，分贝也是表示音量强弱的一个单位，许多电压表和功率表也是按分贝刻度的。

1. 功率之比的对数——分贝(dB)

对两个功率 P_1 和 P_2 之比取对数，就可得到 $\lg(P_1/P_2)$，若 $P_1=10P_2$，则

$$\lg\frac{P_1}{P_2}=\lg\frac{10P_2}{P_2}=\lg10=1$$

这个无量纲的数 1，叫作 1 贝尔(Bel)。在实际应用中，鉴于贝尔的单位较大，所以常用分贝，写作 dB(deci Bel)来度量，即 1 贝尔等于 10dB，则用分贝表示功率 P_1 和 P_2 之比为

$$10\lg\frac{P_1}{P_2}\,[\text{dB}] \tag{4-18}$$

由上式可知：若 $P_1>P_2$，则 dB 值为正；若 $P_1<P_2$，则 dB 值为负。

2. 电压之比的对数

当用分贝表示电压之比时，由功率与电压的关系：$P_1=\dfrac{U_1^2}{R_1}$，$P_2=\dfrac{U_2^2}{R_2}$，可得 $\dfrac{P_1}{P_2}=\dfrac{U_1^2 R_2}{U_2^2 R_1}$，若 $R_1=R_2$，则 $\dfrac{P_1}{P_2}=\dfrac{U_1^2}{U_2^2}$，两边取对数后可得

$$10\lg\frac{P_1}{P_2}=20\lg\frac{U_1}{U_2}\,[\text{dB}] \tag{4-19}$$

同样，若 $U_1>U_2$，则 dB 值为正；若 $U_1<U_2$，则 dB 值为负。

3. 绝对电平

如果将式(4-18)和式(4-19)中的 P_2 和 U_2 换为基准量 P_0 和 U_0，则可引出绝对电平的定义。绝对电平包括绝对功率电平和绝对电压电平，就是通常所用的功率电平和电压电平。

1）功率电平 dBm

以基准功率 $P_0=1\text{mW}$ 作为零功率电平(0dBm)，则任意功率(被测功率)P_x 的功率电平定义为

$$P_{\text{W}}(\text{dB}_\text{m})=10\lg\frac{P_x}{P_0}=10\lg\frac{P_x(\text{mW})}{1\text{mW}} \tag{4-20}$$

在式(4-20)中，显然，当 $P_x=P_0=1\text{ mW}$ 时，分贝值为 0 dBm；若 $P_x>1\text{ mW}$，分贝值为正；若 $P_x<1\text{ mW}$，分贝值为负。

2）电压电平 dBv

以基准电压量 $U_0=0.775\text{ V}$(正弦电压的有效值)作为零电压电平(0dBv)，则任意电压(被测电压)U_x 的电压电平定义为

$$P_{\text{V}}[\text{dB}_\text{v}]=20\lg\frac{U_x}{U_0}=20\lg\frac{U_x[\text{V}]}{0.775\text{V}} \tag{4-21}$$

在式(4-21)中，显然，当 $U_x=U_0=1\text{ mW}$ 时，分贝值为 0 dBm；若 $U_x>0.775\text{ V}$，分贝值为正；若 $U_x<0.775\text{ V}$，分贝值为负。

4. 电压电平与功率电平的关系

以上的功率电平和电压电平没有指定特定的阻抗对象，所以，P_x 和 U_x 应理解为任意阻抗上吸收的功率及其两端的电压。对于某一确定的电压电平，若对应的阻抗不同，则其

吸收的功率电平不同，一般来说电压电平与功率电平是不同的，但电压电平与功率电平又是有联系的。为了分析电压电平与功率电平之间的关系，引出了基准阻抗的概念。

将基准电压 $U_0=0.775\text{V}$ 吸取 $P_0=1\text{mW}$ 的基准功率所对应的阻抗值称为基准阻抗 Z_0，即

$$Z_0 = \frac{U_0^2}{P_0} = \frac{0.775^2}{1\times10^{-3}} = 600\ \Omega$$

在基准阻抗上的功率电平为

$$P_W(\text{dB}_m) = 10\lg\frac{P_x}{1\text{mW}} = 10\lg\frac{U_x^2/600}{0.775^2/600}$$

$$= 20\lg\frac{U_x}{0.775} = P_V(\text{dB}_V)$$

即在基准阻抗 Z_0 上，功率电平与电压电平相等，这就是取基准功率量 $P_0=1\ \text{mW}$ 作为零功率电平（$0\ \text{dB}_m$），取基准电压量 $U_0=0.775\ \text{V}$ 作为零电压电平（$0\ \text{dB}_V$）的原理。

在任意阻抗 Z_L 上的功率电平为

$$P_W(\text{dB}_m) = 10\lg\frac{P_x}{1\text{mW}} = 10\lg\frac{U_x^2/Z_L}{0.775^2/Z_0} = 10\lg\left[\left(\frac{U_x}{0.775}\right)^2\frac{Z_0}{Z_L}\right]$$

$$= 20\lg\frac{U_x}{0.775} + 10\lg\frac{Z_0}{Z_L}$$

$$P_W(\text{dB}_m) = P_V(\text{dB}_V) + 10\lg\frac{Z_0}{Z_L} \tag{4-22}$$

即任意阻抗 Z_L 上的功率电平为电压电平加上与 Z_L 有关的特定值（也称修正值）。Z_L 一般为 $50\ \Omega$、$75\ \Omega$、$150\ \Omega$、$300\ \Omega$ 或 $600\ \Omega$ 等。Z_L 不同，修正值不同。

4.4.2 分贝的测量方法

分贝的测量实质上是交流电压的测量，只是表头以分贝值刻度。功率的测量，也可归结为在已知阻抗两端测量电压。根据式（4-20）和式（4-21），可以直接在 $P_x[\text{mW}]$、$P_W[\text{dB}_m]$ 之间和 $U_x[\text{V}]$、$P_V[\text{dB}_V]$ 之间进行换算。为方便起见，常将 $P_x[\text{mW}]$、$P_W[\text{dB}_m]$ 和 $U_x[\text{V}]$、$P_V[\text{dB}_V]$ 制作成换算曲线。

专供测量分贝的电平表在通信系统中已作为一种基本的测量仪器，获得广泛应用。虽然电平表实质上是交流电压表，但电平表在测量电平时分贝值的读出方法与一般的交流电压表却不完全一样。

1. 宽频电平表

前面介绍的放大-检波式交流电压表，在对表头重新设计后，可从表头直接读取分贝值，这种具有分贝读数的电压表常称为"宽频电平表"，其组成原理框图如图4-14所示。

宽频电平表是在均值电压表的基础上设计的。在宽带交流放大器前的输入衰减器上，用 dB 表示"输入电平"选择，并可用标准电平振荡器校准，衰减器的衰减步进为 10 dB，相当于衰减 $\sqrt{10}\approx3.162$ 倍（$20\lg\frac{1}{\sqrt{10}}=-10\ \text{dB}$）。在电压信号的输入端，有"输入阻抗"选择（一般有 $75\ \Omega$、$150\ \Omega$、$600\ \Omega$、高阻，共 4 挡），一般根据测量时的阻抗匹配原则来选择。

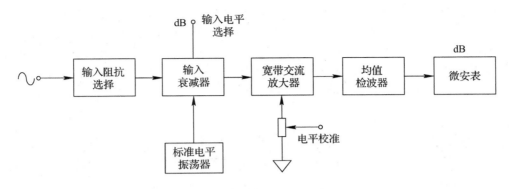

图 4 - 14　宽频电平表组成原理框图

宽带交流放大器上还有"电平校准"旋钮，用于调节放大器增益。表头刻度则为 dB，可以是 dB_V(测量电压电平)或 dB_m(测量功率电平)两者之一，也可以是两者兼容，但要注意的是，实际被测电压或功率的 dB 值需由表头读数和衰减器共同决定。

下面简要介绍测量电压电平的宽频电平表刻度特性及 dB 值的读出方法。对于电压电平，首先应确定表头 0 dB 刻度的位置。表头标定时，选择输入阻抗 600 Ω，对应的 0 dB 电压(有效值)为 0.775 V。通常 0 dB 位置约在表头指针满刻度的 2/3 左右，0 dB 的左边为 $-$dB($<$0.775 V)，0 dB 的右边为 $+$dB($>$0.775 V)。

表头读数只能表示输入无衰减且交流放大器增益为 1 时被测电压的分贝值。当引入衰减和放大后，被测电压的 dB 值应为：衰减器读数$+$表头读数。实际上，衰减器的读数是依据其后面的放大器增益标定的，并不表示其真实的衰减量。

例如，若某电平表的最高灵敏度为$-$70 dB，当输入最小电压$-$70 dB 时(衰减器不衰减)，希望表头指示 0 dB，则放大器输出有效值(加到检波器输入)必须为 0.775 V，相应的放大器增益应为 70 dB(可验证如下：设对应$-$70 dB 的输入电压为 U_x，放大器的输出电压为 U_0，则由 $20\lg\dfrac{U_x}{0.775}=-70$ dB，显然得出 $20\lg\dfrac{U_0}{U_x}=70$ dB$\big|_{U_0=0.775\,\text{V}}$ 成立)。而此时，虽然衰减器没有衰减，但应标注为"$-$70 dB"。当表头读数为 0 dB 时，实际被测电压 dB 值$=$$-$70 dB$+$0 dB$=-$70 dB。

对于功率电平的测量，实际上是对阻抗两端电压电平的测量。将 1 mW 基准功率对应的阻抗 Z_0 称为"零刻度基准阻抗"，取为 600 Ω，此时表头的功率电平刻度与电压电平刻度一致(实际表头的功率电平刻度就是按 600 Ω"零刻度基准阻抗"定度的)。在图 4 - 14 所示的宽频电平表中，若选择输入阻抗 $Z_i=600$ Ω，就可直接从表头读出功率电平值。当输入阻抗 $Z_i\neq600$ Ω 时，则应根据读出的电压电平换算出功率电平，其换算公式为

$$P_x[dB_m]=P_V[dB_V]+10\lg\frac{Z_0}{Z_i}$$

式中，$P_V[dB_V]$为电压电平的 dB 值；Z_0 为零刻度基准阻抗(600 Ω)；Z_i 为选用的宽频电平表输入阻抗；$10\lg\dfrac{Z_0}{Z_i}$ 可认为是对 $P_V[dB_V]$的修正值。

2. 外差式选频电平表

宽频电平表受宽带交流放大器的内部噪声影响，其灵敏度和带宽有限，从而限制了小

信号电压的测量以及从噪声中测量有用信号的能力。采用外差式接收原理的选频电平表则可大大提高测量灵敏度(可达 -120 dB,相当于 $0.775~\mu V$),在放大器谐波失真的测量、滤波器衰耗特性测量及通信传输系统中得到广泛应用。选频电平表由于其灵敏度高,也常称为"高频微伏表",如 DW -1 型选频电平表的频率范围为 100 kHz ~ 300 MHz,最小量程为 $15~\mu V$。图 $4-15$ 为选频电平表的组成原理框图。

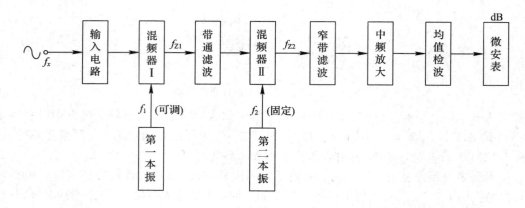

图 $4-15$ 选频电平表的组成原理框图

从图 $4-15$ 可见,选频电平表的工作原理与外差式接收机组成原理相似。首先,频率为 f_x 的被测信号通过输入电路(衰减或小增益高频放大)后,与第一本振输出 f_1 混频,得到固定的第一中频 f_{Z1}(由带通滤波器选出),f_{Z1} 再与第二本振输出 f_2 混频,得到固定的第二中频 f_{Z2}(经窄带滤波器选出),再经过后面的高增益中频放大器放大和整流检波后,驱动表头并以 dB 指示被测信号。选频电平表经过两级变频,对测量信号具有很好的频率选择性,从而在窄带中频上获得很高的增益,很好地解决了测量灵敏度与频率范围的矛盾。

4.5 电压的数字化测量

数字电压表(Digital Voltage Meter,DVM)现已成为测量准确、灵活多用且价格逐渐下降的电子仪器,加之它能够方便地与其它数字仪器(包括微计算机)连接,信号处理更加方便,因此其在电子测量领域起着很重要的作用。本节从常见 A/D 转换器、常用数字电压表的结构及工作原理的角度分析数字化测量的原理与方法。

4.5.1 数字电压表的组成与分类

1. 数字电压表的组成

数字电压表的组成原理框图如图 $4-16$ 所示,包括输入级、A/D 转换、数据处理、结果显示及逻辑控制等电路,其核心是 A/D 转换器(Analog to Digital Converter,ADC)。A/D 转换器实现模拟电压到数字量的转换。各类 DVM 之间最大的区别在于 A/D 变换的方法不同，而各种 DVM 的性能在很大程度上也取决于所用 A/D 转换的方法。有两种典型的 A/D 转换类型，一种是计数型的 A/D 转换，另外一种是比较型的 A/D 转换。为适应不同的量程即不同电压大小测量的需要，输入电路一般包括输入放大（衰减）电路。对于交流电压信号，输入电路还具有 AC/DC 变换功能，既可以测量交流电压有效值，也可以测量交流电压的平均值、峰值等。如果输入电路进一步扩展电流/电压、阻抗/电压等变换功能，则可构成数字多用表（Digital MultiMeter，DMM）。A/D 转换的不同类型，也决定着数据处理部分与逻辑控制部分的不同作用。对于计数型 A/D，用数字电路就可完成寄存、译码、显示及测量过程的控制，即用数字电路完成数据处理的逻辑控制功能，当然，这些功能也可以用微处理器来完成；对于比较型的 A/D，用数字电路来完成寄存、译码作用以及显示控制等功能就较为复杂，一般需用微处理器来完成。

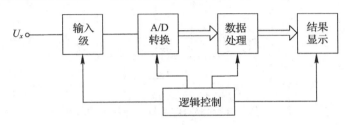

图 4 - 16　数字电压表组成原理框图

2. 数字电压表的分类

数字电压表的分类主要是按 A/D 转换的不同方法划分的。自从 20 世纪 50 年代初期数字电压表问世以来，已经发展了许多种实现 A/D 转换的方法。总结起来，这些方法可归纳为两大类：积分式和非积分式。两大类 A/D 转换的方法也是逐步发展的。下面介绍的各种方法虽然不能包括所有的方法，但也可以看出数字电压测量的一个概况。

（1）非积分式：比较式（并行比较、逐次逼近比较）、单斜式等。

（2）积分式：双积分式、三斜积分式、多斜积分式、脉冲调宽（PWM）式等。

下面，就几种具有代表性的 A/D 转换器及由它组成的 DVM 的基本原理进行分析。

4.5.2　非积分式 DVM

1. 并行比较式 DVM

并行比较式 DVM 利用一系列电阻构成分压网络，通过电阻网络同时获得所需要的所有基准电压，测量时，被测电压同时与这些基准电压进行比较，从而获得测量结果。

图 4 - 17 为并行比较式 A/D 转换器原理结构图。若参考（基准）电压为 U_r，对于一个 n 位的并行比较式 A/D 转换器，由 $2^n - 2$ 个阻值为 R 的电阻和 2 个阻值为 $R/2$ 的电阻组成分压网络，得到了 $\dfrac{U_r}{2^{n+1} - 2}$、$\dfrac{3U_r}{2^{n+1} - 2}$、$\cdots$、$\dfrac{(2^{n+1} - 3)U_r}{2^{n+1} - 2}$ 的 $2^n - 1$ 个基准电压，这些基准电压将满量程分解成了 2^n 份，测量时，被测电压 U_x 与各基准电压同时做比较，以高低电平的初步数字量来表示，当被测电压处于第 N 个等分时，$0 \sim N$ 号比较器输出

为高电平，其它则为低电平，将这些初步数字量经优先级编码器编码后即得到"真正"的数字量。

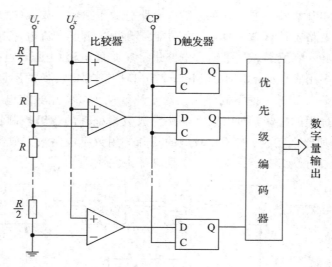

图 4-17 并行比较式 A/D 转换器原理结构

由于并行式 A/D 可以同时完成所有比较器的比较工作，理论上只需要一个锁存信号周期即可完成转换，因此转换时间非常短，是所有 A/D 转换器中转换速度最快的，其缺点是电路结构规模庞大，例如进行 8 位 A/D 转换，则需要 255 个基准电压和比较器，电路制作成本过高，所以只有在速度要求很高的场合才使用。减少比较器个数，又能够兼顾 A/D 转换速度，逐次逼近比较式可以做到这点。

2. 逐次逼近比较式 DVM

逐次逼近比较式 DVM 的原理是：采用一种"对分搜索"的方法，将被测电压 U_x 逐次地和连续可变的已知参考电压(基准电压)进行比较，每进行一次比较，缩小一次 U_x 的未知范围，从而逐渐逼近被测电压。

所谓逐次逼近比较，就是将基准电压分成若干基准码，按照指令，未知电压首先与最大的一个基准码所对应的电压量(数字码通过 D/A 变换)比较，然后逐次减小基准码量值，比较时采取大者弃、小者留的原则，逐渐逼近被测电压。假设基准电压为 $U_r=10$ V，为便于对分搜索，可将其分解成一系列对分标准值 $\frac{1}{2}U_r$、$\frac{1}{4}U_r$、$\frac{1}{8}U_r$…。数学上 U_r 可用下式表示：

$$U_r = \frac{1}{2}U_r + \frac{1}{4}U_r + \frac{1}{8}U_r + \cdots + \frac{1}{2^n}U_r$$
$$= 5 + 2.5 + 1.25 + \cdots$$
$$= 10 \text{ V}$$

上式说明，若把 U_r 不断细分(每次取上一次的一半)至足够小的量，便可无限逼近。当只取有限的项数时，项数的多少决定了其逼近的程度。例如取上式中的前 4 项，则

$$U_r \approx 5 + 2.5 + 1.25 + 0.625 = 9.375 \text{ V}$$

其逼近的最大绝对误差为 $\Delta U = 9.375 - 10 = -0.625$ V，最大误差的绝对值相当于最后一

项的量值，即逐次逼近比较式 DVM 的分辨力。满度基准电压决定着所能测量的范围。

对于测量 $U_x < U_r$ 的电压，U_x 分别与 $\frac{1}{2}U_r$、$\frac{1}{4}U_r$、$\frac{1}{8}U_r$、… 所对应的电压量进行比较，比较时采用大者弃、小者留的原则，直到比较结束。

逐次逼近比较式的 A/D 转换过程，类似于天平称重的过程。对于测量 $W_x < W$ 的重量，可把 W 分成 $\frac{1}{2}W$、$\frac{1}{4}W$、$\frac{1}{8}W$ 等若干个标准码。W 分别与 $\frac{1}{2}W$、$\frac{1}{4}W$、$\frac{1}{8}W$ 等对应的重量比较，比较时采用大者弃、小者留的原则逼近被测重量，称重结果的准确度取决于所用的最小砝码量值。而在电压的测量中，U_x 是被"称量"的电压量，U_r 的各分项相当于提供的不同"电子砝码"，逐步地添加或移去"电子砝码"的过程类似于称重过程中的添、减砝码的过程。

图 4 – 18 为逐次逼近比较式 A/D 转换器原理结构框图。图中，SAR（Successive Approximation Register）为逐次移位寄存器，它是逐次逼近比较式 A/D 转换器的核心。SAR 在时钟 CLK 的作用下，每来一个时钟其输出进行一次移位，其输出（数字量）将送到 D/A 转换器，D/A 转换结果再与 U_x 比较，比较器的输出（0 或 1）将决定刚才 SAR 相应位的留或舍。D/A 转换器的位数 n 与 SAR 的位数相同，也就是 A/D 转换器的位数，SAR 的最后输出即是 A/D 转换结果。

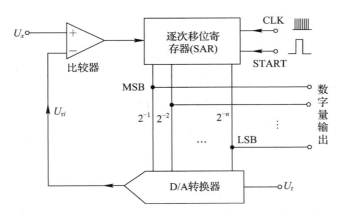

图 4 – 18　逐次逼近比较式 A/D 转换原理结构框图

若基准电压满度值为 $U_r = 10\mathrm{V}$，被测电压 $U_x = 3.285\mathrm{V}$，下面以一个 6 位 A/D 变换器来说明图 4 – 18 电路完成一次 A/D 变换的过程。

（1）起始脉冲使 A/D 变换过程开始。第一个钟脉冲使 SAR 的最高位（MSB）即 2^{-1} 位置于"1"，SAR 输出一个基准码（100000）$_2$，经 D/A 转换器输出基准电压 $U_{r1} = 2^{-1}U_r = 5.000\mathrm{V}$，后者加到比较器，这正如我们在天平中将一个 $\frac{1}{2}W$ 的标准法码放到测量盘中一样，故 U_{r1} 有"电压砝码"之称。由于 $U_{r1} > U_x$，则比较器输出为低电平"0"，所以当第二脉冲到来时，2^{-1} 位将回到"0"，这就是"大者弃"。

（2）第二个时钟脉冲到来时，在 SAR 的 2^{-1} 位回到"0"的同时其下一位（2^{-2}）被置于

"1"，故 SAR 输出的基准码为 $(010000)_2$，经 D/A 转换器输出一个电压砝码

$$U_{r2} = (0 + 2^{-2})U_r = \left(0 + \frac{1}{4}\right)U_r = 2.500 \text{ V}$$

后者加到比较器，这一次由于 $U_{r2} < U_x$，则比较器输出为高电平"1"，所以当第三个脉冲到来时，SAR 的 2^{-2} 位保留在"1"，这就是"小者留"。

（3）第三个时钟脉冲到来时，SAR 的 2^{-2} 位保留在"1"的同时其下一位（2^{-3}）被置于"1"，这时 SAR 输出的基准码为 $(011000)_2$，经 D/A 转换器输出为

$$U_{r3} = (0 + 2^{-2} + 2^{-3})U_r = \left(0 + \frac{1}{4} + \frac{1}{8}\right)U_r = 3.750 \text{ V}$$

后者加到比较器，这一次由于 $U_{r3} > U_x$，则比较器输出为低电平"0"，所以当第四个脉冲到来时，SAR 的 2^{-3} 位返回到"0"，这就是"大者弃"。

（4）第四个时钟脉冲到来时，SAR 的 2^{-3} 位回到"0"的同时其下一位（2^{-4}）被置于"1"，故 SAR 输出的基准码为 $(010100)_2$，经 D/A 转换器输出为

$$U_{r4} = (0 + 2^{-2} + 0 + 2^{-4})U_r = \left(0 + \frac{1}{4} + 0 + \frac{1}{16}\right)U_r = 3.125 \text{ V}$$

后者加到比较器，这一次由于 $U_{r4} < U_x$，则比较器输出为高电平"1"，所以当第五个脉冲到来时，SAR 的 2^{-4} 位保留在"1"，这就是"小者留"。

（5）同样，第五个时钟脉冲到来时，SAR 输出的基准码为 $(010110)_2$，得 $U_{r5} = 3.437$ V，由于 $U_{r5} > U_x$，当第六个脉冲到来时，SAR 的 2^{-5} 位返回到"0"。

（6）当第六个钟脉冲到来时，SAR 输出的基准码为 $(010101)_2$，得 $U_{r6} = 3.281$V，由于 $U_{r6} < U_x$，则比较器输出为高电平"1"，所以 SAR 的最低位（LSB）保留在"1"，

经过以上六次比较之后，最后 SAR 的输出为 $(010101)_2$，010101 就是最终得到的 A/D 转换器的输出数据。SAR 的输出数据送译码器，最终以十进制数 3.281 的形式显示测量结果。

从以上讨论过程可以看出，由于 D/A 转换器输出的基准电压是量化的，因此，最后转换的结果为 3.281 V，其测量误差为 $\Delta U = 3.281 - 3.285 = -0.004$ V，这就是测量 3.285 V 电压时，A/D 转换的量化误差。显然，若上述转换过程中 U_r 的分项越多，则逼近结果越接近 U_x，即量化误差越小。

逐次逼近比较式 A/D 转换器的准确度，由基准电压稳定度、D/A 转换器量化误差、比较器的漂移等因素决定，其变换时间与输入电压的大小无关，只由 A/D 输出数码的位数（比特数）和时钟频率决定。这种 A/D 转换器能兼顾速度、准确度和成本三个方面的要求。常用的逐次比较式 A/D 转换器皆是单片集成化芯片，常见的产品有 8 位的 AD0809、12 位的 AD1210 和 16 位的 AD7805 等。

3. 单斜式 DVM

图 4－19 为单斜式 DVM 的原理结构框图和有关点波形图，其 A/D 转换器实质上是一个典型的 V/T 转换式 A/D 转换器，斜波电压是转换的"工具"，斜波电压信号由斜波电压发生器提供。

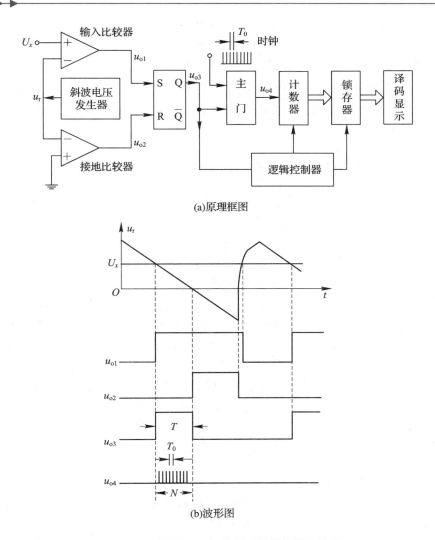

(a)原理框图

(b)波形图

图 4-19　单斜式 DVM 的原理结构框图和波形

　　斜波电压信号分别接到两个比较器：输入比较器和接地(0V)比较器，分别与被测电压 U_x 和 0V 比较，两个比较器的输出触发基本 RS 触发器(实际测量中，为了避免 RS 触发器 R 端、S 端不能同时为高电平的情况，可将两个比较器输出通过取上升边后，用上升边窄脉冲去触发基本 RS 触发器)，得到时间间隔为 T 的门控信号，由计数器通过对门控时间间隔内的时钟信号进行脉冲计数，即可测得时间 T，即 $T = NT_0$，其中：T_0 为时钟信号周期，N 为计数值，它表示了 A/D 转换的数字量结果。被测量 U_x 正比于时间间隔 T，也正比于计数值 N，即

$$U_x = kT = kT_0 N = eN \qquad (4-23)$$

式中，k 为斜波电压的斜率，单位为 V/s，$e = kT_0$ 为定度系数，单位为 V/字。在实际测量中，合理确定定度系数 e 的数值，合理控制显示器中小数点位置和单位，就可以通过数字量 N 直接显示测量结果。

　　例 4-5　某斜波式 DVM，4 位数字读出，已知基本量程为 10 V，斜波电压发生器的斜率为 10 V/50 ms。试计算时钟信号频率；若计数值 $N = 6223$，则被测电压值是多少？

解 由 4 位数字读出，可知该 DVM 计数器的最大计数值为 9999；满量程 10 V，可知该 DVM 的 A/D 转换器允许输入的最大电压为 10 V；斜波电压发生器的斜率为 10 V/50 ms，则在满量程 10 V 时，所需的 A/D 转换时间即门控时间 T 为 50 ms，即在 50 ms 内计数器所计的脉冲个数为 10 000（因为最大计数值为 9999），于是，时钟信号频率为

$$f_0 = \frac{10000}{50 \text{ ms}} = 200 \text{ kHz}$$

现若计数值 $N = 6223$，则门控时间

$$T = NT_0 = \frac{N}{f_0} = \frac{6223}{200 \text{ kHz}} = 31.115 \text{ ms}$$

又由斜率 $k = 10\text{V}/50\text{ms}$，即可得被测电压为

$$U_x = kT = 10 \text{ V}/50 \text{ ms} \times 31.115 \text{ ms} = 6.223 \text{ V}$$

显然，计数值即表示了被测电压的数值，而显示的小数点位置与选用的量程有关。

斜波电压式 DVM 所能达到的测量准确度，取决于斜波电压的线性度、斜率信号稳定性以及时间间隔测量的准确度。此外，比较器的稳定性（漂移）和死区电压也是影响测量误差的重要因素。斜波式 DVM 的转换时间取决于门控时间 T，由于门控时间取决于斜波电压的斜率，并与被测电压值有关，所以，在满量程时，转换时间最长。斜波电压的变化范围（峰峰值）关系到电压测量的范围。

斜波电压式 DVM 的特点是：线路简单，成本低廉，但测量的稳定性和准确度较差，在测量的准确度要求不太高（例如 1%）的数字多用表中还在使用。

4.5.3 积分式 DVM

1. 双积分式 DVM

双积分式 DVM 也称双斜式积分 DVM，其特点是在一次测量过程中用同一积分器先后进行两次核心积分过程：首先对被测电压 U_x 定时积分，然后对参考电压 U_r 定值积分，通过两次积分结果的比较，将 U_x 转换为与之成正比的时间间隔，再利用时间间隔测量技术转换为对应的数字量。所以，这种电压表的 A/D 转换属于 U/T 转换技术类型。图 4-20 为双积分式 DVM 的原理结构框图和积分波形图，该测量系统包括了积分器、过零比较器、计数器、译码、显示及逻辑控制等，基本工作过程如下。

1）复零阶段（$t_0 \sim t_1$）

t_0 时刻，逻辑控制器发出清零指令，开关 S_2 接通，积分电容 C 被短接从而使积分器输出电压 $u_{o1} = 0$，同时使计数器复零。

2）对被测电压 U_x 定时积分阶段（$t_1 \sim t_2$）

t_1 时刻，采样阶段开始，逻辑控制器发出采样指令，开关 S_1 连接至被测电压 U_x，S_2 断开，这时积分器开始对 U_x 积分，考虑到积分器上的初始电压为零，则积分器输出电压为

$$u_{o1} = -\frac{1}{C}\int_{t_1}^{t} I_x \, \mathrm{d}t = -\frac{1}{RC}\int_{t_1}^{t} U_x \, \mathrm{d}t = -\frac{U_x}{RC}t$$

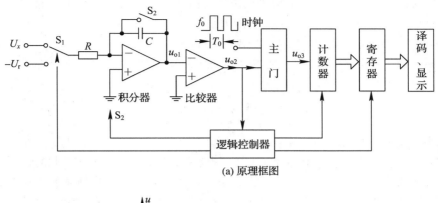

(a) 原理框图

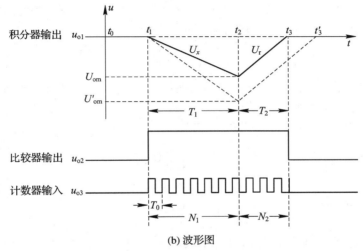

(b) 波形图

图 4 - 20　双积分式 DVM 的原理结构框图及波形

若 U_x 为正，则积分器输出电压 u_o 从零开始线性地负向增长，在此过程中，一旦 u_o 小于 0，则比较器输出从低电平跳到高电平，并打开主门，随即时钟脉冲通过主门，同时计数器开始计数（计时）。当经过规定的时间 T_1，即到达 $t=t_2$ 时，计数器溢出并复零，溢出脉冲使逻辑控制器输出一个控制指令，使开关 S_1 连接至参考电压 $-U_r$，采样阶段宣告结束，此时，积分器输出 u_o 达到最大 U_{om}，即

$$U_{om} = -\frac{1}{RC}\int_{t_1}^{t_2} U_x \mathrm{d}t = -\frac{T_1}{RC}U_x \tag{4-24}$$

式中，积分时间 T_1 为定值，所以，U_{om} 与 U_x 成正比，U_{om} 的大小对应了 U_x 的大小。若被测电压增大，则 U_{om} 增大，如 u_{o1} 波形中虚线所示。所以，此阶段也称为对被测电压采样阶段。

若被测直流电压 U_x 受到串模电压 u_{sm} 的干扰，即加到积分器的输入电压为

$$u_x = -(U_x + u_{sm})$$

则

$$U_{om} = -\frac{1}{RC}\int_{t_1}^{t_2} u_x \mathrm{d}t = -\frac{T_1}{RC}\overline{u_x} \approx -\frac{T_1}{RC}U_x$$

从该关系式可知，U_{om} 与 u_x 平均值成正比。由于取平均值将使串模干扰对测量结果的影响大大减小，因此积分式 DVM 抗干扰能力强、测量准确度高。

3）对参考电压 $-U_r$ 反向定值积分阶段（$t_2 \sim t_3$）

t_2 时刻开始，开关 S_1 连接至负的参考电压 $-U_r$，S_2 继续断开，这时，积分器上的电压为

$$u_{o1} = U_{om} - \frac{1}{RC} \int_{t_2}^{t_3} (-U_r) \mathrm{d}t = U_{om} + \frac{U_r}{RC} t$$

即从 t_2 时刻开始后，积分器输出电压 u_{o1} 从 U_{om} 开始线性地正向增长（与 U_x 的积分方向相反），同时，计数器重新从零开始计数；设 t_3 时刻积分器输出到达零点，此时过零比较器一跃从高电平跳到低电平，主门关闭，计数器停止计数，同时逻辑控制器发出控制命令，命令将计数值寄存后使计数器清零，并使 S_2 闭合，积分器又恢复到初始状态，准备下一个采样周期的开始。此阶段，若积分器经历的反向积分时间为 T_2，则有

$$0 = U_{om} - \frac{1}{RC} \int_{t_2}^{t_3} (-U_r) \mathrm{d}t = U_{om} + \frac{T_2}{RC} U_r \qquad (4-25)$$

在此阶段，积分器原来的采样数值（对应的被测电压）越大，积分器电压回到零点的时间 T_2 就越长，因此，也称此阶段为比较阶段。

将式（4-24）代入式（4-25），可得

$$T_2 = \frac{T_1}{U_r} U_x \qquad (4-26)$$

或可写成

$$U_x = \frac{U_r}{T_1} T_2 \qquad (4-27)$$

由于 T_1、T_2 是通过对同一时钟信号计数得到的，设计数值分别为 N_1、N_2，即 $T_1 = N_1 T_0$，$T_2 = N_2 T_0$，于是式（4-27）可写成

$$U_x = \frac{U_r}{N_1} N_2 = e N_2 \qquad (4-28)$$

式中，$e = \dfrac{U_r}{N_1}$ 为定度系数（V/字），N_2 是计数器在参考电压反向积分时对时钟信号的计数结果，即为双积分 A/D 转换结果，它表示了被测电压 U_x 的大小。从式（4-26）到式（4-28）可得出如下结论：

① 因为采样时间 T_1 为定值，而 U_r 为基准电压，故 T_2 正比于 U_x。实际上，在比较阶段计数器计得的数 N_2 正比于 U_x，适当地选择钟脉冲的周期，合理控制显示器中小数点位置，用计数值 N_2 可直接显示出被测电压。

② 这种 U/T 变换器的变换结果与积分器的 R、C 元件无关，因为二次积分都用同一个积分器，故积分器的不稳定性可得到补偿，所以采用双斜式 U/T 变换器的 DVM，可以在对积分元件 R、C 准确度要求不高的情况下，得到高的测量准确度。

③ 从式（4-28）可知，该 DVM 的测量误差主要取决于计数器的计数误差和参考电压 U_r 的准确度，而与时钟源的频率准确度无关，这是由于 T_1 和 T_2 是用同一个时钟源提供的时钟脉冲来计数的，所以，U_x 只与比值 T_2/T_1 有关，而不决定于 T_1 和 T_2 本身的绝对大小。由于参考电压 U_r 的准确度和稳定性直接影响 A/D 转换结果，故需采用精密基准电

压源。

综上所述,双斜式 DVM 的抗干扰(串模)能力强,用较少的精密元件就可以达到较高的指标,所以它自 20 世纪 60 年代问世以来就显示出了顽强的生命力,在准确度较高的 DVM 中得到普遍使用。双斜式 DVM 的缺点与所有其它积分式 DVM 一样,即测量速率较低。

双斜式 A/D 转换器是 A/D 转换器件的一个大类,应用中有许多单片集成 A/D 转换器可供选择,如常用的 MC14433(三位半)、ICL7106(16bit)、ICL7135(4 位半)、ICL7109(12bit)等。许多常用的手持式数字多用表多是基于双积分式 A/D 转换器而设计的。

2. 三斜积分式 DVM

三斜积分式 DVM 在双斜积分式 DVM 的基础上,为进一步改善双斜式 DVM 中存在的问题而采取了一些技术措施。一是双斜式 DVM 的分辨力受比较器的分辨力和带宽限制,而采用三斜积分式,可降低对比较器的要求,提高 DVM 的分辨力。二是一般积分器初始阶段线性较好,但当积分时间较长时,线性度会降低,这将影响测量结果的准确度。在双斜式 DVM 对参考电压的反向积分过程中,若参考电压 U_r 取值大些,虽然积分器输出波形的线性会好些,但积分器回到 0V 电压点的时间变短了,则计数量值会减少,测量误差会大些,若参考电压 U_r 取值小些,虽然积分器回到 0V 电压点的时间会长些,计数量值也会多些,但由于积分器输出波形后期的线性变差,计数结果的误差也会大些;而采用三斜式积分,可有效地化解这一矛盾,可以兼顾积分时间与积分线性度对测量结果的影响。三是在双斜式 DVM 对参考电压的反向积分阶段(比较阶段),若积分时间长了,虽然计数值多了,测量误差减小了,但测量速度降低了,因为误差一般出现在低位情况,若将双积分式的第二阶段分成两个过程,即 T_2 阶段和 T_3 阶段,即三斜积分式,在 T_2 阶段采用较大的参考电压,以加快测量速度,在 T_3 阶段采用较小的参考电压,以保证测量值"零头"的精度,则可解决测量速度与测量精度这一矛盾。图 4-21 为三斜式 DVM 的原理结构框图和相关电压波形。

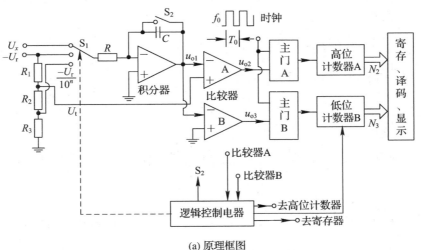

(a) 原理框图

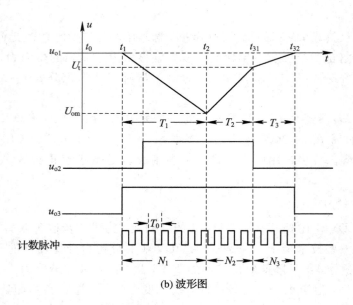

(b) 波形图

图 4-21   三斜式 DVM 的原理结构框图及关系波形

从图 4-21 可以看出：三斜式 DVM 与双斜式 DVM 不同的是，三斜式 DVM 比双斜式 DVM 多了一个比较器 B，且比较器 A 是 u_{o1} 与一个较小的参考电压量 U_t（由测量仪表来决定）相比较，比较器 B 是 u_{o1} 与 0V 电压量相比较。其基本原理是：将原双积分式 DVM 的 $t_2 \sim t_3$ 对参考电压反向积分过程分解为两个阶段，即 $t_2 \sim t_{31}$ 阶段和 $t_{31} \sim t_{32}$ 阶段，并用独立的两个计数器 A、B 分别计数，其中，$t_2 \sim t_{31}$ 期间对参考电压 $-U_r$ 反向积分，当积分器输出到达零点前的 U_t 电压点时，积分器输入端切换到对参考电压 $-U_r/10^n$ 的反向积分，直到积分器输出为零，即图中的 $t_{31} \sim t_{32}$ 期间，此阶段由于 $-U_r/10^n$ 较小，积分器输出电压斜率大大降低（降低了 10^n 倍），积分器输出"缓慢地"进入零点，使积分器电压最终达到零点的时间大大"拖长"了，因而提高了分辨率。各点波形如图 4-21(b) 所示。考虑到三个阶段积分，积分器输出电位从零开始，最后又回到零，其数学关系式为

$$u_{o1} = U_{om} - \frac{1}{RC} \int_{t_2}^{t_{31}} (-U_r) \mathrm{d}t - \frac{1}{RC} \int_{t_{31}}^{t_{32}} \left(-\frac{U_r}{10^n}\right) \mathrm{d}t = 0$$

考虑到 $t_{31} - t_2 = T_2$，$t_{32} - t_{31} = T_3$，所以

$$\frac{T_1}{RC} U_x = \frac{T_2 + \frac{1}{10^n} T_3}{RC} U_r$$

又考虑到 $T_1 = N_1 T_0$，$T_2 = N_2 T_0$，$T_3 = N_3 T_0$，其中 T_0 为时钟周期，则

$$U_x = \frac{U_r}{N_1}\left(N_2 + \frac{1}{10^n} N_3\right) = eN \tag{4-29}$$

式中，$e = \dfrac{U_r}{N_1}$ 为定度系数（V/字），$N = N_2 + \dfrac{1}{10^n} N_3$ 为 A/D 转换结果的数字量，它由计数器 A 和计数器 B 的计数值 N_2 和 N_3 加权得到。

4.5.4　DVM 主要工作特性

1. 显示位数

DVM 的显示位分为完整显示位和非完整显示位。一般的显示位均能够显示 0~9 的十个完整数字；而在显示器的最高位上，可以采用只能显示 0~9 部分数字的位，称为非完整显示位或分数位。由于分数位在首位，所以也称其为附加位。常见分数位有 $\frac{1}{2}$ 位、$\frac{2}{3}$ 位、$\frac{3}{4}$ 位等。在分数位中最常见的是 $\frac{1}{2}$ 位，俗称半位。完整显示位和非完整显示位共同组成了显示器的显示位。例如，4 位显示即是指 DVM 具有 4 位完整显示位，其最大显示数字为 9999，而 $4\frac{1}{2}$ 位（4 位半）指 DVM 具有 4 位完整显示位和 1 位非完整显示位，其最大显示数字为 19999。

2. 量程

DVM 的量程分为基本量程和扩展量程。DVM 的基本量程是由 A/D 转换器的输入电压范围决定的，扩展量程是按输入被测电压的不同范围划分的。在基本量程上，输入电路不需对被测电压进行放大或衰减，便可直接进行 A/D 转换；DVM 在基本量程基础上，通过输入电路对输入电压按 10 倍步进放大或衰减，扩展出其它量程。例如，基本量程为 10 V 的 DVM，可扩展出 0.1 V、1 V、10 V、100 V、1000 V 五挡量程；基本量程为 2 V 或 20 V 的 DVM，则可扩展出 200 mV、2 V、20 V、200 V、2000 V 五挡量程。

3. 超量程能力

超量程能力是指 DVM 能够测量超过其电压量程的能力。例如用一台 5 位 DVM 测一个电压量为 10.0001 V 的直流电压，若置于 10 V 挡量程，由于最大测量（显示）为 9.9999 V，对于 10.0001 V 的直流电压，很明显计数器溢出（因为无超量程能力），所以显示 0.0001 V；若转换到 100 V 挡测量，则显示 10.000 V，可见被测电压最后一位数将丢失，即对 0.0001 V（0.1 mV）无法分辨。若该 DVM 具有超量程能力，即有一附加首位，则当被测电压超过量程时，这一位显示 1，即在 10 V 挡全部显示为 10.0001 V。

对于具有附加首位的 DVM，是否具有超量程能力有下面两种情况：第一种情况，若 DVM 的基本量程为 1 V 或 10 V，且带有 1/2 位附加首位，表示具有超量程能力。例如在 10.000 V 量程上计数器最大显示为 9.999 V，很明显这是一台 4 位 DVM，无超量程能力，即计数大于 9999 即溢出，另一台 DVM 在 10.000 V 量程上，最大测量（显示）为 19.999 V，说明有超量程能力（最大计数可超过量程）。第二种情况是，基本量程不为 1 V 或 10 V，虽然首位不是完整显示位，但无超量程能力。例如一台基本量程为 2 V 的 DVM，在基本量程上的最大显示为 1.9999 V，即无超量程能力。所以有无超量程能力取决于基本量程的设置及有无附加首位。

4. 分辨力

分辨力指 DVM 能够分辨最小测量电压量或最小电压变化的能力。在数字电压表中，分辨力通常用每个字对应的电压值来表示，即 V/字。例如，$3\frac{1}{2}$ 位的 DVM，在 200 mV 量程上，可以测量的最大输入电压为 199.9 mV，其分辨力为 0.1 mV/字，即当输入电压变化 0.1 mV 时，显示的末尾数字将变化"1 个字"。或者说，当输入电压变化量小于 0.1 mV 时，测量结果的显示值不会发生变化。在 DVM 中，每个字对应的电压量也可用"定度系数"表示。显然，在不同的量程上能分辨的最小电压变化的能力是不同的，DVM 的分辨力一般指最小量程上能分辨的最小电压变化量。

5. 测量速度

DVM 的测量速度用每秒钟完成的测量次数来表示。它直接取决于 A/D 转换器的转换速度，一般低速高精度的 DVM 的测量速度在每秒几次至每秒几十次。

6. 测量准确度

DVM 的测量准确度通常用仪表的固有误差表示，即

$$\Delta U = \pm(\alpha\% U_x + \beta\% U_m) \tag{4-30}$$

示值（读数）相对误差为

$$\gamma = \frac{\Delta U}{U_x} = \pm\left(\alpha\% + \beta\%\frac{U_m}{U_x}\right) \tag{4-31}$$

式中，U_x 为被测电压的读数；U_m 为仪表量程的满度值；α 为误差的相对项系数；β 为误差的固定项系数。

由式（4-30）可见，ΔU 由两部分构成，其中 $\pm\alpha\% U_x$ 称为读数误差，$\pm\beta\% U_m$ 称为满度误差。读数误差项与当前读数有关，它主要包括 DVM 的定度系数误差和非线性误差。定度系数理论上是常数，但由于 DVM 输入电路的传输系数（如放大器增益）的漂移，以及 A/D 转换器采用的参考电压的不稳定性，都将引起定度系数误差。非线性误差则主要由输入电路和 A/D 转换器的非线性引起的。满度误差项与读数无关，只与当前选用的量程有关，主要由 A/D 转换器的量化误差、DVM 的零点漂移、内部噪声等产生。当被测量（读数值）很小时，满度误差起主要作用；当被测量较大时，读数误差起主要作用。

通常将 $\pm\beta\% U_m$ 等效为"$\pm n$ 字"的电压值表示，即

$$\Delta U = \pm(\alpha\% U_x + n \text{ 字}) \tag{4-32}$$

如某台 $4\frac{1}{2}$ 位 DVM，说明书给出基本量程为 2 V，$\Delta U = \pm(0.01\%\text{读数}\pm 1\text{字})$，显然，在 2 V 量程上，1 字 = 0.1 mV，由 $\beta\% U_m = \beta\%\times 2\text{ V} = 0.1$ mV 可知 $\beta\% = 0.005\%$，因此，ΔU 表达式中"1 字"的满度误差项与"$0.005\% U_m$"的表示是完全等价的，只是表示形式不同，两者可直接相互换算。

例 4-6 用某 $4\frac{1}{2}$ 位 DVM 测量 1.5 V 的电压，分别用 2 V 挡和 200 V 挡测量，已知 2 V 挡和 200 V 挡的固有误差分别为 $\pm(0.025\% U_x\pm 1\text{字})$ 和 $\pm(0.03\% U_x\pm 1\text{字})$。问：两种情况下由固有误差引起的测量误差各为多少？

解 该 DVM 为四位半显示，最大显示为 19999，所以 2 V 挡和 200 V 挡 ± 1 个字分别代表

$$U_{e2} = \frac{1.9999}{19999} = 0.0001 \text{ V}$$

$$U_{e200} = \frac{199.99}{19999} = 0.01 \text{ V}$$

用 2 V 挡测量的示值相对误差为

$$\gamma_{e2} = \frac{\Delta U_2}{U_x} = \frac{\pm(0.025\% \times 1.5 + 1 \times 0.0001)}{1.5} = \pm 0.032\%$$

用 200 V 挡测量的示值相对误差为

$$\gamma_{e200} = \frac{\Delta U_{200}}{U_x} = \frac{\pm(0.03\% \times 1.5 + 1 \times 0.01)}{1.5} = \pm 0.70\%$$

由此可以看出：不同量程 1 个字的误差是不同的，对测量结果的影响也是不一样的；另外，为了减小满度误差的影响，在测量过程中，应合理选择量程，尽量使被测量大于满量程的 2/3 以上，这和模拟电压测量的原理是一样的。

7. 输入阻抗

输入阻抗取决于输入电路，并与量程有关。对于电压测量来说，测量系统的输入阻抗越大越好，否则由于负载效应作用将对测量准确度产生影响。对于直流 DVM，输入阻抗用输入电阻表示，一般为 10~1000MΩ；对于交流 DVM，输入阻抗用输入电阻和并联电容表示，电容值一般在几十至几百皮法之间。

8. DVM 的抗干扰能力

所有电压测量仪器都有一个抗干扰问题，对 DVM 更是如此，因为 DVM 的灵敏度极高（一般可达 1μV，高的达 1nV），其测量准确度远高于模拟电压表，因此干扰对测量准确度的影响就尤为突出。

为了防止干扰，仪器的测试线都应该屏蔽，需要考虑一个接“地”问题。作为一个例子，图 4 - 22(a)给出了一个两输入端的测量仪器（大多数模拟电压表属于这一类），通常测试线的屏蔽层接“地”（仪器机壳），但当被测电压源的“地”和电压表的“地”之间存在干扰时（见图 4 - 22(b)），就会产生环路地电流，并在测试线上产生电压降，这个电压降将与被测电压 U_x 串联在一起加到电压表输入端，从而产生测量误差。对于模拟电压表，由于灵敏度不高，与 U_x 相比，干扰对测量结果的影响可以忽略，但对 DVM 则不然，必须考虑干扰的影响。为了抑制干扰通过环路地电流对测量产生影响，在 DVM 中，一般采用浮置输入和双屏蔽来增加抗干扰能力。所谓浮置，就是两个输入端都是对地浮置的，但并不对称，分别称高端(H_i)和低端(L_i)，如图 4 - 22(c)所示。在电压测量中，存在着两类基本干扰，即串模干扰和共模干扰，分述如下。

1）串模干扰与串模抑制比

串模干扰是指干扰源 U_{sm} 以串联形式与被测电压 U_x 一起叠加到 DVM 输入端，如图 4 - 22(c)所示。DVM 对串模干扰的抑制能力用串模抑制比(SMR)来表征，定义为

$$\text{SMR(dB)} = 20\lg\frac{U_{sm}}{\delta} \tag{4 - 33}$$

式中，U_{sm} 为串模干扰电压峰值；δ 为由 U_{sm} 所引起的最大显示误差。

一般直流 DVM 的串模抑制比(SMR)为 20~60dB。SMR 愈大，表示 DVM 的抗串模

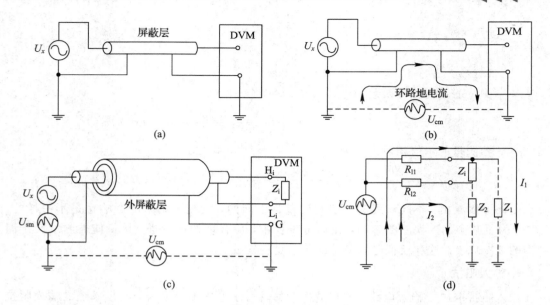

图 4-22　串模和共模干扰

干扰的能力愈强。

2）共模干扰与共模抑制比

共模干扰源 U_{cm} 是通过环路地电流对两根测试线都产生影响的干扰源，故名"共模"。图 4-22(d)画出了具有浮置单端输入和双屏蔽的共模干扰的等效电路，图中 Z_1 和 Z_2 分别为高端（H_i）和低端（L_i）相对 DVM 机壳之间的分布阻抗（包括漏电阻和分布电容）。由于采用了双屏蔽，故 $Z_1 \gg Z_2$。Z_i 为输入阻抗，R_{l1} 和 R_{l2} 为两根测试线的电阻。共模干扰的特点是 U_{cm} 只有串入信号通道转化为串模干扰 U_{sm} 时，才会对测量产生影响。由图 4-22(d)可见，两个环路地电流 I_1 和 I_2 分别流过测试线，在电阻 R_{l1} 和 R_{l2} 上产生压降，转化为串模干扰电压。所以，可用 U_{cm}/U_{sm} 来表征 DVM 对共模干扰的抑制能力，即共模抑制比（CMR）：

$$CMR(dB) = 20lg\frac{U_{cm}}{U_{sm}} \qquad (4-34)$$

式中，U_{cm} 为共模干扰电压；U_{sm} 为由 U_{cm} 转化成的串模干扰电压。

若不计 I_1 对 DVM 高端的影响，则 $U_{sm} = R_{l2}I_2$，而 $I_2 = U_{cm}/|R_{l2}+Z_2| \approx U_{cm}/|Z_2|$，所以

$$CMR(dB) = 20lg\frac{|Z_2|}{R_{l2}} \qquad (4-35)$$

可见，当 R_{l2} 一定时，为了提高 CMR，必须设法减少 $U_{cm} \rightarrow U_{sm}$ 的转化途径。对于图 4-22，即增大 Z_2。对 DVM 测量系统（A/D 转换部分）进行浮置或多层屏蔽，是提高 CMR 行之有效的方法。

例 4-7　一个设计良好的浮置仪器，Z_2 的典型数值是 $10^9 \Omega$ ∥ 1000 pF，若取 $R_{l2} = 1$ kΩ，分别计算对直流和 50 Hz 交流的 CMR。

解　对于直流：

$$(CMR)_{DC} = 20lg \frac{10^9 \ \Omega}{1 \times 10^3 \ \Omega} = 120 \ dB$$

对 50 Hz 交流：

$$|Z_2| \approx \frac{1}{2\pi f C} = \frac{1}{2\pi \times 50 \times 1000 \times 10^{-12}} \approx 3 \times 10^6 \ \Omega$$

$$(CMR)_{50Hz} = 20lg \frac{3 \times 10^6 \ \Omega}{1 \times 10^3 \ \Omega} \approx 70 \ dB$$

在浮置技术基础上，若再采用双屏蔽，可把$(CMR)_{DC}$提高到 160 dB，而$(CMR)_{50\ Hz}$可提高到 120 dB 以上。

4.5.5　电压数字化测量应用系统组建——数字多用表技术

如前所述，电压的测量是最基本的测量，如果在 DVM 输入端增加适当的转换电路，把被测参量转换为对应的直流电压量，就可以用 DVM 实现对这些参量的测量。例如交流电压、电流的测量，电阻的测量，甚至温度、压力等非电量的测量，对这些参量的测量都是在直流数字电压测量的基础上实现的，与此相应的仪器称为数字多用表（Digital MultiMeter，DMM）。用 X 表示待测量，其测量系统原理结构如图 4-23 所示，该结构由 X/U 转换、A/D 转换及结果显示等组成。在 X/U 转换中，如果 X 是非电参量，则需要通过传感器将非电参量转换为电参量，再将电参量转换为对应的直流电压量。如果在该系统中设置微处理器即中心处理单元，则在有关数据的处理及结果显示方面会更加灵活方便。下面举例介绍几种应用系统的组建。

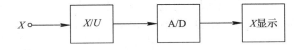

图 4-23　数字化测量系统原理结构

1. 电压测量范围扩展

（1）扩展原理：按照 A/D 转换器的转换范围设置基本量程，在此范围内的被测电压直接到 DVM 单元处理，直接显示被测量；对大于基本量程的被测电压则需要设置上限扩展量程，其扩展原理是 U_x→衰减→A/D→显示，不同的衰减量对应了不同的上限扩展量程；对远小于基本量程的被测电压则需要设置下限扩展量程，其扩展原理是 U_x→放大→A/D→显示，不同的放大量对应了不同的下限扩展量程。在选择扩展量程的同时，通过逻辑控制器控制显示数字中的小数点位置与单位，就可以直接显示被测电压的量值。

（2）系统结构：按基本量程确定扩展系统的输入电阻。以基本量程为 200 mV 的三位半 DVM 为例，若选择 $R_i = 10M\Omega$，并以 10 倍步进设置四个上限扩展量程、一个下限扩展量程，各衰减（分压）电阻、电压放大倍数及系统结构如图 4-24 所示。

各量程转化关系为：在 20 mV 量程，U_x→放大 10 倍→A/D→最大显示 19.99 mV；200 mV 量程，U_x→A/D→最大显示 199.9 mV；在 2 V 量程，U_x→衰减 10 倍→A/D→最大显示 1.999 V；在 20 V 量程，U_x→衰减 100 倍→A/D→最大显示 19.99 V；在 200 V 量程，U_x→衰减 1000 倍→A/D→最大显示 199.9 V。在 200 mV 表头的输入端接 470 kΩ 电

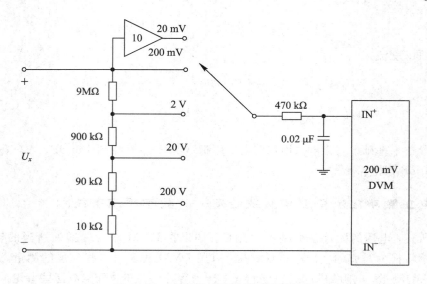

图 4 - 24　电压测量范围扩展系统结构

阻和 $0.02~\mu F$ 电容起低通滤波作用。

2. 电流测量及范围扩展

（1）测量原理：将被测电流 I_x 通过标准电阻转化为对应 A/D 中的直流电压量，然后用 DVM 处理与显示。图 4 - 25 为 I_x/U_x 转换原理电路，$U_x=RI_x\propto I_x$，其中，R 为标准电阻，合理选择 R 的阻值即电流测量的定度系数，则可以用对应电压值的数字量，再通过小数点的位置及单位控制后直接显示被测电流的数值。测量中还可以根据被测电流值的不同大小程度，选择不同阻值的电阻，从而实现量程扩展（分挡测量）。

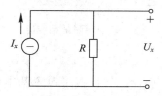

图 4 - 25　I_x/U_x 转换原理电路

（2）系统结构：最简单的结构是用电阻串联网络设置扩展量程，一般按最小量程（范围）确定总电阻值，按具体的分量程（范围）确定分电阻值。以基本量程 200 mV 的三位半数字表头为例，若最小量程设置为 $200~\mu A$，且按 10 倍步进量程扩展，则转化关系及电阻关系为：$200~\mu A\rightarrow200~mV\rightarrow R=200~mV/200~\mu A=1~k\Omega$，$2~mA\rightarrow200~mV\rightarrow R'=200~mV/2~mA=100~\Omega$，所以分电阻 $R_1=R-R'=1~k\Omega-100~\Omega=900~\Omega$。若设置五个量程，则依次对应的分电阻值为 $900~\Omega$、$90~\Omega$、$9~\Omega$、$0.9~\Omega$、$0.1~\Omega$，原理结构如图 4 - 26 所示。这样，在 $200~\mu A$ 量程：$U_m=199.9~mV\rightarrow I_m=199.9~\mu A$；在 2 mA 量程：$U_m=199.9~mV\rightarrow I_m=1.999~mA$；……；在 2A 量程：$U_m=199.9~mV\rightarrow I_m=1.999~A$。在被测电流的输入端并接二极管是为了防止电流信号中过大的电压烧坏电阻元件；在 200 mV 表头的输入端所接的 470 $k\Omega$ 电阻和 $0.02~\mu F$ 电容起低通滤波作用。

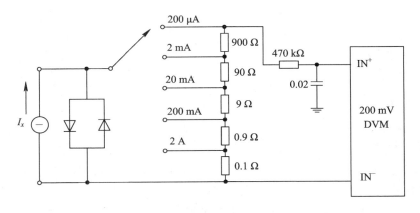

图 4 - 26 电流测量及范围扩展原理结构

3. 电阻值测量及范围扩展

（1）测量原理：典型的电阻测量是将被测电阻 R_x 转换为对应 A/D 中的直流电压量，然后用 DVM 处理与显示。R_x/U_x 转换原理类似于上面电流测量的原理，只是测量对象和参考对象交换了位置，即可以用一个已知的恒流源流过被测电阻，通过测量被测电阻两端的电压，即可得到被测电阻阻值。图 4 - 27 为 R_x/U_x 转换原理电路，$U_x = I_0 R_x \propto R_x$，其中，$I_0$ 为标准电流，合理选择 I_0 的量值即电阻测量的定度系数，则可以用对应电压值的数字量，再通过小数点的位置及单位控制后直接显示被测电阻的数值。测量中还可以根据被测电阻值的不同大小程度，选择不同大小的电流值，从而实现量程扩展（分挡测量）。

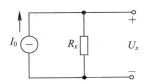

图 4 - 27 R_x/U_x 转换原理电路

（2）系统结构：数字化电阻测量系统包括电阻/电压转换电路和数字电压测量电路。一种带有恒流源的 R_x/U_x 转换及具有 2 V 基本量程的三位半数字表头的电阻测量系统原理结构如图 4 - 28 所示。

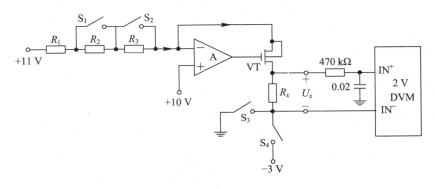

图 4 - 28 R_x/U_x 转换及测量系统原理结构

图中，闭合开关 S_3，+11 V 和 +10 V 电压由高稳定度直流电压源提供，+11 V 电压经过电阻 R_1、R_2 及 R_3 加到运算放大器 A 的反相端。由于运算放大器的反相端应该与同相端具有相等的电位（即为 +10 V），因此 $R_1 \sim R_3$ 上的电压降为 $11-10=1$ V，则流过电阻 $R_1 \sim R_3$ 的电流为

$$I_0 = \frac{11-10}{R_1+R_2+R_3} = \frac{1}{R_1+R_2+R_3}$$

电流 I_0 通过 MOS 场效应管 VT 流入被测电阻 R_x，其上电压降为 $U_x = I_0 R_x$。为了适应各种被测电阻阻值范围，可通过控制开关 S_1、S_2 改变电流 I_0 的数值（即改变量程）。例如：对于 20 MΩ 量程，可以使测试电流 $I_0=100$ nA，则 $U_{xm}=2$ V，通过小数点位置及单位控制，在此量程上的最大显示（测量量）为 19.99 MΩ；2 MΩ 量程，可以使测试电流 $I_0=10$ μA，则 $U_{xm}=2$ V，通过小数点位置及单位控制，在此量程上的最大显示（测量量）为 1.999 MΩ；若电流控制开关为 4 个，可再实现电流 10 μA、100 μA 控制，就可以扩展出量程 200 kΩ、20 kΩ。如果被测电阻大于 20 MΩ，则该电路还可以通过开关 S_4 接通 −3 V 电源作为场效应管的拉电流通路进行测量。

这里需要指出的是：在用 DMM 进行电阻测量时，通常用两根导线连接被测电阻，因此在连接上就有两种接法，称为二端法与四端法，如图 4−29 所示。

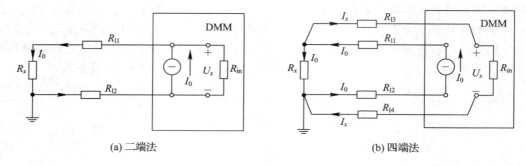

(a) 二端法　　　　　　　　　　　　　　　　(b) 四端法

图 4−29　DMM 的二端法与四端法测量电阻

图 4−29(a) 为二端法连接，被测电压直接取自 DMM 的恒流源两端，考虑到测量时的引线电阻和接触电阻（如图中所标的 R_{l1} 和 R_{l2}）的影响，该电压与实际被测电阻两端的电压存在一定差异，因而将产生测量误差（实际测量得到的电阻值为 $R_x+R_{l1}+R_{l2}$，即包含了引线电阻和接触电阻，使测量值偏大），只有当 $R_x \gg R_{l1}$、$R_x \gg R_{l2}$ 时，R_{l1} 和 R_{l2} 的影响才可以忽略不计，所以二端法只适合于测量大电阻。

为了提高小电阻测量的准确度，可采用四端法。如图 4−29(b) 所示，将恒流源的端口和被测电压的端口分离，恒流源 I_0 只提供测量参考电流，将被测电阻 R_x 两端的电压单独用两根导线连接到 DMM 的电压测量端，即使这两根导线存在导线电阻和接触电阻 R_{l3} 和 R_{l4}，但由于 DMM 的电压输入端都有很高的输入阻抗 R_{in}，则 R_x 上的电压在 R_{l3}、R_{in} 及 R_{l4} 支路产生的电流 I_x 就很小，加之 R_{l3} 和 R_{l4} 的阻值也比较小，所以 R_{l3} 及 R_{l4} 上的压降就很小，近乎为 0V，况且 $R_{l3} \ll R_{in}$、$R_{l4} \ll R_{in}$，因此 R_x 上的电压几乎全部落在 R_{in} 两端（即 U_x），R_{l3} 和 R_{l4} 上几乎没有压降，即 DMM 能够测量到准确的被测电阻 R_x 两端的电压，从而也就得到了准确的 R_x 电阻值。

4. 非电量测量及范围扩展

利用 DVM 测量非电量，关键是转换电路。与电参量测量不同的是，非电量测量一般要经过两次转换，第一次是被测非电量到电参数的转换即通过传感器，第二次是电参量到电压量的转换。一般经过二次转换的电压量比较小，所以还要经过一定的放大。如果二次转换后的电压量是直流电压，则放大器是直流放大器；如果二次转换后的电压量是交流电压，则放大器是交流放大器。在直流放大器中，合理控制放大倍数，就可以将被测量的范围转换到后续 A/D 转换器的范围；如果是交流放大器，则放大之后的信号还要进行一定的检波，合理控制放大倍数，就可以将被测量的范围转换到后续 A/D 转换器的范围。对于高精度的测量，在将转换后的直流电压送入 A/D 之前，还需要进行一定的直流滤波。

如果采用计数型的 A/D 转换器，合理调整转换关系即总的定度系数，就可以用所测得数字量直接显示被测量，只是显示器中小数点位置及对应的单位需要一定的逻辑控制；如果采用非计数型的 A/D 转换器，一般需要添加微处理器，通过计算及显示程序的控制，显示被测量。以采用计数型的 A/D 转换器、基本量程为 2 V 的三位半 DVM 测量重量和温度为例，测量原理为：

重量测量：量程分别为 0.2 kg、2 kg、20 kg，测量关系为：

0.2 kg：$U_{xm1}=1.999$ V→$N=1999$→显示 199.9 mg；

2 kg：改变放大器增益或转换关系→$U_{xm2}=1.999$ V→$N=1999$→显示 1.999 kg；

20 kg：改变放大器增益或转换关系→$U_{xm3}=1.999$ V→$N=1999$→显示 19.99 kg。

温度测量：量程为 200℃，测量关系为：$U_{xm}=1.999$ V→$N=1999$→最大显示 199.9℃。

数字化测量技术在电参量及非电参量的测量，在第 7 章电子测量技术应用举例中有比较系统的介绍。

思 考 与 练 习 题

4-1　简述电压测量的方法与分类。

4-2　在图 4-2 中，电压表 V 的"Ω/V"数为 20 kΩ/V，分别用 5 V 量程和 25 V 量程测量端电压 U_0 的读数值分别为多少？怎样从两次测量读数计算求出 E_0 的精确值？

4-3　表征交流电压的基本参量有哪些？简述各参量的含义。

4-4　简述交流电压表的分类与特性。均值电压表和峰值电压表的表盘是怎样刻度的？怎样用具有这种刻度特性的电压表测量其它波形的有效值？

4-5　用正弦有效值刻度的均值表测量正弦波、方波、三角波，读数均为 5 V，三种波形的有效值各为多少？

4-6　用正弦有效值刻度的峰值表测量正弦波、方波、三角波，读数均为 5 V，三种波形的有效值各为多少？

4-7　用同一块正弦波刻度的峰值电压表测量幅度相同的正弦波、方波、三角波，读数相同吗？为什么？

4-8　在示波器上分别观察到峰值相同的正弦波、方波、三角波，$U_P=5$ V，现分别用三种不同的检波方式，采用正弦有效值刻度的电压表测量之，读数分别为多少？

4-9 某三角波的有效值为 5 V，分别用正弦有效值刻度的均值表和峰值表测量之，读数相同吗？为什么？

4-10 欲测量失真的正弦波，若手头无有效值表，则应选用峰值表还是均值表测量更适当一些？为什么？

4-11 用一示波器测量某正弦波信号，已知"V/cm"置 0.5V/cm 挡，"微调"置校正位置，用 1∶10 探极引入，荧光屏上显示的信号峰-峰值高度为 5 cm，求被测信号电压幅值 U_m 和有效值 U。

4-12 利用电压电平测量某信号源的输出功率，该信号源输出阻抗为 50 Ω，在阻抗匹配的情况下，电压电平表读数为 10 dB，此时信号源的输出功率为多少？

4-13 简述逐次比较式 A/D 转换器的原理和特点。

4-14 某 4 位逐次逼近寄存器 SAR，若基准电压 $U_r = 8$ V，被测电压分别为 $U_x = 5.4$ V、$U_x = 5.8$ V，试画出 4 比特逐次比较 A/D 反馈电压 U_{ri} 的波形图，并写出最后转换成的二进制数（即 SAR 的 4 个寄存器的状态）。

4-15 简述单斜式 A/D 转换器的原理和特点。

4-16 简述双积分式 A/D 转换器的原理和特点。

4-17 某基本量程为 10 V 的四位单斜式 DVM，若斜波电压的斜率为 10 V/50 ms，要求四位数字读出，则时钟脉冲的频率应为多少？若被测电压 $U_x = 9.163$ V，则门控时间及累计脉冲数各为多少？

4-18 在图 4-17 所示的双积分式 DVM 的原理框图和积分波形图中，设积分器输入电阻 $R = 10$ kΩ，积分电容 $C = 1\mu F$，时钟频率 $f_0 = 100$ kHz，积分时间 $T_1 = 20$ ms，参考电压 $U_r = 2$ V，若被测电压 $U_x = 1.5$ V，计算：

（1）第一次积分结束时，积分器的输出电压 $U_{om} = ?$，$N_1 = ?$

（2）第二次积分时间 $T_2 = ?$，$N_2 = ?$

（3）该 A/D 转换器的定度系数 e（即"V/字"）为多少？

4-19 某双积分式 DVM，基准电压 $U_r = 10$ V，设积分时间 $T_1 = 1$ ms，时钟频率 $f_0 = 10$ MHz，DVM 显示 T_2 时间计数值 $N = 5600$，则被测电压 $U_x = ?$

4-20 某三斜式 A/D 转换器，在对基准电压定值反向积分的比较期内使用了 U_r 和 $U_r/100$ 两种基准电压值，其积分器输出时间波形如图 4-30 所示。

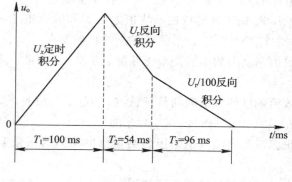

图 4-30 题 4-20 用图

（1）设 $T_1 = 100$ ms，$T_2 = 54$ ms，$T_3 = 96$ ms，基准电压 $U_r = 10$ V，试求积分器输入端被测电压的大小和极性。（假设在采样期和比较期内，积分器的时间常数 RC 相等。）

（2）若时钟频率 $f_0 = 100$ kHz，用数字计数办法完成 T_1、T_2、T_3 的定时测量，试问：采用一般的双斜式 A/D 转换器满度有多少显示位数？每个字的分辨力为多少伏？若采用图 4-30 所示的三斜式 A/D 转换器，以 T_2 期间构成高位显示，T_3 期间构成低位显示，则最大可有多少显示位数？每个字的分辨力为多少伏？

4-21　甲、乙两台 DVM，显示器显示最大值为甲：9999，乙：19999，问：

（1）它们各是几位 DVM？

（2）若乙的最小量程为 200 mV，其分辨力为多少？

（3）若乙的工作误差为 $\pm 0.02\% U_x \pm 2$ 个字，分别用 2 V 挡和 20 V 挡测量 $U_x = 1.56$ V 电压时，绝对误差、相对误差各为多少？

4-22　一台 5 位 DVM，其准确度为 $\pm(0.01\% U_x + 0.01\% U_m)$。

（1）计算用这台 DVM 的 1 V 量程测量 0.5 V 电压时的相对误差。

（2）若基本量程为 10 V，则其定度系数（即每个字代表的电压量）e 为多少？

（3）若该 DVM 的最小量程为 0.1 V，则其分辨力为多少？

4-23　设计与使用 DVM 时，必须注意哪些干扰？各应采取什么措施加以克服？

4-24　用基本量程为 1 V 的四位显示 DVM 测量电压，量程分别为 10 mV、100 mV、1 V、10 V、100 V 五挡，确定有关参数，画出包括分压电路在内的原理结构图。

4-25　用基本量程为 1 V 的四位显示 DVM 测量电流，量程分别为 100 μA、1 mA、10 mA、100 mA、1 A 四挡，确定有关参数，画出包括转化电路在内的原理结构图。

4-26　用基本量程为 1 V 的四位显示 DVM 测量电阻，量程分别为 10 MΩ、1 MΩ、100 kΩ、10 kΩ 四挡，确定有关参数，画出包括转化电路在内的原理结构图。

4-27　欲检测温度范围 0～200℃，要求分辨力为 0.01℃。

（1）若选择带有半位的计数式 A/D 转换器，应选择几位 A/D？

（2）若选择逐次比较式 A/D 转换器，应选择几位 A/D？

第5章 示波测量技术

5.1 概　述

在对电压信号的测量中，人们希望能直观地观测到电压信号随时间变化的波形，从而直接测量有关参数值。如直接观察一个正弦信号的波形，直接测量其幅度、周期（频率）等基本参量；直接观察一个脉冲信号的波形，直接测量其前后沿时间、脉宽等参数。电子示波器实现了人们的愿望，在示波器荧光屏上可用 X 轴代表时间，用 Y 轴代表函数关系 $f(t)$，就可描绘出被测信号随时间的变化关系。示波器不但可将电信号作为时间的函数显示在屏幕上，更广义地说，示波器是一种能够反映任何两个相互关联参数的 $X-Y$ 图示仪，只要把两个有关系的变量转变为电压量，分别加至示波器的 X、Y 通道，就可以在荧光屏上显示这两个变量之间的关系。若以示波管中 X 方向光迹的偏转代表频率，用 Y 方向光迹的偏转代表各频率分量的幅值，就可以组成一台频率分析仪器，如频谱仪和逻辑分析仪（逻辑示波器）都可以看成广义示波器。波形显示和测量技术在电子工程、电子技术、通信等领域应用得十分广泛，它不仅是电路分析、电参数测量、仪器设备调试的重要工具，而且在生产、科研、国防、医学、地质等领域也是重要的测量仪器。例如，在电路分析中，用一台示波器可随时检测电路有关节点的信号波形是否正常，各相关波形的时间、相位和幅度等关系是否正确，波形失真、干扰强弱等情况；在医疗仪器中，心电图测量仪、超声波诊断仪等都用了波形的显示和测量技术，可将被检查的部位以波形或图像的形式形象地显示出来，使得诊断更加准确和可靠。实际中的很多设备，实际上只是给示波器添加了或多或少的辅助配件，在用示波器作为一个图示仪描绘图形这一点上都是一致的。因此，示波测量技术是一类重要的电子测量技术，也是一种最灵活、多用的技术。示波器是时域分析的最典型的仪器，也是当今电子测量领域中品种最多、数量最大、最常用的一类仪器。

作为对电信号波形进行直观观测和显示的电子仪器，示波器的发展历程与整个电子技术的发展息息相关。首先，阴极射线管（CRT）的发明为示波器能够直观显示波形奠定了基础，它是 1878 年由英国人 W.克鲁克斯发明的，至今已有 100 多年历史。1934 年，B.杜蒙发明了 137 型示波器，堪称现代示波器的雏形。随后，国外创立了许多仪器公司，成为示波器研究和生产的主要厂商，对示波器的研究和生产起了很大的推动作用。示波器的发展过程大致经历了四个时期：

（1）20 世纪 30～50 年代的电子管时期，它是模拟示波器的诞生和实用化阶段，在这个阶段诞生了许多种类的示波器，如通用模拟示波器、记忆示波器以及观测高频周期信号的取样示波器。但囿于当时的技术水平，示波器的带宽仍很有限。1958 年时模拟示波器的最高带宽达到 100 MHz，且体积大、功耗高。

（2）20 世纪 60 年代的晶体管时期，是示波器技术水平不断提高的阶段，如模拟示波器带宽从 100 MHz、150 MHz 到 300 MHz，且体积大大减小，功耗大大降低。

（3）20 世纪 70 年代以后的集成电路时期，是模拟示波器技术指标进一步提高和数字化示波器诞生、发展的阶段。随着电子器件制造技术的发展和工艺水平的提高，模拟示波器指标得到快速提升，从 1971 年的 500 MHz 到 1979 年 1 GHz，创造了模拟示波器的带宽高峰，且体积进一步减小，功耗进一步降低。

（4）20 世纪 80 年代以后的数字电路时期。自从 20 世纪 70 年代初第一台数字示波器问世以来，数字示波器经历了三个发展阶段：20 世纪 80 年代中期以前为数字示波器发展的初期阶段，其取样速率低，结构形式以数字存储加传统模拟示波器的组合形式为主，功能少，性能差。从 20 世纪 80 年代中期到 20 世纪 90 年代中期，伴随着高速 ADC 和高速存储器的迅速发展，数字示波器的发展也进入了快速发展阶段，取样率达到了 4GSa/s，带宽在 100 MHz 上，技术开始走向成熟，数字示波器已经可以完全取代模拟示波器。20 世纪 90 年代中期以后，除了继续提高取样率（可高达 40GSa/s）、带宽（可达 20 GHz）和增加记录长度外，数字示波器又开始向 100 MHz 以下的通用示波器发展，性能价格比大幅提高，使得通用数字示波器的价格与传统模拟示波器的价格基本相当。现在数字示波器正在逐步取代模拟示波器成为主流的示波器产品。

5.1.1　示波器分类

按示波器对被测信号的处理方式分类，可将示波器分为模拟示波器和数字示波器两大类。

1. 模拟示波器

在模拟示波器中，荧光屏上显示的波形是施加在 Y 通道的被测电压信号与施加在 X 通道的锯齿波扫描电压信号共同作用的结果。将被测信号经 Y 通道处理（衰减/放大等）后提供给 CRT 的 Y 偏转，锯齿波扫描电压通常是在被测信号的触发下，由 X 通道的扫描发生器产生后提供给 CRT 的 X 偏转。

模拟示波器的 X、Y 通道对时间信号的处理均由模拟电路完成，即 X 通道提供连续的锯齿波扫描电压，Y 通道提供连续的被测信号，它们均为连续信号，且 CRT 屏幕上显示的波形也是光点连续运动的结果，即显示方式也是模拟的。

模拟示波器又可分为通用示波器、多束示波器、取样示波器、记忆示波器和专用示波器等。

（1）通用示波器是最为经典而传统的一类示波器，采用单束示波管，根据在荧光屏上能显示出的被测信号数目，又分为单踪、双踪、多踪示波器。

（2）多束示波器也称多线示波器，它采用多束电子束，荧光屏上显示的每个波形都由单独的电子束扫描产生，能同时观测、比较两个以上被测波形。

（3）取样示波器采用跨周期时域采样技术，将高频周期性信号转换为离散的低频周期性信号显示，从而可以用较低频率的示波器测量高频信号。

（4）记忆示波器采用有记忆功能的示波管，实现模拟信号的存储、记忆和反复显示，特别适宜观测单次瞬变信号。

（5）专用示波器是能够满足特殊用途的示波器，又称特殊示波器，如矢量示波器、心电示波器、电视示波器、逻辑示波器等。

2. 数字示波器

数字示波器则对 X、Y 方向的信号进行数字化处理，即把 X 轴方向的时间离散化，Y 轴方向的幅度量化，获得被测信号波形上的一个个离散点数据，这些离散点数据经由 D/A 转换后再重建波形。数字示波器具有记忆、存储被观测信号的功能，特别是观测和比较单次过程、非周期现象、低频和慢速信号具有独特之处。由于数字示波器具有存储信号的功能，因此也称为数字存储示波器（Digital Storage Oscilloscope，DSO）。根据取样方式不同，数字示波器又可分为实时取样、随机取样和顺序取样三大类型。

模拟示波原理是数字示波测量的基础，但由于数字示波器性能指标不断提高，价格又大大降低，加之其功能强大，所以，除了特殊行业之外，模拟示波器现已很少使用。但鉴于模拟示波器中的一些传统的、典型的测量技术、测量电路在电子测量技术中的应用以及对思维的启发性，本章对模拟示波器的测量原理、测量方法做简单介绍；又鉴于数字示波器的一些知识内容在相关课程已有介绍和学习，所以对数字示波器测量原理与测量方法亦做简单介绍。

5.1.2　示波器的主要技术指标

1. 频带宽度 BW 和上升时间 t_r

示波器的频带宽度 BW 一般指 Y 通道的频带宽度，即 Y 通道输入信号上、下限频率 f_H 和 f_L 之差：$BW = f_H - f_L$。一般下限频率 f_L 可达直流（0 Hz），因此，频带宽度也可以用上限频率 f_H 来表示。

频带宽度反映了示波器 Y 通道跟随输入信号快速变化的能力，当给示波器输入一个理想阶跃信号（上升时间为零）时，由于示波器 Y 通道的频带宽度的限制，屏幕显示波形会产生附加上升时间 t_r。Y 通道的频带宽度越宽，则对输入信号的高频分量衰减越少，显示波形越陡峭，产生的上升时间就越短。所以用示波器所产生的附加上升时间 t_r 可以反映示波器的带宽，频带宽度 BW 与上升时间 t_r 的关系可以近似表示为

$$t_r[\mu s] \approx \frac{0.35}{BW[MHz]} \quad \text{或} \quad t_r[ns] \approx \frac{0.35}{BW[GHz]} \tag{5-1}$$

以上认为阶跃信号是理想的（自身的上升时间 $t_r = 0$），上升时间 t_r 只是由于示波器带宽的局限引起的。从上式可知，如果一个示波器的带宽定了，则对理想阶跃信号产生的上升时间就定了，反之，可以通过示波器对理想阶跃信号产生的上升时间来确定示波器的带宽。例如，对于带宽 100 MHz 的示波器，上升时间约为 3.5 ns。

在用示波器实际测量一般信号的上升时间时，如果被观测信号的实际上升时间为 t_R，示波器对理想阶跃信号产生的上升时间为 t_r，若 $t_R \gg t_r$，则示波器的影响可以忽略不计，即通过显示波形所测量的上升时间约等于被测信号的实际上升时间，但当这个条件不能满足时，被测信号的实际上升时间可按下式计算

$$t_R = \sqrt{t_r'^2 - t_r^2} \tag{5-2}$$

式中，t_r' 为由示波器测量的信号上升时间。

2. 扫描速度

在单位时间内光点在荧光屏上水平移动的距离称为扫描速度，单位为"cm/s"，为了便于在荧光屏上读数，通常用间隔 1 cm 的坐标线作为刻度线，每 1 cm 称为"1 格"（用 div 表示），因此，扫描速度的单位也可表示为"div/s"。

扫描速度的倒数称为"时基因数"，表示了光点移动单位距离所代表的时间量，单位有"μs/div"、"ms/div"等。在示波器面板上，时基因数通常按"1、2、5"的大小分成很多挡，当选择较小数字量的时基因数时，可将高频信号在屏幕水平方向上有效地展开。此外，面板上还有时基因数的"微调"（当调到最尽头时，为"校准"位置）旋钮和"扩展"（×1 或 ×5 倍）旋钮，当需要进行定量测量时，"微调"旋钮应置于"校准"位置，"扩展"旋钮应置于"×1"的位置，只有这样，扫描速度旋钮的位置所对应的数字才是示波器真正的扫描速度。

3. 偏转因数

在输入信号作用下，光点在荧光屏垂直（Y）方向移动 1 cm（即 1div）所需的电压值称为偏转因数，单位为"V/cm"、"mV/cm"（或"V/div"、"mV/div"）等。在示波器面板上，偏转因数通常也按"1、2、5"的大小分成很多挡。偏转因数表示了示波器 Y 通道的放大/衰减能力，偏转因数的数值越小，表示示波器观测微弱信号的能力越强。此外，还有"微调"（当调到最尽头时，为"校准"位置）旋钮，当需要进行定量测量时，"微调"旋钮应置于"校准"位置，只有这样，偏转因数旋钮的位置所对应的数字才是示波器真正的偏转因数值。

偏转因数的倒数称为"（偏转）灵敏度"，单位为"cm/V"、"cm/mV"（或"div/V"、"div/mV"）等。

4. 输入阻抗

当把被测信号接入示波器时，示波器的输入阻抗 Z_i 就形成对被测信号的等效负载。当输入直流电压信号时，输入阻抗用输入电阻 R_i 表示，通常为 1 MΩ；当输入交流信号时，输入阻抗用输入电阻 R_i 和输入电容 C_i 的并联表示。C_i 一般在 33pF 左右。当使用有源探头时，一般 $R_i = 10$MΩ，$C_i < 10$pF。

5. 输入方式

输入方式即为对输入信号的耦合方式，一般有直流（DC）、交流（AC）和接地（GND）三种，可通过示波器面板选择。直流耦合即直接耦合，输入信号的所有成分都施加到示波器 Y 通道后续电路；交流耦合则是将被测信号通过隔直电容后施加到示波器 Y 通道后续电路，适用于只需要观测输入信号的交流变化部分的波形，通过隔直电容，去除掉了信号中的直流和低频分量（如低频干扰信号）；接地耦合方式则是断开了输入信号，将 Y 通道输入端直接接地，用于在测量信号幅度时确定屏幕上的零电平线位置。

6. 触发源选择方式

触发源是用于提供产生同步扫描电压的触发信号来源，一般有内触发（INT）、外触发（EXT）、电源触发（LINE）三种。内触发是由被测信号产生的同步触发信号；外触发是由外部输入信号产生的同步触发信号，但外部输入信号与被测信号要有某种时间同步关系；电源触发是利用 50Hz 工频电源产生同步触发信号。

5.2 通 用 示 波 器

通用示波器是传统示波器中应用最广泛的一种，也是其它示波器工作原理的基础，只要掌握了通用示波器的结构特性及使用方法，就可以较容易地掌握其它类型示波器的原理与应用。

5.2.1 阴极射线示波管（CRT）

目前示波器的显示器有阴极射线管（CRT）和平板显示器（LCD）两大类，这里主要介绍 CRT 的结构和显示原理。

CRT 主要由电子枪、偏转系统和荧光屏三部分组成。这三部分被密封在真空的玻璃管内，基本结构如图 5-1 所示。其工作原理是：由电子枪产生的高速电子束轰击荧光屏的相应部位产生荧光，而偏转系统则能使电子束产生偏转，从而改变荧光屏上光点的位置。

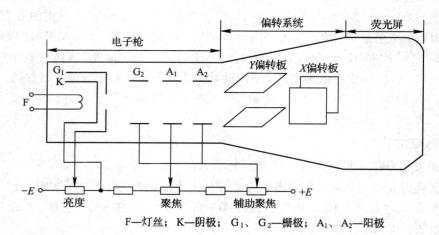

F—灯丝；　K—阴极；　G_1、G_2—栅极；　A_1、A_2—阳极

图 5-1　阴极射线管内部结构图

1. 电子枪

电子枪主要由灯丝 F，阴极 K，栅极 G_1、G_2 以及阳极 A_1、A_2 组成，其作用是发射电子，并形成一束很细的高速电子束。当电流流过灯丝后对阴极加热（电能转换为热能），使涂有氧化物的阴极产生大量电子，并在后续电场作用下（电势能转换为动能）轰击荧光屏而发光（动能转换为光能）。

阴极和第一、第二阳极 A_1、A_2 之间为控制栅极 G_1、G_2。G_1 呈圆桶状，包围着阴极，只有在面向荧光屏方向的一侧开一小孔，使电子束从小孔中穿过。栅极 G_1 电位比阴极 K 的电位低，对电子有排斥作用，通过调节 G_1 对 K 的负电位则可控制电子束中电子的数目，从而调节光点的亮度。G_1 的电位越低，打在荧光屏上的电子束中电子的数目 N 就越少，显示亮度越暗，反之，显示亮度越强。栅极电压 U_{G_1} 与通过栅极孔电子数目 N 的关系如图 5-2 所示，调节栅极 G_1 的电位即可进行"亮度"调节。

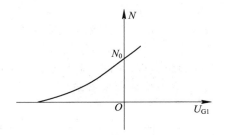

图 5-2 $U_{G1}-N$ 的关系图

当电子束离开栅极小孔时，电子互相排斥而发散，通过第一阳极 A_1 使电子汇集；通过第二阳极 A_2 使电子加速。A_1 和 A_2 的电位远高于阴极 K，它们与 G_1 形成聚焦和加速系统，对电子束进行聚焦并加速，使各电子到达荧光屏时，正好形成一束很细的并具有很高速度的电子流。G_2 和 A_2 等电位，因此只要调节 A_1 的电位，即可调节 G_2 与 A_1 和 A_2 与 A_1 之间的电位。调节 A_1 的电位器旋钮称为"聚焦"，调节 A_2 的电位器旋钮称为"辅助聚焦"。

电子束聚焦的原理是，电子从阴极 K 发射，经 G_1、G_2、A_1、A_2 进入偏转系统，其电位关系为：$V_{G1}<V_K$、$V_{G2}>V_{G1}$、$V_{A1}<V_{G2}$、$V_{A2}>V_{A1}$。带电粒子在电场中的运动规律：电子穿越加速场时将得到汇聚并加速；电子穿越减速场时将会发散并减速，这种现象被称作"电子透镜"，如图 5-3(a)所示。因此，电子从 G_1 至 G_2、A_1 至 A_2 将得到汇聚并加速，而从 G_2 至 A_1 将发散。电子在电子枪中的运动轨迹如图 5-3(b)所示。电子流中的各个电子经过电场对其聚→散→聚的作用过程，可以在轰击荧光屏时正好聚焦在一点，这样可以使光点在 X、Y 信号作用下"画出"清晰明亮的波形，其"细致"效果还可以通过"聚焦"和"辅助聚焦"旋钮来调节。

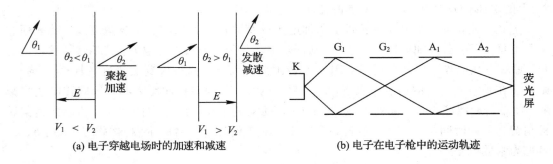

(a) 电子穿越电场时的加速和减速　　　(b) 电子在电子枪中的运动轨迹

图 5-3 电子束的聚焦原理示意图

2. 偏转系统

示波管的偏转系统由两对互相垂直的平行金属板组成，分别称为垂直(Y)偏转板和水平(X)偏转板，利用静电偏转原理，给偏转板施加电压，可以使电子枪发出的电子束产生偏转。

X、Y 偏转板的中心轴线与示波管中心轴线重合，分别独立地控制电子束在水平和垂直方向上的偏转角度。当偏转板上没有外加电压(或外加电压为零)时，电子束打向荧光屏的中心点(可调试)；如果有外加电压，则偏转板之间形成电场，在偏转电压的作用下，电子束打向由 X、Y 偏转板共同决定的荧光屏上的相应位置。通常，为了使示波管有较高的偏转灵敏度，Y 偏转板置于靠近电子枪的部位，而 X 偏转板在 Y 偏转版之右（见图 5-1）。

电子束在偏转电场作用下的偏转距离（角度）与外加电压成正比。图 5-4 所示为在垂直偏转板上施加正电压 U_y 时，电子束的偏转示意图。

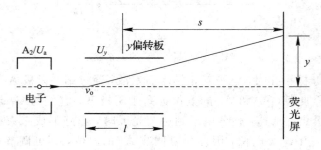

图 5-4　电子束的偏转

图中，设某电子在离开第二阳极 A_2（设电压为 U_a）时速度为 v_0，由于电子经过 A_2 电场后是将其在 A_2 的电势能转换为动能，设电子质量为 m，则有

$$eU_a = \frac{1}{2}mv_0^2$$

电子将以 v_0 为初速度进入偏转板，根据物理学知识，电子经过偏转板后的运动轨迹将类似抛物线，可推导出（参考有关资料）偏转距离 y 为

$$y = \frac{ls}{2bU_a}U_y \tag{5-3}$$

式中，l 为偏转板的长度；s 为偏转板中心到屏幕中心的距离；b 为偏转板间距；U_a 为阳极 A_2 上的电压；U_y 为偏转板上所加的电压。

上式表明，偏转距离与偏转板上所加电压以及偏转板结构的多个参数有关，其物理意义可解释如下：若外加电压 U_y 越大，则偏转电场越强，偏转距离越大；若偏转板长度 l 越长，偏转电场的作用距离就越长，因而偏转距离越大；若偏转板到荧光屏的距离 s 越长，则电子在垂直方向上的速度作用下，偏转距离越大；若偏转板间距 b 越大，偏转电场将减弱，使偏转距离减小；若阳极 A_2 的电压 U_a 越大，电子在轴线方向的速度越大，穿过偏转板到荧光屏的时间越小，因而偏转距离减小。对于设计定型后的示波器偏转，l、s、b、U_a 可视为常数，设

$$S_y = \frac{ls}{2bU_a}[\mathrm{cm/V}] \tag{5-4}$$

则式（5-4）可写为

$$y = S_y U_y \tag{5-5}$$

称比例系数 S_y 为示波管的 Y 轴偏转灵敏度（单位为 cm/V），$D_y = 1/S_y$ 为示波管的 Y 轴偏转因数（单位为 V/cm）。S_y 越大，示波管 Y 轴偏转灵敏度越高。

从式（5-5）可知，垂直偏转距离与外加垂直偏转电压成正比，即 $y \propto U_y$；同样，对水平偏转系统，亦有 $x \propto U_x$。据此，当偏转板上施加的是被测电压时，可用荧光屏上的偏转距离来表示该被测电压的大小，因此，式（5-5）是示波管用于观测电压波形的理论

基础。

为了提高 Y 轴偏转灵敏度，可适当降低第二阳极电压，并在偏转板至荧光屏之间加一个后加速阳极 A_3，使穿过偏转板的电子束在轴向（Z 方向）得到较大的速度。这种系统称为先偏转后加速（Post Deflection Acceleration，PDA）系统。后加速阳极上的电压可高达数千至上万伏，可比第二阳极高十倍左右，大大改善了偏转灵敏度。

3. 荧光屏

荧光屏将电信号变为光信号，是示波管的波形显示部分，通常制作成矩形平面（也有圆形平面的），其内壁有一层荧光（磷）物质，面向电子枪的一侧还常覆盖一层极薄的透明铝膜，高速电子可以穿透这层铝膜轰击屏上的荧光物质而发光，即电子的动能转换为光能和相当一部分热能。透明铝膜可吸收无用的热量，并可吸收荧光物质发出的二次电子和光束中的负离子，因此，可保护荧光屏，且消除反光，使显示图像更加清晰。在使用示波器时，应避免电子束长时间地停留在荧光屏的一个位置，否则会使荧光屏受损（不但会降低荧光物质的发光效率，并可能在屏上形成黑斑）。在示波器开启后较长时间不使用时，可将"辉度"调暗。

当电子束停止轰击荧光屏时，光点仍能保持一定的时间，这种现象称为"余辉效应"。从电子束移去到光点亮度下降为原始值的 10% 所持续的时间称为余辉时间。余辉时间与荧光材料有关，一般将余辉时间小于 10 μs 的称为极短余辉；10 μs～1 ms 为短余辉；1 ms～0.1 s 为中余辉；0.1～1 s 为长余辉；大于 1 s 为极长余辉。正是由于荧光物质的"余辉效应"以及人眼的"视觉残留"效应，尽管电子束每一瞬间只能轰击荧光屏上一个发光点，但当电子束在外加电压作用下，连续改变荧光屏上的光点位置时，我们才能看到光点在荧光屏上移动的轨迹，即该发光点的轨迹描绘了外加电压信号的波形。

为便于使用者观测波形，需要对电子束的偏转距离进行定度。通常在示波管内侧刻有垂直和水平的方格子（一般每格 1cm，用 div 表示），或者在靠近示波管的外侧加一层有机玻璃，在有机玻璃上标出刻度。在读数时应注意尽量保持视线与荧光屏垂直，避免视差。

5.2.2 波形显示的基本原理

在电子枪中，电子运动经过聚焦形成电子束，电子束通过垂直和水平偏转板打到荧光屏上产生亮点，亮点在荧光屏上垂直或水平方向上偏转的距离正比于施加在垂直或水平偏转板上的电压，即亮点在屏幕上移动的轨迹就是施加到偏转板上的电压信号波形。示波器显示图形或波形的原理是基于电子与电场之间的相互作用原理进行的。根据这个原理，示波器可显示随时间变化的信号波形和显示任意两个变量 X 和 Y 的关系图形。

1. 显示随时间变化的电压波形

1）扫描的概念

若想观测一个随时间变化的信号，例如 $f(t) = U_m \sin\omega t$，只要把被观测的信号转变成电压加到 Y 偏转板上，则电子束就会在 Y 方向上按信号的规律变化，任意瞬间的偏转距离正比于该瞬间 Y 偏转板上的电压。但是如果水平偏转板间没加电压，则荧光屏上只能看到一条垂直的直线，如图 5-5(a)所示，这是因为光束在水平方向上未受到偏转。

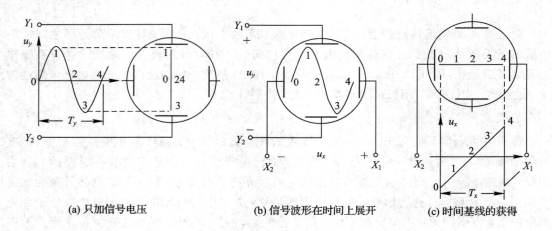

(a) 只加信号电压	(b) 信号波形在时间上展开	(c) 时间基线的获得

图 5-5 扫描过程示意图

如果在 X 偏转板上加一个随时间线性变化的电压，即加上一个锯齿波电压，在锯齿波正程，$u_x = kt$（k 为常数），而垂直偏转板不加电压，那么光点在 X 方向做匀速运动，光点在水平方向的偏转距离为

$$x = S_x kt = h_x t \tag{5-6}$$

式中，x 为 X 方向的偏转距离；S_x 为比例系数，即为示波管的 X 轴偏转灵敏度（单位为 cm/V）；h_x 为比例系数（单位为 cm/s），即光点移动的速度。这样，X 方向偏转距离的变化就反映了时间的变化，此时光点水平移动形成的水平亮线称为"时间基线"，如图 5-5(c)所示。当锯齿波电压达到最大值时，荧光屏上的光点也在水平方向上达到最大偏转，然后锯齿波电压迅速返回起始点，光点也迅速返回到屏幕最左端，再重复前面的变化。时间、电压与位移的关系可用图 5-6 来描述。

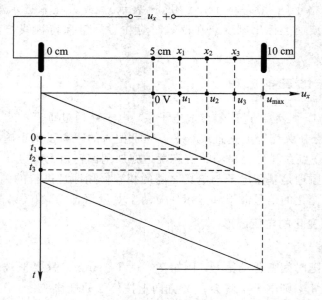

图 5-6 时间、电压与位移的关系图

从图中可以看出：当锯齿波电压达到最大值 u_{max} 时，荧光屏上的光点也达到最大偏转 10 cm，然后锯齿波电压迅速返回起始点，光点也迅速返回到屏幕最左端，再重复前面的过程。光点在锯齿波作用下扫动的过程称为"扫描"，能实现扫描的锯齿波电压称为扫描电压。光点自左向右的扫动过程称为"扫描正程"，光点自荧光屏的右端迅速返回左端起扫点的过程称为"扫描回程"。理想锯齿波的回程时间为零。从上面的关系图可以说明以下几个问题：

① 对于同一速度（斜率）的锯齿波，若时间步进 Δt 相同，即 $t_1 - 0 = t_2 - t_1 = \cdots$，则对应电压的步进 Δu 相同，即 $u_1 - 0 = u_2 - u_1 = \cdots$，那么对应的位移步进 Δx 也相同，即 $x_1 - 0 = x_2 - x_1 = \cdots$；

② 因为 $u_x = k_1 t$，又 $x = k_2 u_x$，所以，$x = kt$，在 k_2 确定的情况下，若 k_1 定，则 x 和 t 关系定；若 k_1 变化，则 x 和 t 的关系变化。所以，可以用 x 的位移（cm）代替时间——时基因素 D_x（s/div）；

③ 示波器确定，则 u_{max}（对应 10 cm 位置的电压值）确定，但达到 u_{max}（对应 10 cm 的位置）可用不同的时间，即 k_1（或 k）不同，从而形成不同的时基因素，即对应同样的位移 x 时（对应电压 u 时）所对应的时间 t 不同。D_x（s/div）数值越大，光点移动单位距离所需要的时间越长，则说明扫描速度越慢，反之扫描速度越快（$D_x = t/x$，与速度 $v = x/t$ 成反比）。

若 Y 轴加上被观测的信号，X 轴加上扫描电压，则屏上光点的 Y 和 X 坐标分别与这一瞬间的信号电压和扫描电压成正比。由于扫描电压与时间成比例，所以荧光屏上所描绘的就是被测信号随时间变化的波形（扫描电压信号正程时间与被观测信号周期相同），如图 5-5(b) 所示。

2）同步的概念

欲在荧光屏上显示稳定的波形，就要求每个扫描周期所显示的信号波形在荧光屏上完全重合，即显示波形相同并有同一个起点。在前面图 5-5 扫描过程的描述中，由于 $T_x = T_y$，所以荧光屏上稳定地显示了一个周期的波形。假设 $T_x = 2T_y$，其波形显示过程如图 5-7 所示，每个扫描正程在荧光屏上都能显示出完全重合的两个周期的被测信号波形。

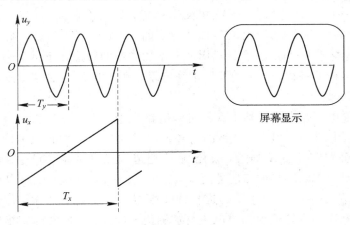

图 5-7 $T_x = 2T_y$ 时荧光屏上显示的波形

同理，设 $T_x = 3T_y$，则荧光屏上稳定显示 3 个周期的被测信号波形。依此类推，当扫描电压的周期是被测信号周期的整数倍，即 $T_x = nT_y (n$ 为正整数)时，则每次扫描的起点都对应在被测信号的同一相位点上，这就使得扫描信号的后一个周期所描绘的波形与前一个周期所描绘的波形完全一样，且各次扫描显示的波形重叠在一起，从而在荧光屏上得到清晰而稳定的波形。

一般的，如果扫描电压周期 T_x 与被测电压周期 T_y 保持 $T_x = nT_y$ 的关系，则扫描电压与被测电压"同步"。如果增加 T_x(扫描频率降低)或降低 T_y(信号频率增加)，则所显示波形的周期个数将增加。

若 $T_x \neq nT_y (n$ 为正数)，即不满足同步关系时，则后一个扫描周期所描绘的图形与前一个扫描周期所描绘的图形不重合，此时显示的波形是不稳定的。以 $T_x = \dfrac{5}{4} T_y$ 的理想连续扫描信号为例，其显示波形如图 5-8 所示。

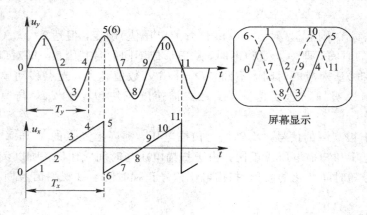

图 5-8　扫描电压与被测电压不同步时显示波形出现晃动

第一个扫描周期开始，光点沿 0→1→2→3→4→5 轨迹移动(实线所示)。当扫描结束时，锯齿波电压回到最小值，相应地，光点迅速回到屏幕的最左端，而此时被测电压幅值最大，所以光点从 5 点位置迅速回到 6 点位置，接着，第二个扫描周期开始，这时光点沿 6→7→8→9→10→11 的轨迹移动(虚线表示)，这样，第一次扫描周期显示的波形(图中实线部分)与第二次扫描周期显示的波形(图中虚线部分)的轨迹不重合，第二次扫描周期显示的波形(图中虚线部分)与第三次扫描周期显示的波形的轨迹亦不重合……看起来波形好像从右向左移动，也就是说，显示的波形不稳定了。可见保证扫描电压信号与被测信号的同步关系是非常重要的。

客观上，扫描电压是由示波器本身的时基电路产生的，它与被测信号是不相关的，与被测信号也就无法同步了，但是，在被测信号经过 Y 通道至 Y 偏转板的同时，可以利用被测信号产生一个触发信号去 X 通道，去控制 X 通道扫描发生器，迫使扫描电压与被测信号同步，从而实现扫描电压与被测信号同步，这就是内触发原理。也可以用外加信号产生同步触发信号去 X 通道，去控制 X 通道扫描发生器，但这个外加信号必须与被测信号有一定的同步关系，这样也能迫使扫描电压与被测信号同步，从而实现扫描电压与被测信号同步，这就是外触发的原理。

3）连续扫描和触发扫描

前面所讨论的都是观察连续信号的情况，这时扫描电压是连续的，即扫描正程紧跟着回程，回程结束后又立即开始新的正程，扫描是不间断的，这种扫描方式称为连续扫描。当欲观测脉冲信号，尤其是占空比 τ/T_y 很小的脉冲（见图 5-9(a)）时，采用连续扫描会存在一些问题。

（1）若选择扫描周期等于脉冲重复周期，即 $T_x = T_y$，此时屏幕上出现的脉冲波形集中在时间基线的起始部分，即图形在水平方向上被压缩，以致难以看清脉冲波形的细节，例如很难观测它的前后沿时间，如图 5-9(b)所示。

（2）若为了将 τ 时间的脉冲宽度波形显示在屏幕上而选择扫描周期等于脉冲底宽 τ，如图 5-9(c)所示，由于在一个脉冲周期内，光点在水平方向完成的五次扫描中只有一次扫描到了脉冲波形，其他的扫描信号幅度为零，结果在屏幕上显示的脉冲波形亮度暗淡，而时间基线由于反复扫描却很明亮，如图 5-9(c)的显示所示。这样，给波形观测带来不便，且很难实现扫描的同步。

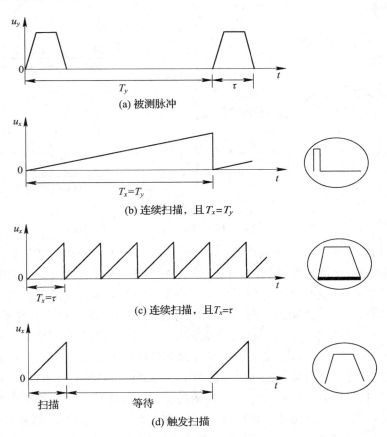

图 5-9 连续扫描和触发扫描方式下对脉冲波形的观测

可以设想，如果在观测此类脉冲信号时控制扫描信号，使扫描电压正程只在被测脉冲到来时才扫描一次；没有被测脉冲时，扫描发生器处于等待工作状态，只要选择扫描电压的持续时间等于或稍大于脉冲底宽，则脉冲波形就可展宽到几乎布满横轴区域，而且由于在两个脉冲间隔时间内没有扫描，故脉冲底部不会产生很亮的时间基线，如图 5-8(d)所示。这种由被测信号触发扫描发生器的触发工作方式称为"触发扫描"方式。实际上，通用示波器的扫描电路一般均可在连续扫描或触发扫描等多种方式下工作。

4）扫描过程的增辉与消隐

在前面的讨论中，假设扫描电压的恢复时间为零，但实际上，恢复总是需要一定时间的，在这段时间内，恢复电压和被测信号共同作用产生回扫线，而且一般情况下，为了实现扫描电压与被测信号的同步，在扫描电压恢复到起始点后还需要一定的等待时间才能开始下一次扫描，在等待期间，虽然光点在 X 方向未受到偏转，但在 Y 方向上由于受被测信号的作用，光点也会产生上下扫动。如图 5-10 所示，显示屏中的实线波形是扫描正程显示的被测信号波形，虚线波形表示回扫轨迹，这些回扫轨迹也会在荧光屏上显示，虽然亮度较暗，但也会给观测带来不便。

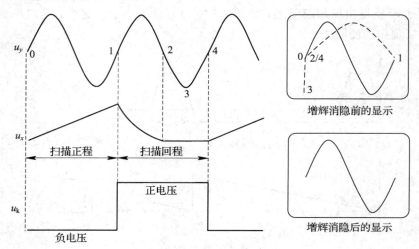

图 5-10　扫描回程中的回扫轨迹、增辉与消隐

为了使回扫轨迹不在荧光屏上显示，可以设法在扫描正程期间，使电子枪发射更多的电子，即给显示波形增添亮度（增辉）；在扫描回程期间，使电子枪发射少的电子，使回扫的轨迹不显示（消隐）。这样就可以使屏幕上应该显示的被测信号波形更加明亮，而使不应该显示的回扫线在屏幕上消除掉。其方法可以通过在扫描正程期间给示波器第一栅极 G_1 加正电压或阴极 K 加负电压，在扫描回程期间给示波器第一栅极 G_1 加负电压或阴极 K 加正电压来实现。这样，在扫描正程电子枪发射的电子远远多于在扫描回程电子枪发射的电子，观测者看到的就只有扫描正程显示的波形了。在实际操作中，将示波器 X 通道中产生扫描锯齿波电压信号的扫描门信号稍加适当的处理，之后将其连接到示波管的阴极或栅极上就可以完成这项任务，只是施加到示波管阴极和施加到示波管栅极（两者选一个）的信号方向是相反的而已。如图 5-10 中的 u_k 信号就是施加到阴极的 u_k 信号，从而达到增辉和消隐的效果。

利用扫描期间的增辉与消隐功能还可以保护荧光屏，因为在被测脉冲出现的扫描期间，由于增辉脉冲的作用，显示波形较亮，便于观测；而在等待扫描期间，即波形为一个光点的情况下，由于没有增辉电压，光点很暗，避免了较亮的光点长久地集中于荧光屏上一点的现象。

2. 显示任意两个变量之间的关系

在示波管中，电子束同时受 X 和 Y 两个偏转板的作用，若两个偏转板的信号都为正弦波，且两信号的初相位相同，则可在荧光屏上画出一条直线，若两信号在 X、Y 方向的偏转距离相同，则这条直线与水平轴成 $45°$；如果这两个信号的初相位相差 $90°$，则荧光屏上会显示出一个正椭圆；若 X、Y 方向的偏转距离相同，则荧光屏上会显示出一个圆。示波器两个偏转板上都加正弦波电压时显示的图形称为李萨育图形，利用李萨育图形可以测量相位差和频率。本书第 3 章中的表 3-4 为几种不同频率和相位的李萨育图形。

5.2.3　通用示波器的组成

通用示波器的组成可用图 5-11 表示，它主要由示波管、垂直通道和水平通道三部分组成；此外还包括电源电路，用以产生示波管和电路中需要的各种电源。通用示波器中还常附有校准信号发生器，用以产生幅度和周期稳定的方波信号（如 1 kHz、$0.5U_{pp}$ 的方波），用于示波器的校准及测量中的参考调节。

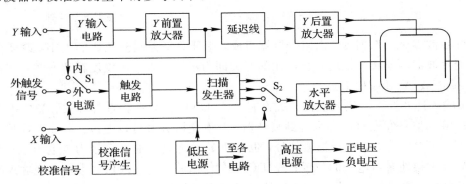

图 5-11　通用示波器的组成框图

5.2.4　通用示波器的垂直通道

垂直通道（Y 通道）是对被测信号进行处理的主要通道，它将输入的被测信号进行衰减或线性放大，并在一定范围内保持增益稳定，最后输出符合示波器偏转要求的信号，以推动垂直偏转板，使被测信号在屏幕上显示出来。

垂直通道包括输入电路，Y 前置放大器、延迟线和 Y 后置放大器等部分。

1. 输入电路

输入电路主要由衰减器和输入选择开关构成。

（1）衰减器。衰减器由 RC 阻容分压器组成，用来衰减输入信号，以防其超过显示范围而无法正常显示，并具有频率补偿的作用，使得显示波形不会失真。以一级分频为例，其原理电路如图 5-12 所示。衰减器的衰减量为输出电压 u_o 与输入电压 u_i 之比，它等于 R_1、C_1 的并联阻抗 Z_1 与 R_2、C_2 的并联阻抗 Z_2 的分压比，即

$$\frac{u_o}{u_i} = \frac{Z_2}{Z_1 + Z_2}, \text{ 其中 } Z_1 = \frac{R_1}{1 + j\omega C_1 R_1}, \ Z_2 = \frac{R_2}{1 + j\omega C_2 R_2}$$

可调节 C_1，使得 $R_1C_1 = R_2C_2$，则 Z_1、Z_2 表达式中分母相同，这时衰减器的分压比为

$$\frac{u_o}{u_i} = \frac{Z_2}{Z_1 + Z_2} = \frac{R_2}{R_1 + R_2} = \frac{C_1}{C_1 + C_2} \tag{5-7}$$

即分压比与频率无关，这就意味着，当衰减器输入是含有丰富的高次谐波成分的理想阶跃信号时，输出波形也不失真，这正是我们所希望的。式 $R_1C_1 = R_2C_2$ 称为最佳补偿条件。若衰减器输入信号 u_i 波形如图 5-13(a) 所示，当衰减网络满足 $R_1C_1 = R_2C_2$ 时，输出波形 u_o 如图 5-13(a) 所示；当 $R_1C_1 > R_2C_2$ 时，将出现过补偿，输出波形如图 5-13(b) 所示；当 $R_1C_1 < R_2C_2$ 时为欠补偿，输出波形如图 5-13(c) 所示。

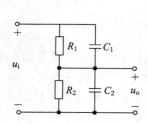

图 5-12　衰减器原理电路

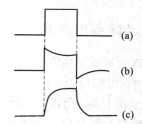

图 5-13　衰减器补偿原理

实际示波器由一系列 RC 高阻分压器组成，用开关来控制分压比的大小，改变分压比即可改变示波器的偏转灵敏度。分压比的开关即为示波器垂直灵敏度粗调开关，在面板上常用"V/cm"或"V/div"标记。

（2）输入选择开关。输入选择开关设有 AC、GND、DC 三挡选择开关。置"AC"挡时，示波器的输入信号经隔直电容耦合到衰减器，只有交流分量可以通过，适合于观测交流信号；置"GND"挡时，不用断开被测信号，也可使 Y 通道真正输入信号为零电压，可为示波器测量时提供接地参考电平的位置；置"DC"挡时，示波器的输入信号直接接到输入端衰减器，用于观测频率很低的信号或带有直流分量的交流信号。

2. 前置放大器

前置放大器将经"衰减器"之后的信号适当地放大，一路到 Y"衰减器"，一路到 X 通道输入端，作为内触发信号。Y 前置放大器还具有灵敏度微调、校正、Y 轴移位、极性反转等控制作用。

Y 前置放大器大都采用差分放大电路，输出一对平衡的交流电压，这样，即使当被测信号的幅度改变时，偏转的基线电位也保持不变。若在差分电路的输入端输入不同的直流电位，差分输出电路的两个输出端的直流电位就会改变，相应的 Y 偏转板上的直流电位和波形在 Y 方向的位置也会改变。利用这一原理，可通过调节直流电位，即调节"Y 轴位移"旋钮，来改变被测波形在屏幕上的位置，以便定位和测量。

3. 延迟线

延迟线是一种信号传输网络或者传输线，起延迟时间的作用。为什么要在 Y 通道的后置放大器之前安装延迟线呢？从示波器结构框图可以看出，被测信号经过 Y 衰减器、Y 前置放大器之后分成两路，一路经 Y 后置放大器至 Y 偏转板，另一路去 X 通道，经触发电路、扫描发生器、水平放大器后至 X 偏转板。如果输入波形是脉冲信号，且希望从上升边

开始显示并测量，那么就希望从如图 5－14(a)所示触发点触发产生扫描信号的起点，但由于所产生的扫描信号在 X 通道的时间滞后，真正到达 X 偏转板的扫描信号的起点滞后于被测信号触发点的位置(滞后时间用 τ 表示)，如图 5－14(a)和(b)所示，由于只有扫描信号到来后方能显示 Y 偏转板信号(暂不考虑 Y 后置放大器延迟)，所以在屏幕上显示波形如图 5－14(c)所示，即丢掉了被测信号上升边的起始部分。如果在 Y 前置放大器之前安装延迟线，合理控制延迟线的延迟时间，使加到 Y 偏转板的被测信号起始点(即输入信号触发点位置)与加到 X 偏转板扫描信号起点在时间点上完全同步，就可以观察到被测信号完整的上升边波形了。

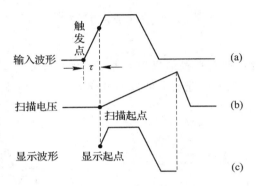

图 5－14 没有延迟线时的情况

对延迟线的要求是，它只起时间延迟的作用，而不能使输入信号的频率成分丢失，即脉冲通过它时不应产生失真。在带宽较窄的示波器中，一般采用多节 LC 延迟网络；在带宽较宽的示波器中，一般采用双芯平衡螺旋导线作延迟线，它可等效为多节延迟网络，延迟时间约为 75 ns/m；在 200～300 MHz 示波器中，则多采用射频同轴电缆，延迟时间约为 5 ns/m。为防止信号反射，需注意延迟线前后级的阻抗匹配。延迟线的特性阻抗一般为几百欧姆，因此，延迟线的输入级需采用低输出阻抗电路驱动，而输出级则应采用低输入阻抗的缓冲器。

4. Y 后置放大器

Y 后置放大器的功能是将延迟线传来的被测信号放大到足够的幅度，用于驱动示波管的垂直偏转系统，使电子束在 Y 方向上获得大的偏转距离。对 Y 后置放大器的要求是，应具有稳定的增益、较高的输入阻抗、足够宽的频带、较小的谐波失真，以使荧光屏能不失真地重现被测信号。

Y 后置放大器采用推挽式放大器，使加在偏转板上的电压能够对称，有利于提高共模抑制比。电路中采用一定的频率补偿电路和较强的负反馈，以使得在较宽的频率范围内增益稳定。还可以采用改变负反馈的方法变换放大器的增益，例如一般示波器中都设有垂直偏转因数"×5"或"×10"的扩展功能(面板上的"倍率"开关)，它把放大器的放大量提高 5 倍或 10 倍，这有利于观测微弱信号或看清波形某个局部的细节。

5.2.5 通用示波器的水平通道

示波器的水平通道(X 通道)的主要任务是产生随时间线性变化的扫描电压，并放大到足够的幅度，然后加至水平偏转板，使光点在荧光屏的水平轴方向达到满偏转。水平通道主要包括触发电路、扫描发生器环和水平放大器等部分，结构如图 5-15 所示。

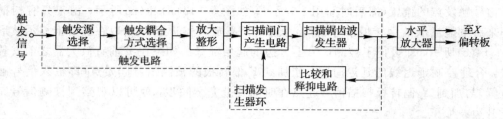

图 5-15　水平通道组成框图

1. 触发电路

触发电路的作用是提供符合扫描信号发生器要求的触发脉冲。触发电路包括触发源选择、触发耦合方式选择、触发极性选择、触发方式选择、触发电平调节和触发放大整形等电路，如图 5-16 所示。

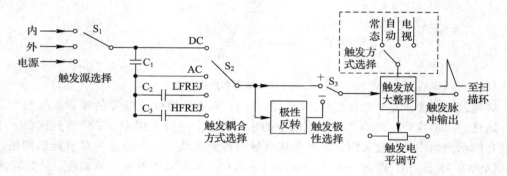

图 5-16　触发电路的组成

（1）触发源选择。触发源一般有内触发、外触发和电源触发三种类型（由图 5-16 中开关 S_1 选择）。触发源的选择应该根据被测信号的特点来确定，以保证荧光屏上显示的被测信号波形稳定。

① 内触发（INT）：将 Y 前置放大器输出（延迟线之前的被测信号）作为触发信号，触发信号与被测信号的频率是完全一致的，适用于观测被测信号。

② 外触发（EXT）：用外接的、与被测信号有严格同步关系的信号作为触发源，这种触发源用于比较两个信号的时序关系，或者当被测信号不适合作触发信号时使用。

③ 电源触发（LINE）：用 50 Hz 的工频正弦信号作为触发源，适用于观测与 50 Hz 交流信号有同步关系的信号。

（2）触发耦合方式选择。选择好触发源后，为了适应不同的触发信号频率，示波器一般设有四种耦合方式（由图 5-16 中开关 S_2 选择）。

① "DC"直流耦合：是一种直接耦合方式，适用于直流或者缓慢变化的触发信号，或者频率较低并含有直流分量的触发信号。

② "AC"交流偶合：是一种通过电容耦合的方式，有隔直作用。触发信号经电容 C_1 接入，用于观察从低频到较高频率的信号。这是一种常用的耦合方式，用"内""外"触发均可。

③ "LFREJ"（"AC 低频抑制"）耦合：是一种通过电容耦合的方式，触发信号经电容 C_1 及 C_2（串联）接入，一般电容较小，阻抗比较大，用于抑制 2 kHz 以下的频率成分。如观察含有低频干扰（50 Hz 噪音）的信号时，用这种耦合方式比较适合，可以避免波形的晃动。

④ "HFREJ"（"AC 高频抑制"）耦合：触发信号经电容 C_1 及 C_3（串联）接入，只允许频率很高的信号通过。这种方式常用来观测 5 MHz 以上的高频信号。

（3）触发方式选择（TRIG MODE）。扫描触发方式通常有常态（NORM）、自动（AUTO）、电视（TV）三种方式。

① 常态（NORM）触发方式：也称触发扫描方式，在此触发方式下，如果没有触发源信号，或者触发源为直流信号，或触发源信号幅值过小，都不会有触发脉冲输出，扫描电路也就不会产生扫描锯齿波电压，因而荧光屏上无扫描线。一旦有了触发源信号并且通过适当调整触发电平后产生了有效的触发脉冲，扫描电路才能被触发，产生扫描锯齿波电压，荧光屏上才有扫描线。

② 自动（AUTO）触发方式：是一种最常用的触发方式，它是指在没有触发脉冲或触发信号频率低于 50 Hz 时，扫描电路处于自激状态，扫描系统按连续扫描方式工作，有连续扫描锯齿波电压输出，荧光屏上显示出扫描线。但当有触发脉冲信号时，适当调整触发电平，扫描电路能自动返回触发扫描方式工作，并实现扫描锯齿波电压与被测信号的同步。

一般示波器应该既能连续扫描又能触发扫描。在连续扫描时，没有触发脉冲信号也能产生扫描闸门或者扫描闸门不受触发脉冲的控制，启动扫描发生器工作；在触发扫描时，只有在触发脉冲的作用下才会产生扫描闸门信号，从而启动扫描发生器工作。

现代示波器中的"自动"方式能在连续扫描方式和触发扫描方式中自动转换；而"常态"方式使用的是触发扫描方式。

③ 电视（TV）触发方式：用于电视触发功能，以便对电视信号（如行、场同步信号）进行监测与电视设备维修。它是在原有放大、整形电路基础上插入电视同步分离电路实现的。

（4）触发极性选择和触发电平调节。触发极性和触发电平决定触发脉冲产生的时刻，并决定扫描的起点，即被显示信号的起始点，调节它们可便于对波形进行观察和比较。

触发极性是指触发点位于触发源信号的上升沿还是下降沿。触发点处于触发源信号的上升沿为"＋"极性，触发点位于触发源的下降沿为"－"极性。

触发电平是指触发脉冲到来时所对应的触发放大器输出电压的瞬时值。

（5）放大整形电路。由于输入到触发电路的波形复杂，频率、幅度、极性都有可能不同，而扫描信号发生器要稳定工作，对触发信号有一定的要求，如边沿陡峭、极性和幅度适中等，因此，需要对触发信号进行放大、整形。整形电路的基本形式是电压比较器，当输入的触发源信号与通过"触发极性"和"触发电平"选择的信号之差达到某一设定值时，比较电路翻转，输出矩形波，然后经过微分整形，变成触发脉冲。

2. 扫描发生器环

扫描发生器环的功能是产生线性良好、与被测信号同步的锯齿波扫描信号。扫描发生器环电路又叫时基电路，由扫描闸门产生电路、扫描锯齿波发生器（积分器）电路及比较和释抑电路组成，如图 5 - 17 所示。

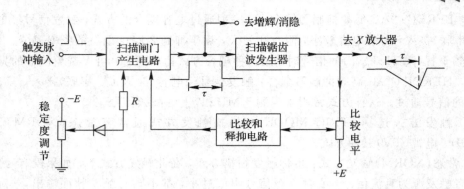

图 5-17 扫描发生器环的组成

1）扫描闸门产生电路

扫描闸门产生电路简称扫描门，它有三个作用：

① 产生时间宽度确定的矩形开关信号（又称闸门信号）。扫描闸门电路控制着锯齿波扫描信号的开启，也控制了锯齿波扫描正程信号的结束，更重要的是锯齿波扫描信号正程的结束时刻通过释抑电路控制着扫描闸门的关闭时刻，从而与扫描锯齿波发生器、比较和释抑电路共同组成扫描发生器环。

② 由于闸门信号和扫描信号的正程期间同时开始、同时结束，所以可利用闸门信号作为增辉脉冲，控制示波管电子束中电子数目，起到扫描正程光迹加亮和扫描回程光迹消隐的作用。

③ 在双踪示波器中，利用闸门信号触发电子开关，使之工作于交替工作状态。

为了保证扫描闸门（扫描信号）与被测信号同步，要求扫描闸门产生电路必须具有迟滞特性。由于施密特触发电路具有迟滞特性，所以可以选择施密特触发电路作为扫描闸门发生器。图 5-18 为施密特触发器符号及迟滞特性。

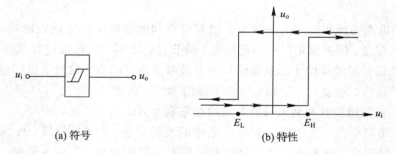

(a) 符号　　　　　　　　(b) 特性

图 5-18 施密特触发器特性

设 u_i 为施密特触发电路的输入电压，u_o 为其输出，E_L 和 E_H 分别是施密特触发器的下触发电平和上触发电平。在 u_i 的上升段，当 $u_i < E_H$ 时，输出为低电平；当 $u_i > E_H$ 时，施密特电路输出的状态发生翻转，输出 u_o 为高电平；在 u_i 的下降段，只有当 $u_i < E_L$ 时，输出状态才开始翻转，这种滞后现象称为回差，将这种效应称为迟滞特性。正是利用施密特门电路这一特性产生扫描闸门的。

为了保证当光点移动到屏幕最大位置（10 cm）处时迅速返回——关闭扫描门，又能保证在扫描信号恢复过程期间扫描闸门不会产生误触发，扫描闸门除了应受到从触发电路来的触发脉冲的控制外，还应受到从比较和释抑电路来的输出信号的控制。

所以，扫描门有三个输入端，即受到来自三个方面信号的作用：第一个是称为"稳定度"旋钮的电位器给它提供一个直流电位（使用时根据需要来调节），第二和第三个是从触发电路来的触发脉冲以及从比较和释抑电路来的比较释抑信号，它们共同决定了施密特电路的输出状态。

2）扫描锯齿波发生器

扫描锯齿波由积分电路产生。密勒（Miller）积分器具有良好的积分线性，可获得良好的锯齿波电压信号，因此，密勒积分器是通用示波器中典型的积分电路。密勒积分器的原理如图 5-19 所示。

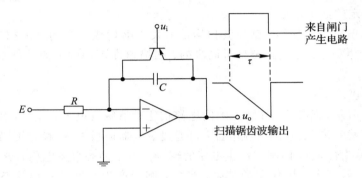

图 5-19 密勒积分器

当扫描闸门信号为高电平时，开关三极管 V 截止，积分器对电压 E 积分，根据理想运放的输入输出关系，积分器输出为

$$u_。= -\frac{1}{C}\int_0^t \frac{E}{R}t\,\mathrm{d}t = -\frac{E}{RC}t \qquad (5-8)$$

输出 $u_。$为理想的线性锯齿波，调整 E、R、C 都将改变单位时间内锯齿波的电压值。在示波器中，把积分器产生的锯齿波电压送入 X 放大器中放大，之后加至水平偏转板。由于这个电压既与时间成正比又与光迹在水平轴上的偏转距离成正比，所以，就可以用荧光屏上的水平距离代表时间。定义荧光屏上单位长度所代表的时间为示波器的时基因素 D_x，则

$$D_x = \frac{t}{x} \quad (\mathrm{s/cm}) \qquad (5-9)$$

式中，x 为光迹在水平方向上的偏转距离；t 为偏转 x 距离所对应的时间。

时基因素的倒数即为扫描速度。在示波器中，通常把改变 R 或者 C 值作为"扫描速度"粗调，把改变 E 值作为"扫描速度"微调，改变 R、C、E 均可改变锯齿波的斜率，进而改变水平偏转距离和扫描速度。

3）比较和释抑电路

比较电路的作用是通过电平比较与识别功能以及释抑电路来控制锯齿波的幅度。在比较电路中，输入的电压信号（扫描即锯齿波信号）与预置的参考电平进行比较，当扫描锯齿波电压等于预置的参考电平时，比较电路输出端的电位产生跳变，此跳变信号作为控制信号，使得释抑电路的输出开始跟随扫描锯齿波信号，并输入到"扫描闸门产生电路"，通过

"扫描闸门产生电路"来控制闸门信号的终止时刻，以此决定锯齿波正程的终止时刻，从而决定锯齿波的幅度，使锯齿波电路产生出等幅的扫描信号。由于比较电路控制了扫描基线的长度，故也称其为扫描长度电路。

释抑电路在扫描回程开始后才真正起作用。在扫描回程开始后，"释抑电路"和"扫描闸门产生电路"共同作用，关闭和抑制扫描闸门的开启，使得在"抑制"期间，"扫描闸门产生电路"不再受到同极性触发脉冲的触发，直到扫描电压信号恢复到初始状态之后，释抑电路才解除对触发脉冲的封锁，之后，"扫描闸门产生电路"方可接受触发脉冲的触发并开启闸门信号，扫描发生器也随之进行下一次扫描。这样，释抑电路起到了稳定扫描锯齿波的形成、防止干扰和误触发的作用，确保每次扫描起点都在触发源信号的同样起始电平上开始，以获得稳定的显示图形。

比较和释抑电路与扫描门、锯齿波扫描信号发生器构成一个闭合的扫描发生器环（见图 5-17），可产生稳定的、与被测信号同步的、扫描速度可调的锯齿波扫描信号，其工作过程分析如下。

（1）触发扫描。

如图 5-20 所示，E_1、E_2 分别为闸门电路的上、下触发电平，E_0 为闸门电路的静态工作点（来自于"稳定度"调节的直流电位，可通过示波器面板上的"稳定度"旋钮调节 E_0 在 E_1、E_2 之间的适当位置），即闸门产生电路的输入信号是静态直流电压、触发信号及"比较释抑电路"输出信号三者共同作用的结果，当然，闸门产生电路的输出状态也由这三个信号共同决定。

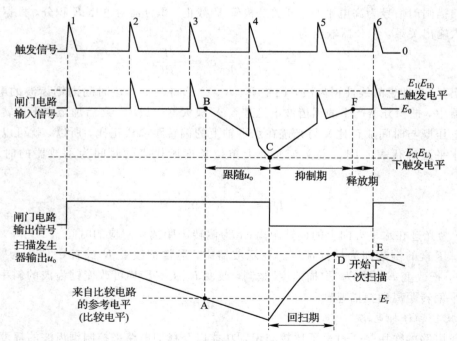

图 5-20　触发扫描方式下比较和释抑电路的工作波形

闸门电路在触发脉冲 1 的作用下，达到上触发电平 E_1 触发的门限，闸门（产生）电路被触发，开启闸门输出信号，随之扫描发生器开始工作，开始扫描正程。由于闸门电路的迟滞特性，在扫描的正程期间，后续出现的触发脉冲 2、3 不会起作用（当然也不需要起作用）。当扫描发生器输出电压 u_o 达到由比较电路设定的比较电平 E_r 即 A 点时，比较和释抑电路成为一个跟随器（释抑电路中释抑电容的充电过程），使闸门电路的输入在原来电压 A 点的基础上跟随锯齿波发生器输出的斜波电压 u_o，在此期间出现的触发脉冲 4 由于"身陷深谷"更不会起作用，随着锯齿波扫描正程的继续进行，闸门（产生）电路输入端的电压继续负向增加，当闸门（产生）电路的输入电压信号达到下触发电平 E_2 即 C 点时，闸门电路的输出状态开始翻转，并控制扫描发生器结束扫描正程，扫描回程随之开始。从图中可以看出通过调节比较电平 E_r（可在示波器内部调整），可以改变扫描结束时间和扫描电压的幅度。

在锯齿波扫描回程期间，为了避免在回扫期尚未结束时闸门产生电路受触发脉冲的触发而开启闸门信号，则应抑制触发脉冲 5 的作用。实际工作电路中，当扫描正程结束，即锯齿波发生器输出进入回程期后，比较和释抑电路也进入抑制期（启动了释抑电路中释抑电容的放电过程），由于释抑电容放电回路的放电时常数较大，闸门电路的输入信号缓慢向 E_o 即 F 点恢复。在此期间，由于触发脉冲 5 同样"身陷深谷"而不会超过上限触发电平 E_1，也就不会使闸门电路开启闸门输出信号。

在释抑电路中，通过选择较大的放电电阻，可以使抑制期放电时常数远远大于扫描锯齿波的恢复时间，以便使释抑电容 C 上的电荷用较长时间放电到原来电位，如 F 点（这时锯齿波的恢复期早已结束）。抑制期结束后，闸门产生电路重新处于"释放"状态，允许后续的触发脉冲 6 触发下一次扫描的开始。

（2）连续扫描。

在连续扫描方式下，通过"稳定度"调节，使闸门电路的静态工作电平 E_o 高于上触发电平 E_1，则不论是否有触发脉冲，扫描闸门都将输出扫描控制信号，使扫描发生器可以连续工作。此时，扫描闸门电路为射极定时自激多谐振荡器。但是，扫描闸门仍然受比较和释抑电路的控制，以控制扫描正程的结束，从而实现扫描电压和被测电压的同步。

从以上讨论可知，不论是触发扫描还是连续扫描，比较和释抑电路与扫描闸门及积分器配合，都可以产生稳定的等幅扫描信号，也都可以做到扫描信号与被测信号的同步。此外，闸门电路（施密特）输出的闸门脉冲信号同时作为增辉与消隐脉冲。

3. 水平放大器

水平放大器电路放大来自扫描发生器环产生的锯齿波扫描信号，将其放大到足以使光点在水平方向达到满偏的程度。由于示波器除了显示随时间变化的波形外，还可以作为一个 $X-Y$ 图示仪来显示任意两个函数的关系，例如前面提到的李萨育图形，因此 X 放大器的输入端有"内""外"信号的选择。置于"内"时，X 放大器放大扫描发生器环产生的锯齿波扫描信号；置于"外"时，X 放大器放大由面板上 X 通道输入端直接输入的信号。

水平放大器的工作原理与垂直放大器类似，也是线性、宽带放大器，改变 X 放大器的增益可以使光迹在水平方向得到扩展，或对扫描速度进行微调，以校准扫描速度。

5.3　示波器的基本测量技术

利用示波器可以将被测信号显示在屏幕上，根据所显示波形，可以测量信号的很多参量，例如测量信号的幅度、周期、相位，脉冲信号的前、后沿，通信信号的调幅、调频指标等时域特性。示波器种类繁多，要获得满意的测量结果，应该根据测量要求，合理选择和正确使用示波器。

5.3.1 示波器的正确使用

1. 示波器的选择

应根据测量任务的要求来选择示波器。反映示波器适用范围的两个主要工作特性是垂直通道的频带宽度和水平通道的扫描速度，这两个特性决定了示波器可以观察的最高信号频率或脉冲的最小宽度。要使荧光屏能不失真地显示被测信号的波形，基本条件是垂直通道有足够的频宽和水平通道有合适的扫描速度。

（1）根据要显示的信号数量选择。观测一路信号可选用单踪示波器；观测两个信号可选用双踪示波器；同时观测更多个信号时，可用多踪或多束示波器。

（2）根据被测信号的波形特点选择。选择示波器时要考虑示波器特性指标应满足信号观测的需要。首先要考虑示波器的频带宽度。由于示波器的低端频率远小于高端频率，所以有的示波器给出的是频带宽度指标，有的给出的是高端频率指标，可以认为它们近似相等。相对被测信号而言，示波器的频带要足够宽。特别是当脉冲信号包含着丰富的谐波成分时，如果示波器通带不够宽，则观测脉冲信号时易造成显示波形失真。通常为了使信号的高频成分基本不衰减地显示，示波器的带宽应为被测信号中最高频率的三倍左右。

此外，观测不同的信号还对示波器有不同的要求。例如，当观测微弱信号时要选择 Y 通道灵敏度高的示波器；当观测窄脉冲或高频信号时，除了示波器的通带要宽外，还要求较高的扫描速度（每 cm 代表的时间量小）；当观测缓慢变化的信号时，要求示波器具有低速扫描和长余辉，或者具有记忆存储功能；当需要把被观测的信号保留一段时间时，应选择记忆存储示波器或数字存储示波器。

2. 示波器使用注意事项

（1）使用前必须检查电网电压是否与示波器要求的电源电压一致。

（2）通电后需预热几分钟再调整各旋钮。注意各旋钮不要马上旋到极限位置，应先大致旋在中间位置，以便找到被测信号波形。

（3）示波器的亮度不宜得开得过高，且亮点不宜长期停留在固定位置，特别是暂时不观测波形时，更应该将辉度调暗，否则将缩短示波管的使用寿命。

（4）输入信号电压的幅度应控制在示波器的最大允许输入电压范围内。

3. 探头的正确使用

常见探头为高电阻低电容探头，其金属屏蔽层的外面包有塑料外壳，内部装有一个 R、C 并联电路，其一端安装探针，另一端通过屏蔽电缆接到示波器的输入端。

当示波器连接这种探头测量时，探头内的 R、C 并联电路与示波器的输入阻抗的 R_i、C_i 并联电路组成了一个具有高频补偿的 RC 分压器，如图 5-21 所示。

使用时，若出现显示波形失真，可调节探头内的电容 C，使得 $RC=R_iC_i$，这时，分压器的分压比为 $R_i/(R_i+R)$，与频率无关。一般取分压比为 $10:1$，如 $R_i=1\ \text{M}\Omega$，则 $R=$

9 MΩ。从探头看进去的输入电阻 $R'=R_i+R$（此时 $R'=10$ MΩ），而输入电容 $C'=\dfrac{C_iC}{C+C_i}$，因为 $R'\gg R_i$，$C'\ll C_i$，故称其为高电阻低电容探头。由此可见，高电阻低电容探头的应用使输入阻抗大大提高，特别是输入电容大大减小，测量范围扩大了 10 倍。但是，由于探头具有 10 倍的衰减，将使示波器的灵敏度也下降 10 倍。这种由 R、C 元件组成的探极称为无源探极。如果在探极中装有由晶体管构成的射（源）极跟随器，则称为有源探极，它具有更高的输入阻抗，适于测量高频及快速脉冲信号。

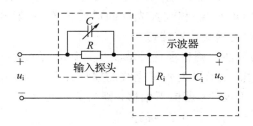

图 5 - 21　高电阻低电容探头的衰减与补偿原理电路

需要说明的是，探头和示波器是配套使用的，不能互换，否则将会导致分压比误差增加或高频补偿不当。特别是低电容探头，不管是因示波器 Y 通道的输入级放大管更换而引起输入阻抗的改变，还是由于探头互换而引起探头和示波器不配套，都有可能造成高频补偿不当而产生波形失真。使用高电阻低电容探头时，要定期进行校正，具体方法是：以良好的方波电压波形通过探头加到示波器，若高频补偿良好，屏幕应显示边沿陡峭且规则的方波；若过补偿或补偿不足（欠补偿），则分别会出现边沿上升有过冲的波形或边沿上升缓慢（如前面介绍的图 5 - 13(b) 和 (c) 所示），这里可微调电容 C，直到出现良好的方波为止。在没有方波发生器时，可利用示波器本身的校准信号进行调节。

5.3.2　用示波器测量电压

利用示波器可以测量周期性信号随时间变化的电压大小情况，如正弦波、方波、三角波、锯齿波、脉冲波等信号的电压幅度，一个脉冲电压波形的各部分的电压幅值（如上冲量和顶部下降量等）。除了可以测量各种周期性信号波形的瞬时值外，还可以测量非周期性信号，如单次波形，这当然需要相应的触发和扫描方式。利用示波器测量电压的基本方法有下面两种。

1. 直流电压测量

1）测量原理

示波器测量直流电压的原理是：被测电压在屏幕上呈现一条直线，该直线偏离时间基线（零电平线）的高度与被测电压的大小成正比关系。被测直流电压值 U_{DC} 为

$$U_{DC}=h\times D_y \tag{5-10}$$

式中，h 为被测直流信号线的电压偏离零电平线的高度（cm）；D_y 为示波器的垂直偏转因数（V/div）。

若使用带衰减的探头，还应考虑探头衰减系数的大小。对于使用衰减系数为 k 的探头，被测直流电压值为

$$U_{DC} = h \times D_y \times k \tag{5-11}$$

一般示波器探头的衰减系数 k 的值为 1 或 10。

2）具体测量方法

（1）将示波器的垂直偏转灵敏度微调旋钮置于校准位置（CAL），否则电压读数不准确。

（2）将待测信号送至示波器的垂直输入端。

（3）确定零电平线。将示波器的输入耦合开关置于"GND"位置，调节垂直位移旋钮，使荧光屏上的扫描基线（零电平线）移到荧光屏的适当位置（一般放在中央位置，即水平坐标轴上）。此后，不能再调动垂直位移旋钮。

（4）确定直流电压的极性。调整垂直灵敏度开关到适当位置，将示波器相应 Y 通道的输入耦合开关拨向"DC"挡，观察此时水平亮线的偏移方向，若其位于前面确定的零电平线之上，则被测直流电压为正极性；若向下偏移，则为负极性。

（5）读出被测直流电压偏离零电平线的距离 h。

（6）根据式（5-10）或式（5-11）计算被测直流电压值。

例 5-1 用示波器测量某直流电压，若垂直灵敏度开关的位置为"0.5V/div"，用 10∶1探头，屏幕上显示的波形如图 5-22 所示，求被测直流电压值。

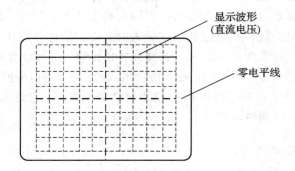

图 5-22 示波器测量直流电压的原理

解 从图中可以看出 $h = 3$ cm，又 $D_y = 0.5$ V/div，$k = 10$，所以根据式（5-11）可得

$$U_{DC} = h \times D_y \times k = 3 \times 0.5 \times 10 = 15 \text{ V}$$

2. 交流电压测量

1）测量原理

利用示波器可以直接观察到交流电压随时间变化的形状、波形是否失真、频率和相位情况。但就电压测量而言，利用示波器只能测量交流电压的峰-峰值，或任意两点之间的电位差值（如脉冲波形的上冲量和顶部下降量等），其有效值或平均值是无法直接读数求得的，只能通过一定的换算关系来计算。被测交流电压峰-峰值 U_{pp} 为

$$U_{pp} = h \times D_y \tag{5-12}$$

式中，h 为被测交流电压波峰和波谷的高度（cm），也可是欲观测的任意两点信号电平间的高度；D_y 为示波器的垂直偏转因数（V/div）。

若使用带衰减的探头，应考虑探头衰减系数的大小。对于使用衰减系数为 k 的探头，则被测交流电压的峰-峰值 U_{pp} 为

$$U_{pp} = h \times D_y \times k \qquad (5-13)$$

2）测量方法

（1）将示波器的垂直偏转灵敏度微调旋钮置于校准位置（CAL），否则电压读数不准确。

（2）将待测信号送至示波器的垂直输入端。

（3）将示波器的输入耦合开关置于"AC"位置。

（4）调节扫描速度及触发电平，使显示的波形稳定（一般在屏幕上显示 2～3 个周期的波形）。

（5）调节垂直灵敏度开关，使荧光屏上显示的波形高度适当，并记录下 D_y 值。

（6）读出被测交流电压波峰和波谷的高度或任意两点间的高度 h。

（7）根据式（5-12）或式（5-13）计算被测交流电压的峰-峰值。

例 5-2　用示波器测量某正弦波电压，若垂直灵敏度开关的位置为"1 V/div"，$k=1$，屏幕上显示的波形如图 5-23 所示，求被测正弦信号的峰-峰值和有效值。

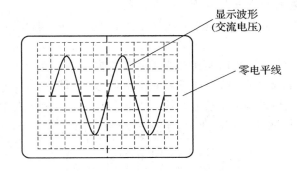

图 5-23　示波器测量交流电压的原理

解　从图中可以看出 $h=6$ cm，又 $D_y=1$ V/div，$k=1$，所以根据式（5-13）可得正弦信号的峰-峰值为

$$U_{pp} = h \times D_y \times k = 6 \times 1 \times 1 = 6 \text{ V}$$

通过计算，也可得到其有效值为

$$U = \frac{U_p}{K_P} = \frac{U_p}{\sqrt{2}} = \frac{U_{pp}}{2\sqrt{2}} = \frac{6}{2\sqrt{2}} = 2.1 \text{ V}$$

5.3.3　周期和时间测量

在示波器扫描中，若扫描电压线性变化的速率和 X 放大器的电压增益一定，那么扫描速度也为定值，示波管荧光屏的水平轴就变成时间轴了，这样，可用示波器直接测量一个周期（或波形任何部分）持续的时间大小。

1. 周期或频率测量

1）测量原理

对于周期性信号，周期和频率互为倒数，只要测出其中一个量，另一个量可通过公式 $f=1/T$ 求出，所以用示波器测量单个信号的频率就归结为测量周期。

用示波器测量周期与用示波器测量电压的原理基本相同，区别在于测量周期或时间要

着眼于 X 轴系统。被测交流信号的周期 T 为

$$T = xD_x \tag{5-14}$$

式中，x 为被测交流信号的一个周期在荧光屏水平方向所占距离(cm)；D_x 为示波器的时基因素(s/div)。

若使用了 X 轴扩展倍率开关，应考虑扩展倍率的大小。若扩展倍率为 k_x，则被测交流信号的周期为

$$T = \frac{xD_x}{k_x} \tag{5-15}$$

2）测量方法

（1）将示波器的扫描速度微调旋钮置于"校准"(CAL)位置，否则时间读数不准确。

（2）将待测信号送至示波器的垂直输入端，调节垂直灵敏度开关，使荧光屏上显示的波形高度适当。

（3）将示波器的输入耦合开关置于"AC"位置。

（4）调节扫描速度开关及触发电平，使显示的波形稳定(一般显示 1～2 个周期)，并记录下 D_x 值

（5）读出被测交流信号一个周期在荧光屏水平方向所占的距离 x。

（6）根据式(5-14)或式(5-15)计算被测交流信号的周期。

例 5-3 测量某正弦波信号，若时基因素开关置于"1 ms/div"位置，扫描扩展置于"拉出×10"位置，显示波形如图 5-24 所示，信号一个周期的 $x=7$ cm，求被测信号的周期。

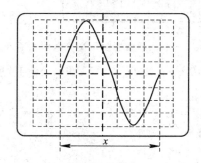

图 5-24 示波器测量信号周期的原理

解 因为 $x=7$ cm，又 $D_x=1$ ms/div，$k_x=10$，根据式(5-15)可得被测交流信号的周期为

$$T = \frac{xD_x}{k_x} = \frac{7 \times 1}{10} \text{ms} = 0.7 \text{ ms}$$

从例 5-3 可见，用示波器测量信号周期是比较方便的。但由于示波器的分辨率较低，所以测量误差较大。为了提高测量准确度，通常采用"多周期测量法"，即测量周期时，选择 N 个信号周期，读出 N 个信号周期波形在荧光屏水平方向所占距离 x_N，则被测信号的周期 T 为

$$T = \frac{x_N D_x}{N} \tag{5-16}$$

2. 测量时间间隔

（1）用示波器测量同一信号中任意两点 A 与 B 的时间间隔的测量方法与周期的测量方法相同。如图 5 - 25(a)所示，A 与 B 的时间间隔 T_{A-B} 为

$$T_{A-B} = x_{A-B} D_x \qquad (5-17)$$

式中，x_{A-B} 为 A 与 B 的时间间隔对应在荧光屏水平方向所占距离，D_x 为示波器的时基因素。

（2）若 A、B 两点分别为脉冲波前后沿的中点，则所测时间间隔为脉冲宽度，如图 5 - 25(b)所示。

（3）若采用双踪示波器，可测量两个信号的时间差。将两个被测信号分别输入示波器的两个通道，采用双踪显示方式，调节相关旋钮，使波形显示稳定且有合适的高度，然后选择合适的起始点，即将波形移到某一刻度线上，如图 5 - 25(c)所示，A、B 两点分别为两个脉冲波前沿，测出 A、B 两点间对应的距离 x_{A-B}，由式(5-17)可得时间差 T_{A-B}。

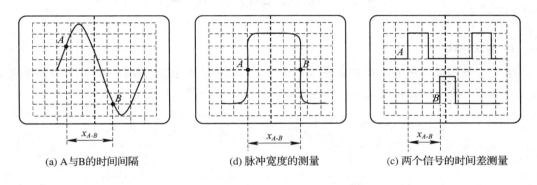

(a) A与B的时间间隔　　　　　　(d) 脉冲宽度的测量　　　　　　(c) 两个信号的时间差测量

图 5 - 25　用示波器测量信号时间间隔的原理

5.3.4　信号相位差测量

因为信号 $U_m \sin(\omega t + \varphi)$ 的相位 $\omega t + \varphi$ 是随时间变化的，故测量单个信号绝对的相位值是无意义的。相位差测量是指两个同频率的正弦信号之间的相位差的测量。

例：双踪示波法测量相位。

利用示波器线性扫描下的多波形显示是测量相位差最直观、最简便的方法。相位测量的原理是把一个完整的信号周期定为 $360°$，然后将两个信号在 X 轴上的时间差换成角度值。

测量方法是：将欲测量的两个信号 A 和 B 分别接到示波器的两个输入通道，示波器设置为双踪显示方式，调节有关旋钮，使荧光屏上显示两条幅度和周期宽度合适的稳定波形，如图 5 - 26 所示。先利用荧光屏上的坐标测出信号的一个周期在水平方向上所占的长度 x_T，然后再测量两波形上对应点（如过零点、峰值点等）之间的水平距离 x，则两信号的相位差为

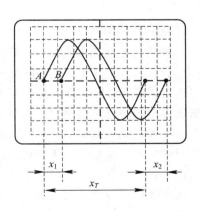

图 5 - 26　测量两信号的相位差

$$\Delta \varphi = \frac{x}{x_T} \times 360° \qquad (5-18)$$

式中，x 为两波形对应点之间的水平距离；x_T 为被测信号的一个周期在水平方向上所占的距离。为减小测量误差，还可取波形前后测量的平均值，如图 5-26 中，可取 $x=(x_1+x_2)/2$。

用双踪示波法测量相位差时应该注意，只能用其中一个信号去触发另一路信号，最好选择其中幅度较大、周期较大的那一个，以便提供一个统一的参考点进行相位比较，而不能用多个信号分别去触发。

虽然可以采用平均法等措施减小测量误差，但由于光迹的聚焦不可能非常细，读数时又有一定的误差，所以使用双踪示波法测量相位差的准确度是比较低的，尤其是相位差较小时误差就更大。

5.4 数字存储示波器

1. 基本结构

数字存储示波器的基本结构如图 5-27 所示，主要由程控放大器、高速 A/D 转换器、高速存储器、微处理器和液晶显示器等组成，其中微处理器是核心。

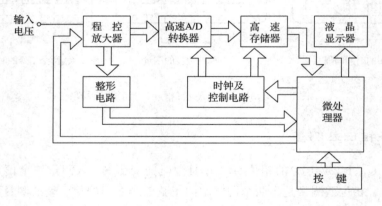

图 5-27 数字示波器的基本结构

2. 工作原理

被测信号从探头输入后，首先经过阻抗变换网络，再到程控放大（衰减）电路进行放大（衰减），把幅度调节在一定的范围内，然后把调好幅度的信号送入高速 A/D 转换器，对信号进行采样，采样所得的数据存入高速存储器中，当存储器存满后通知微处理器，微处理器从存储器中读出数据并进行处理，然后将波形显示在 LCD 模块上。

时钟电路为高速 A/D 转换器和存储器提供不同的频率信号作为不同水平扫速时的采样时钟频率。从程控放大器输出的信号一路送入 A/D 转换器，另一路送入整形电路，对输入信号进行整形，作为测量频率的待测信号送入微处理器的 16 位计数器外部触发引脚，进行频率测量。程控放大器的放大（衰减）倍数和时钟电路的输出频率均由微处理器控制。微处理器将被测信号的频率、程控放大器的放大倍数和时钟电路的输出频率等数据作为频率、水平扫速、灵敏度和峰-峰值计算、显示的依据。

3. 数字存储示波器的特点

(1) 波形的取样存储与波形的显示是相互独立的。在存储工作阶段，对快速信号采用较高的速率进行取样和存储，对慢速信号采用较低的速率进行取样和存储，但在显示工作阶段，其读出速度可以采用一个固定的速度，不受采样速率的限制，因而可以清晰而稳定地获得波形，可以无闪烁地观测被测量极慢变化，这是模拟示波器没有办法实现的。对观测极快信号来说，数字存储示波器采用高分辨率的液晶显示器，可进行高精度的清晰显示。

(2) 能长时间地保存信号。由于数字存储示波器是把波形用数字方式存储起来的，其存储时间在理论上可以是无限长。这种特性对观察单次出现的信号极为重要，如单次冲击波、放电现象等。

(3) 先进的触发功能。数字存储示波器不仅能显示触发后的信号，而且能显示触发前的信号，并且可以任意选择超前或滞后的时间。除此以外，数字存储示波器还可以提供边缘触发、组合触发、状态触发、延迟触发等多种方式，来实现多种触发功能。

(4) 测量准确度高。数字存储示波器由于采用晶振做高稳定时钟，因而有很高的测时准确度，采用高分辨率 A/D 转换器能使幅度测量准确度大大提高。

(5) 强大的数据处理能力。数字存储示波器由于内含微处理器因而能自动实现多种波形参数的测量和显示，例如上升时间、下降时间、脉宽、峰值等参数的测量与显示，能对波形实现取平均值、取上下限值、频谱分析以及对两波形进行加、减、乘、除等多种复杂的运算处理，还具有自检与自校等多种操作功能。

(6) 外部数据通信接口。数字存储示波器可以很方便地将存储的数据传输给计算机或其他的外部设备，进行更复杂的数据运算和分析处理，还可以通过 GPIB、USB、RS232 等接口与计算机一起构成自动测试系统。

4. 数字存储示波器的主要技术指标

数字存储示波器中与波形显示部分有关的技术指标和模拟示波器相似，下面仅讨论与波形存储部分有关的主要技术指标。

(1) 最高取样速率。最高取样速率指单位时间内取样的次数，也称为数字化速率，用每秒钟完成的 A/D 转换的最高次数来衡量，常以频率 f_s 来表示。取样速率愈高，反映仪器捕捉高频或快速信号的能力愈强。取样速率主要由 A/D 转换速率来决定。

数字存储示波器在测量时刻的实时取样速率可根据测量时所设定的扫描速度（即扫描一格所用的时间）来计算。其计算公式为

$$f_s = \frac{N}{t/\text{div}} \tag{5-19}$$

式中，N 为每格的取样点数；t/div 为扫描速度。

例如，当扫描速度为 10 $\mu s/\text{div}$，每格取样点数为 100 时，取样速率 f_s 为 10 MHz，即相邻取样点之间的时间间隔（等于取样周期）为 10 $\mu s/100 = 0.1$ μs。

(2) 存储带宽 B。存储带宽与取样速率 f_s 密切相关。根据取样定理，如果取样速率大于或等于信号频率的 2 倍，便可重现原信号。实际上，为保证显示波形的分辨率，往往要求增加更多的取样点，一般取 $N = 4 \sim 10$ 倍或更多，即存储带宽为

$$B = \frac{f_s}{N} \qquad\qquad (5-20)$$

（3）存储容量。存储容量又称为记录长度，它由采集存储器（主存储器）的最大存储容量来表示，常以字节（Byte）为单位。数字存储器常采用的是 256 B、512 B、1 KB、4 KB 等容量的高速半导体存储器。

（4）读出速度。读出速度是指将数据从存储器中读出的速度，常用"时间/div"来表示。其中，"时间"为屏幕上每格内对应的存储容量×读脉冲周期。使用中应根据显示器、记录装置或打印机等对速度的要求进行选择。

（5）分辨率。分辨率指示波器能分辨的最小电压增量，即量化的最小单元。它包括垂直分辨率（电压分辨率）和水平分辨率（时间分辨率）。垂直分辨率与 A/D 转换器的分辨率相对应，常以屏幕每格的分级数（级/div）或百分数来表示。水平分辨率由取样速率和存储器的容量决定，常以屏幕每格含多少个取样点或用百分数来表示。取样速率决定了两个点之间的时间间隔，存储容量决定了一屏内包含的点数。一般示波管屏幕上的坐标刻度为 8×10 div（即屏幕垂直显格为 8 格，水平显格为 10 格）。如果采用 8 位 A/D 转换器（256 级），则垂直分辨率表示为 32 级/div，或用百分数表示为 $1/256 \approx 0.39\%$；如果采用容量为 1KB（1024 字节）的 RAM，则水平分辨率为 $1024/10 \approx 100$ 点/div，或用百分数表示为 $1/1024 \approx 0.1\%$。

思考与练习题

5-1 画出通用示波器的原理框图，简述各部分的功能。

5-2 画出数字存储示波器的原理框图，数字存储示波器与模拟示波器两者有何异同？

5-3 在通用示波器中，欲稳定显示被测信号的波形，对扫描电压有何要求？

5-4 为什么要实现扫描过程的增辉与消隐？怎样实现？

5-5 试说明触发电平调节和触发极性调节的意义。

5-6 延迟线的作用是什么？延迟线为什么要在内触发信号之后引出？

5-7 如何判断探极补偿电容的补偿作用是否正确？如果不正确应怎样调节？

5-8 在通用示波器中，调节下列开关旋钮的作用是什么？应在哪个电路单元中调节？

① 辉度；② 聚焦和辅助聚焦；③ 触发方式；④ 触发电平；⑤ 触发极性；⑥ 稳定度；⑦ X 轴位移；⑧ Y 轴位移；⑨ 偏转灵敏度调节（V/div）；⑩ 扫描速度调节（t/div）。

5-9 设示波器的 X、Y 输入偏转灵敏度相同，在 X、Y 输入端分别加入以下电压：

$$u_x = A\sin(\omega t + 45°)$$

$$u_y = A\sin\omega t$$

画出荧光屏上显示的图形。

5-10 一个受正弦波调制电压调制的调幅波 $u_y = U_{cm}(1 + m_a\cos\Omega t)\cos\omega_c t$ 加到示波管的垂直偏转板，而同时又把正弦调制电压 $u_x = U_{\Omega m}\cos\Omega t(\Omega \ll \omega_c)$ 加到水平偏转板，试画出屏幕上显示的波形。如何从这个图形求调幅波的调幅系数 m_a？

5-11 设被测正弦信号的周期为 T，扫描锯齿波的正程时间为 $T/4$，回程时间可以忽略，被测信号加入 Y 输入端，扫描信号加入 X 输入端，试用作图法说明信号的显示过程。

5-12　若被测正弦信号的频率为 10 kHz，理想的连续扫描电压频率为 4 kHz，试画出荧光屏上显示的波形。

5-13　若示波器增辉电路不良或对回扫的消隐不好，使得扫描正程和回程在荧光屏上的亮度相差不多，被测信号及扫描电压波形如图 5-28 所示，画出在荧光屏上合成的波形。

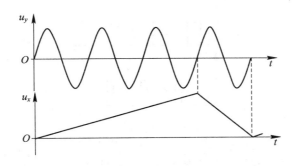

图 5-28　题 5-13 图

5-14　已知示波器的偏转因数 $D_y=0.2\text{V/cm}$，荧光屏有效宽度为 10 cm。

(1) 若时基因数为 0.05 ms/cm，所观察的波形如图 5-29 所示，求被测信号的峰-峰值及频率。

(2) 欲在屏幕上显示该信号 10 个周期的波形，时基因数应该取多大？

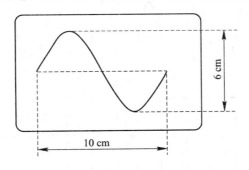

图 5-29　题 5-14 图

5-15　有一正弦信号，示波器的垂直偏转因数为 0.1 V/div，测量时信号经过 10∶1 的衰减探头加到示波器，测得荧光屏上波形的显示高度为 4.6 div，则该信号的峰值、有效值各为多少？

5-16　示波器的时基因数、偏转因数分别置于 0.5 ms/cm 和 10 mV/cm，试分别给出下列被测信号在荧光屏上显示的波形：

(1) 方波，频率为 0.5 kHz，峰-峰值为 20 mV；

(2) 正弦波，频率为 1 kHz，峰-峰值为 40 mV。

5-17　已知示波器时基因数为 0.5 ms/div，垂直偏转因数为 10 mV/div，探极衰减比为 10∶1，正弦波频率为 1 kHz，峰-峰值为 0.5 V，试画出显示的正弦波的波形图。如果正弦波有效值为 0.4 V，重绘显示出的正弦波波形图。

5-18　已知示波器最小时基因数为 $0.01\ \mu s/div$，荧光屏水平方向有效尺寸为 10 div，如果要观察两个周期的波形，则示波器的最高扫描工作频率是多少？（不考虑扫描逆程、扫描等待时间。）

5-19　有两路周期相同的脉冲信号 u_1 和 u_2，如图 5-30 所示，若只有一台单踪示波器，如何用它测量 u_1 和 u_2 前沿间的时间差？

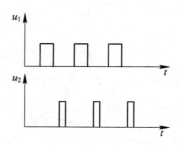

图 5-30　题 5-19 图

5-20　已知双踪示波器工作于交替方式，用来观测图 5-31 中 u_1 和 u_2 之间的相位关系，采用零电平正极性触发。图(a)为两个波形分别触发产生扫描电压；图(b)为只用其中一路信号触发产生扫描电压。画出(a)、(b)两种情况下荧光屏上显示的波形，指出为什么双踪示波器应由一路被测信号进行触发。

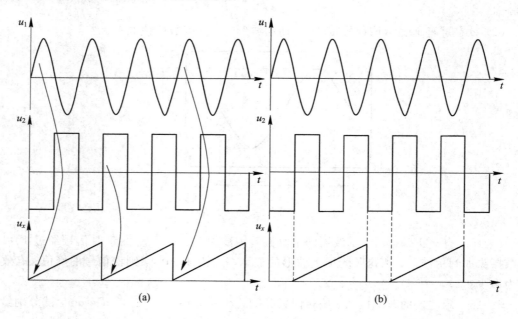

图 5-31　题 5-20 图

5-21　已知某方波的重复频率为 20 MHz，用带宽为 $f_{3dB}=30$ MHz 的示波器观测之，则示波器屏幕上显示的波形是否会有明显的失真？为什么？

5-22　欲观测一个上升时间 t_{rx} 约为 50 ns 的脉冲波形，现有下列 4 种带宽的示波器，选用其中哪种示波器最好？为什么？

（1）$f_{3dB}=10$ MHz，$t_r \leqslant 40$ ns；

（2）$f_{3dB}=30$ MHz，$t_r \leqslant 12$ ns；

（3）$f_{3dB}=15$ MHz，$t_r \leqslant 24$ ns；

（4）$f_{3dB}=100$ MHz，$t_r \leqslant 3.5$ ns。

5-23　某数字存储示波器 Y 通道的 A/D 转换器主要指标为：分辨力 8 bit，转换时间 100 μs。输入电压范围 0～5 V。试问：

（1）Y 通道能达到的有效存储带宽是多少？

（2）信号幅度的测量分辨力是多少？

（3）若要求水平方向的时间分辨力优于 1%，则水平通道的 D/A 转换器应是多少位？

第6章 测量用信号源

6.1 信号源概述

6.1.1 信号源的作用

能产生不同频率、不同幅度的规则或不规则波形的信号发生器称为信号源，信号源是电子测量领域中最基本、应用最广泛的一类电子仪器。归纳起来，信号源的用途主要有以下三个方面：

（1）激励源。在研制、生产、使用、测试和维修各种电子元器件、部件及整机设备时，都需要有信号源产生一定频率、波形的电压或电流信号作为激励信号，施加到被测器件或设备的输入端，然后在输出端，用相关测量仪器观察、测量其响应，以分析、确定有关性能参数。例如，在电阻两端施加一定电压幅度的信号，测量流过的电流来获得阻值；在放大器输入端加正弦激励信号，根据放大器输出大小测量其放大倍数等。

（2）标准信号源。一般的电子测量系统或仪器都需要一定的专用参考信号作用才能发挥测量功能，如数字电路中的时钟信号，交流电桥中的参考信号，信号调制中的载波信号，信号解调时的参考信号，超声波探伤、诊断中的工作频率信号，扫频仪中的扫频信号等。常见的参考信号有正弦波信号、方波信号、脉冲波信号、电视信号等。另一方面，还需要高标准的基准信号作为基准源对一般各类信号源进行校准。

（3）信号仿真。若要研究设备在实际环境下所受到的影响，而又暂时无法到实际环境中测量时，可以利用信号源给其施加信号来测量（所施加的信号具有与实际的特征信号相同的特性），这时信号源就要仿真实际的特征信号，如噪声信号、高频干扰信号等。

6.1.2 信号源的分类

信号源的应用领域广泛，种类繁多，性能指标各异，分类方法亦不同：按用途有专用和通用信号源之分；按性能有一般和标准信号源之分；按调试类型可以分为调幅、调频、调相、脉冲调制及组合调制信号发生器等；按频率调节方式可分为扫频、程控信号发生器等。下面介绍几种常见的分类方法。

按照输出信号的频率来分，大致可以分为6类：超低频率信号发生器，频率范围为0.001～1000 Hz；低频信号发生器，频率范围为1 Hz～1 MHz；视频信号发生器，频率范围为20 Hz～10 MHz；高频信号发生器，频率范围为200 kHz～30 MHz；甚高频信号发生器，频率范围为30 kHz～300 MHz；超高频信号发生器，频率在300 MHz以上。应该指出，按频段划分的方法并不是一种严格的界限，目前许多信号发生器可以跨越几个频段。

按输出的波形可以分为：正弦波形发生器，产生正弦波形或受调制的正弦信号；脉冲信号发生器，产生脉冲宽度不同的重复脉冲；函数信号发生器，产生幅度与时间成一定函数关系的信号；噪声信号发生器，产生模拟各种干扰的电压信号。

按照信号发生器的性能标准，可以分为一般的信号发生器和标准信号发生器。标准信号发生器的技术指标要求较高，有的标准信号发生器用于为收音机、电视机和通信设备的测量校准提供标准信号；还有一类高精度的直流或交流标准信号源用于对数字多用表等高精度仪器或一般信号源进行校准，其输出信号的频率、幅度、调制系数等可以在一定范围内调节，而且准确度、稳定度、波形失真等指标要求很高，而一般信号源对输出信号的频率、幅度的技术指标要求相对低一些。

6.1.3　信号发生器的基本组成

信号源的种类很多，信号产生方法各不相同，但其基本结构是一致的，如图 6-1 所示。它主要包括主振级、缓冲级、调制级、输出级及相关的外部环节。

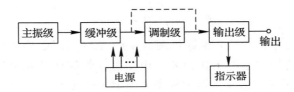

图 6-1　信号发生器一般结构

主振级：是信号源的核心，由它产生不同频率、不同波形的信号。由于要产生的信号频率、波形不同，其原理、结构差异很大。

缓冲级：对主振器产生的信号进行放大、整形等。

调制级：在需要输出调制波形时，对原始信号按照调幅、调频等要求进行调制。

输出级：调节输出信号的电平和输出阻抗，可以由衰减器、匹配变压器以及射极跟随器等构成。

指示器：用来监视输出信号，可以是电子电压表、功率计、频率计和调制度表等，有些脉冲信号发生器还附带有简易示波器。使用时可通过指示器来调节输出信号的频率、幅度及其它特征。通常情况下指示器接于衰减器之前，并且由于指示仪表本身准确度不高，其示值仅供参考，从输出端输出信号的实际特性需要其它更准确的测量仪表来测量。

电源：提供信号发生器各部分的工作电源电压。通常是将 50 Hz 交流市电整流成直流并加有良好的稳压措施。

6.1.4　正弦信号发生器的性能指标

在各类信号发生器中，正弦信号发生器是最普通、应用最广泛的一类，几乎渗透到所有的电子学实验及测量中，其原因除了正弦信号容易产生、容易描述又是应用最广的载波信号外，还由于任何线性双口网络的特性都可以用其对正弦信号的响应来表征。信号发生器作为测量系统的激励源，其性能直接影响到测量的质量。通常用频率特性、输出特性和调制特性（俗称三大指标）来评价正弦信号发生器的性能，其中包括 30 余项具体指标。由于各种仪器的用途和精度等级不同，所以并非每类、每台产品都用全部指标进行考核。另外，各生产厂家出厂检验标准及技术说明书中的术语也不尽一致。本节仅介绍信号发生器中几项最基本、最常用的性能指标。

1. 频率特性

正弦信号的频率特性包括频率范围、频率准确度、频率稳定度三项指标。

(1) 频率范围：信号发生器所产生的信号频率范围，该范围既可连续又可由若干频段或一系列离散频率覆盖，在此范围内应满足全部误差要求。例如传统国产 XD - 1 型信号发生器，输出信号频率范围为 1 Hz～1 MHz，分六挡即六个频段。为了保证有效频率范围连续，两相邻频段间有相互衔接的公共部分即频段重叠。又如(美)HP 公司 HP - 8660C 型频率合成器产生的正弦信号的频率范围为 10 kHz～2600 MHz，可提供间隔为 1 Hz 总共近 26 亿个分立频率。

(2) 频率准确度：信号发生器度盘(或数字显示)数值与实际输出信号频率间的偏差，通常用相对误差表示，即

$$\gamma = \frac{f_0 - f_1}{f_1} \times 100\% \qquad (6-1)$$

式中，f_0 为度盘或数字显示数值，也称预调值，f_1 是输出正弦信号频率的实际值。频率准确度实际上是输出信号频率的工作误差。用度盘读数的信号发生器的频率准确度约为 $\pm(1\%～10\%)$，精密低频信号发生器的频率准确度可达 $\pm0.5\%$。例如调谐式 XFC - 6 型标准信号发生器，其频率准确度优于 $\pm1\%$，而一些采用频率合成技术且带有数字显示的信号发生器，其输出信号具有基准频率(晶振)的准确度，若机内采用高稳定度晶体振荡器，其输出频率的准确度可达到 $10^{-8}～10^{-10}$。

(3) 频率稳定度：与频率准确度相关，是指其他外界条件恒定不变的情况下，在规定时间内，信号发生器输出频率相对于预调值变化的大小。按照国家标准，频率稳定度又分为频率短期稳定度和频率长期稳定度。频率短期稳定度定义为信号发生器经过规定的预热时间后，信号频率在任意 15 min 内所发生的最大变化，表示为

$$\delta = \frac{f_{\max} - f_{\min}}{f_0} \times 100\% \qquad (6-2)$$

式中，f_0 为预调频率，$f_{\max}$、$f_{\min}$ 分别为任意 15 min 内的信号频率的最大值和最小值。频率长期稳定度定义为信号发生器经过规定的预热时间后，信号频率在任意 3 h 所发生的最大变化，表示为

$$预调频率的 \ x \times 10^{-6} + y \, \text{Hz} \qquad (6-3)$$

式中，x，y 是由厂家确定的性能指标值。也可以用式(6 - 2)表示频率长期稳定度。需要指出的是，许多厂商的产品技术说明书中并未按上述方式给出频率稳定度指标。例如，国产 HG1010 信号发生器和(美)KH4024 信号发生器的频率稳定度都是 0.01%/h，含义是经过规定的预热时间后，两种信号发生器每小时(h)的频率漂移($f_{\max} - f_{\min}$)与预调值 f_0 之比为 0.01%。有些则以天为时间单位表示稳定度，例如国产 QF1480 合成信号发生器频率稳定度为 5×10^{-10}/天，而 QF1076 信号发生器(频率范围 10～520 MHz)频率稳定度为 $\pm50 \times 10^{-6}$/5 min+1 kHz，是用相对值和绝对值的组合形式表示稳定度的。

2. 输出特性

输出特性指标主要有输出阻抗、输出电平、非线形失真系数三项指标。

(1) 输出阻抗。作为信号源，输出阻抗的概念在"电路"或"电子电路"课程中都有说明。信号发生器的输出阻抗视其类型不同而异。对于低频信号发生器，电压输出端的输出阻抗一般为 600 Ω（或 1 kΩ），功率输出端依输出匹配变压器的设计而定，通常有 50 Ω、75 Ω、150 Ω、600 Ω、和 5 kΩ 等挡。高频信号发生器一般仅有 50 Ω 或 75 Ω 挡。当使用高频信号发生器时，要特别注意阻抗的匹配。

(2) 输出电平。输出电平指的是输出信号幅度的有效范围，即由产品标准规定的信号发生器的最大输出电压和最大输出功率及其衰减范围内所得到的输出幅度的有效范围。输出电平可以用电压（V、mV、μV）或分贝表示。例如 XD-1 低频率信号发生器的最大电压输出为 1 Hz～1 MHz＞5 V，最大功率输出为 10 Hz～700 kHz（50 Ω、75 Ω、150 Ω、600 Ω）＞4 W。

在图 6-1 信号发生器框图的输出级中，一般都包括衰减器，其目的是获得从微伏级（μV）到毫伏（mV）级的小信号电压。例如 XD-1 型信号发生器的最大信号电压为 5 V，通过 0～80 dB 的步进衰减输出，可获得 500 μV 的小信号电压。在信号发生器的性能指标中，就包括了"衰减器特征"这一指标，主要指衰减范围和衰减误差。例如 XD-1 型信号发生器的衰减器特性为：电压输出，1 Hz～1 MHz 衰减≤80±1.5 dB。

和频率稳定度指标类似，输出信号还有幅度稳定度及平坦度指标。幅度稳定度是指信号发生器经规定时间预热后，在规定时间间隔内输出信号幅度对预调幅度值的相对变化量。例如 HG1010 信号发生器的幅度稳定度为 0.01％/h。平坦度分别指温度、电源、频率等引起的输出幅度变动量。使用者通常主要关心输出幅度随频率变化的情况，像用静态"点频法"测量放大器的幅频特性时就是如此。现代信号发生器一般都有自动电平控制电路（ALC），可以使平坦度保持在 ±1 dB 以内，即将幅度波动控制在 ±10％ 以内。例如 XD8B 超低频信号发生器的幅频特性为≤3％。

(3) 非线性失真系数（失真度）。正弦信号发生器的输出在理想情况下应为单一频率的正弦波，但由于信号发生器内部放大器等元器件的非线性，会使输出信号产生非线性失真，除了所需要的正弦波频率外，还有其他谐波分量。人们通常用信号频谱纯度来说明输出信号波形接近正弦波的程度，并用非线性失真系数 γ 表示：

$$\gamma = \frac{\sqrt{U_2^2 + U_3^2 + \cdots + U_n^2}}{U_1} \times 100\% \tag{6-4}$$

式中，U_1 为输出信号基波有效值，U_2、U_3、…、U_n 为各次谐波有效值。由于 U_2、U_3、…、U_n 等较 U_1 小得多，为了测量上的方便，也常用下面的公式定义 γ：

$$\gamma = \frac{\sqrt{U_2^2 + U_3^2 + \cdots + U_n^2}}{\sqrt{U_1^2 + U_2^2 + \cdots + U_n^2}} \times 100\% \tag{6-5}$$

一般低频正弦信号发生器的失真度为 0.1％～1％，高档正弦信号发生器的失真度可低于 0.005％。例如 XD-2 低频信号发生器电压输出的失真度≤0.1％，而 ZN1030 的非线性失真系数≤0.003％。对于高频信号发生器，这项指标要求很低，作为工程测量用仪器，其非线性失真系数≤5％，即眼睛观察不到的波形失真即可接受。另外，人们通常只用非线性失真来评价低频信号发生器，而用频谱纯度来评价高频信号发生器。频谱纯度不仅要考虑高次谐波造成的失真，还要考虑由非谐波噪声造成的正弦波失真。

3. 调制特性

高频信号发生器在输出正弦波的同时，一般还能输出一种或两种以上的已被调制的信号，多数情况下是调幅信号和调频信号，有些还带有调相和脉冲调制功能。当调制信号由信号发生器内部产生时称为内调制，当调制信号由外部加到信号发生器时称为外调制。这类带有输出已调波功能的信号发生器，是测试无线电收发设备等场合不可缺少的仪器。

评价信号发生器的性能指标不止上述各项，这里仅就最常用、最重要的项目作概括介绍。由于使用目的、制造工艺、工作机理等方面的因素，各类信号发生器的性能指标相差悬殊，因而价格相差也就很大，所以在选用信号发生器的时候（选用其它测量仪器也是如此），必须考虑合理性和经济性。以对频率的准确度要求为例，当测试谐振回路的频率特性、电阻值和电容损耗角随频率变化时，仅需要 $\pm 1 \times 10^{-2} \sim \pm 1 \times 10^{-3}$ 的准确度，而当用于测量广播通信设备时，则要求 $\pm 10^{-5} \sim \pm 10^{-7}$ 的准确度。显然，这两种场合应当选用不同档次的信号发生器。

6.1.5　信号发生器的发展趋势

由于电子测量及其它部门对各类信号发生器的广泛需求及电子技术的迅速发展，信号发生器种类日益增多，性能日益提高，尤其随着 20 世纪 70 年代微处理器的出现，信号发生器不断向着自动化、智能化的方向发展。现在，许多信号发生器带有微处理器，因而具备了自校、自检、自动故障诊断、自动波形形成和修正等功能外，还带有 IEEE - 488 或 RS232 总线，可以和控制计算机及其它测量仪器一起方便地构成自动测试系统。当前信号发生器总的趋势是向着宽频率覆盖、高频率稳定度、多功能、多用途、自动化和智能化方向发展。

6.2　常见信号的产生方法

6.2.1　正弦信号发生器

正弦信号发生器可以产生正弦信号或受调制的正弦信号。它包括低频信号发生器、高频信号发生器、微波信号发生器、合成信号发生器和扫频信号发生器等。这里对正弦低频信号发生器和高频信号发生器作简单介绍。

1. 低频信号发生器

低频信号发生器是信号发生器大家族中一个非常重要的组成部分。在模拟电子线路与系统设计、测试和维修中获得广泛的应用，其中最明显的一个例子是收音机、电视机、有线广播和音响设备中的音频放大器。事实上，"低频"就是从"音频"（20 Hz～20 kHz）的含义演化而来的，由于其他电路测试的需要，频率向上、向下分别延伸至超低频和高频段。一般"低频信号发生器"是指 1 Hz～1 MHz 频段，现今一些低频信号发生器的频率范围可到 1 Hz～10 MHz。输出波形以正弦波为主，或兼有方波及其它波形。

信号发生器的核心是主振级，欲实现主振级电路对某一频率的正弦信号振荡，需满足振荡器的两个基本条件，即振荡起振条件和振荡平衡条件。为了满足这两个条件，主振级必须是正反馈振荡结构，即主振级电路是由主网络和正反馈网络两部分组成的闭合环路，如图 6-2 所示。

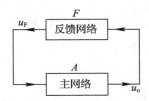

图 6-2　正弦振荡器主振级结构

振荡器的起振条件是

$$T = F \cdot A > 1 \tag{6-6}$$
$$\Phi_T = \Phi_F + \Phi_A = 0 \tag{6-7}$$

其中：F 为反馈系数，A 为放大电路增益，T 为振荡器环路总增益，Φ_F 为反馈网络的相位偏移，Φ_A 为放大电路的相位偏移，Φ_T 为振荡器环路总的相位偏移。式(6-6)为振幅起振条件，式(6-7)为相位起振条件。振荡器的平衡条件是

$$T = F \cdot A = 1 \tag{6-8}$$
$$\Phi_T = \Phi_F + \Phi_A = 0 \tag{6-9}$$

式(6-8)为振幅平衡条件，式(6-9)为相位平衡条件。

1) 文氏桥振荡器

正弦信号发生器主振级的类型有多种，在一般低频正弦信号发生器中，主振级使用 RC 振荡器，一般主网络是放大器，反馈网络是 RC 分压网络，其中应用最多的当属文氏桥 RC 主振器。图 6-3(a)为文氏桥振荡器的原理电路，电路的 R_1C_1、R_2C_2、R_3、R_4 四个支路可看作电桥的四个桥臂，若电桥的端点 c 接地，将运算放大器 A 的输入、输出分别接至电桥的端点 b、d 及 a，就满足了振荡器的两个基本条件，对应的原理结构框图如图 6-3(b)所示。合理地确定电路中各元件的参数值，就可以满足正弦振荡器的振荡条件与平衡条件，从而产生对应频率的正弦振荡信号。此技术方法由文氏发明，故称为文氏桥振荡器。

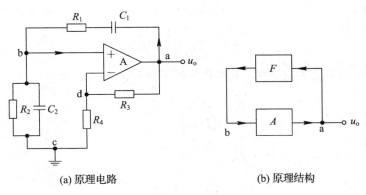

(a) 原理电路　　　　　　　　　　　　(b) 原理结构

图 6-3　文氏桥振荡器组成

反馈系数 F 的计算:

$$F = \frac{u_b}{u_o} = \frac{z_2}{z_1 + z_2}$$

$$z_1 = R_1 + \frac{1}{j\omega C_1} = \frac{1 + j\omega R_1 C_1}{j\omega C_1}$$

$$z_2 = R_2 \parallel \frac{1}{j\omega C_2} = \frac{R_2}{1 + j\omega R_2 C_2}$$

$$F = \frac{1}{\left(1 + \dfrac{R_1}{R_2} + \dfrac{C_2}{C_1}\right) + j\left(\omega R_1 C_2 - \dfrac{1}{\omega R_2 C_1}\right)}$$

反馈网络及其幅频特性 $F(\omega)$、相频特性 φ_F 示意图分别如图 6-4(a)、(b)及(c)所示。

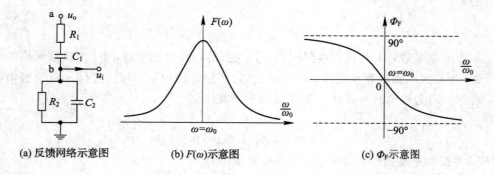

(a) 反馈网络示意图   (b) $F(\omega)$示意图   (c) Φ_F示意图

图 6-4   正反馈网络示意图

放大电路的增益 A 的计算:

$$A = 1 + \frac{R_3}{R_4}$$

起振关系及振荡角频率 ω 的计算:

由于 $\Phi_A = 0$,欲满足相位起振条件 $\Phi_T = \Phi_F + \Phi_A = 0$,则应使 $\Phi_F = 0$;欲使 $\Phi_F = 0$,则

$$\omega R_1 C_2 - \frac{1}{\omega R_2 C_1} = 0$$

所以,振荡角频率为

$$\omega_0 = \frac{1}{\sqrt{R_1 R_2 C_1 C_2}} \tag{6-10}$$

即对 ω_0 频率的信号满足相位条件,此频率条件下的反馈系数 F 为

$$F = \frac{1}{\left(1 + \dfrac{R_1}{R_2} + \dfrac{C_2}{C_1}\right)}$$

如果取 $R_1 = R_2 = R$、$C_1 = C_2 = C$,则

$$\omega_0 = \frac{1}{RC}, \quad F(\omega) = \frac{1}{3} \tag{6-11}$$

欲满足振幅起振条件 $F \cdot A > 1$,则

$$\frac{1}{1+\dfrac{R_1}{R_2}+\dfrac{C_2}{C_1}}\left(1+\frac{R_3}{R_4}\right)>1$$

若取 $R_1=R_2$，$C_1=C_2$，则可得振荡器电路的振幅起振条件为 $A>3$，即 $R_3>2R_4$。

　　由于文氏桥电路的选频特性较差，会造成输出波形失真，且放大器增益的波动会引起振荡幅度不稳定，因此，通常使用高增益的二级放大器加上负反馈，并在负反馈支路中设置稳增益措施，使得在维持振荡期间，总电压增益为 3。图 6-5 为采用热敏电阻稳幅的文氏桥振荡器结构。

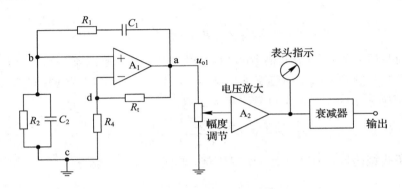

图 6-5　使用热敏电阻 R_t 稳幅的文氏桥振荡器结构

　　图中，负温度系数的热敏电阻 R_t 和电阻 R_4 构成了电压负反馈电路。热敏电阻 R_t 的阻值随环境温度的升高或流过的电流的增加而减少，当由于某种原因引起输出电压增大时，因为该电压也直接接在 R_t、R_4 串联电路，所以流过 R_t 的电流也随之增加而导致 R_t 阻值降低，运放 A_1 的反向输入端电压升高而使输出电压降低（也可以说由于 R_t 阻值降低，放大器增益降低，从而使输出电压减小），达到稳定输出信号振幅的目的。而在振荡器起振阶段，由于 R_t 上温度低、阻值大、负反馈小，放大器实际总增益大于 3，振荡器容易起振。

　　通过改变电阻 R_1、R_2 或电容 C_1、C_2 的数值可调节振荡频率。作为信号源，通常使用同轴电阻器改变电阻 R_1、R_2 进行粗调，使得换挡时频率变化 10 倍，而用改变双联同轴电容 C_1、C_2 的方法在一个波段内进行频率细调。如果仅提供电压输出，那么 RC 振荡器后加接电压放大器即可，如图 6-5 中 A_2；如果要求功率输出，则还应加接功率放大器和阻抗交换器。实际中，R_t 和标准电阻串联后接在放大器反馈支路。

　　在上面的分析中，没有考虑放大器的输入电阻 R_i 和输出电阻 R_o 对正反馈网络特性的影响。考虑 R_i 和 R_o 对 RC 正反馈网络特性影响的等效电路如图 6-6 所示。从图中不难看出，为了减小 R_i 和 R_o 对 RC 正反馈网络特性的影响，应使 R_i 尽可能大而 R_o 尽可能小。为此，实际振荡器电路中放大器输入级常采用场效应管，以提高输入阻抗 R_i，输出时加接射极跟随器，以降低输出阻抗 R_o。

　　2）LC 振荡器

　　当谈到正弦振荡器时，很容易想到用 L、C 构成的谐振电路和晶体管放大器来实现。实际上基本不用这种电路做为低频信号发生器的主振荡器，这是因为对于 LC 振荡电路，振荡频率 $f_0=\dfrac{1}{2\pi\sqrt{LC}}$，当频率较低时，L、C 的体积都比较大，分布电容、漏电导等也都

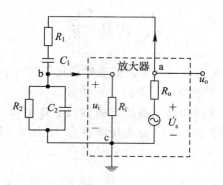

图 6-6　放大器输入、输出阻抗对 RC 网络的影响

相应很大，而品质因数 Q 值降低很多，谐振特性变坏，且调整困难。其次由于 f_0 与 $\sqrt{LC}$ 成反比，因而同一频段内的频率覆盖系数很小。例如 L 固定，调节电容 C 改变振荡频率，设电容调节范围为 40～450 pF，则频率覆盖系数为

$$K = \frac{f_{\max}}{f_{\min}} = \sqrt{\frac{C_{\max}}{C_{\min}}} = \sqrt{\frac{450}{40}} \approx 3$$

如果用 RC 桥式振荡器，仍以上面的情况为例，其频率覆盖系数为

$$K = \frac{f_{\max}}{f_{\min}} = \frac{C_{\max}}{C_{\min}} = \frac{450}{40} \approx 11$$

　　例如以 RC 文氏桥电路构成振荡器的 XD-1 型低频信号源，信号频率范围为 1 kHz～1 MHz，分为 6 个频段，每个频段内的频率覆盖系数均为 10。

　　3）差频式振荡器

　　RC 振荡器的每一波段的频率覆盖系数（最高频率与最低频率的比值）通常为 10。因此，要覆盖 1 Hz～1 MHz 的频率范围，至少要 6 个波段，对于某些测量，特别是扫频测量就极不方便。而差频式低频信号发生器可以在不分波段的情况下得到较宽的频率覆盖范围。图 6-7 为差频式低频信号发生器的原理图。

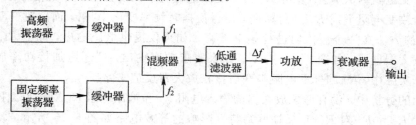

图 6-7　差频式低频信号发生器原理框图

　　图中，高频振荡器和固定频率振荡器分别产生可变频率的高频振荡 f_1 和固定频率的高频振荡 f_2，混频器输出包括了各个谐波和两者的差频 $f = f_1 - f_2$，后面的低通滤波器滤除混频器输出中含有的高频分量，留下差频 $f_1 - f_2$。当高频振荡器频率从 $f_{1\max}$ 变到 $f_{1\min}$ 时，经低通滤波器后就得到了 $f_{\max}$～$f_{\min}$ 的低频信号，再经放大器和输出衰减器后得到所需幅度的低频信号。这种方法的主要缺点是电路复杂，频率准确度、稳定度较差，波形失真较大；最大的优点是容易做到在整个频段内频率可连续调节而不用更换波段，输出电平也较均匀，所以常用在扫频振荡器中。

高频振荡器是一个可调的 LC 振荡器，其输出频率为 f_1，固定频率振荡器输出频率为 f_2，设 f_1 的变化范围为 $f_{11} \sim f_{12}$，则差频信号的频率范围为 $\Delta f_1(f_{11} - f_2) \sim \Delta f_2(f_{12} - f_2)$，如果 f_1 与 f_2 的值都很高，则差频的频率覆盖系数 $\Delta f_1/\Delta f_2$ 可以达到很大的值，因此对 f_1 进行调频指数不大的调频也可以使 Δf 具有很宽的范围。例如：$f_2 = 3.4$ MHz，而 f_1 可以从 3.4003 MHz 到 5.1 MHz，则输出频率可为 300 Hz～1.7 MHz。

　　但是当 f_1 与 f_2 接近时，容易产生频率牵引（强迫同步），使得 Δf 可以从某一较小值突变为零，而且差频振荡器的频率准确度较差，每次测量都要校准，而且校准后频率的准确度仍然不高，因此该方法已较少使用。

2. 高频信号发生器

　　高频信号发生器的输出频率范围一般为 300 kHz～1 GHz，稳定度一般优于 $10^{-4}/15$ min，输出电压为 0.1 μV～1 V，输出阻抗为标准的 50 Ω（或 75 Ω），大多数具有调幅、调频及脉冲调制等功能。其主要结构由主振级、缓冲级、调制级及输出级组成。主振级通常采用 LC 正弦波振荡器，通过选择不同电感值元件的方式来实现波段选择，用可调电容方式实现频率细调控制；缓冲级一般采用选频放大器；调制级产生不同功能的高频调制信号，调制信号可以由内部调制振荡器产生，也可由外部输入；输出级对信号进行放大、滤波、电平调节以及获得准确固定的源阻抗（一般为 50 Ω 或 75 Ω）。

　　主振级是高频信号发生器的核心，是采用 LC 谐振回路作为选频网络的反馈式振荡器，其电路形式有多种。按反馈网络的结构不同，LC 振荡器主要有变压器耦合反馈振荡器和三点式振荡器两种类型。在这两种类型中，应用最多的是三点式振荡器。三点式振荡器是指从 LC 谐振回路引出三个端点，分别与三极管的三个电极相连接，由于只有在三极管发射极到基极、发射极到集电极之间连接相同性质的电抗元件，在基极到集电极之间连接相反性质的电抗元件才能满足振荡器的相位条件，因此三点式振荡器又有电容三点式与电感三点式之分。

　　要设计 LC 三点式主振级振荡电路，首先要设计三极管的直流工作点及交流等效电路，其次是确定交流等效电路中各元件参数，使之府合振荡器的起振条件。图 6-8(a) 为一电容三点式振荡器，L、C_1、C_2 为谐振回路元件。其中电感 L 既是谐振回路元件，又起着集电极直流通路的作用；R_{B1}、R_{B2}、R_E 为偏置电阻；C_B、C_C 为交流旁路隔直流电容；R_L 为负载电阻。其交流通路如图 6-8(b) 所示。

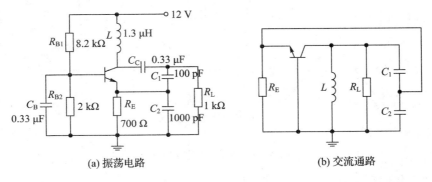

(a) 振荡电路　　　　　　　　　　(b) 交流通路

图 6-8　电容三点式振荡电路

6.2.2 函数信号发生器

在低频(或超低频)信号发生器的家族中,还有一种被称为函数信号发生器,简称函数发生器,因其时间波形可用某些时间函数来描述而得名。它在输出正弦波的同时还能输出同频率的三角波、方波、锯齿波等波形,以满足不同的测试需求。

作为信号源,函数发生器要求具有较宽的频率范围(0.1 Hz至几十兆赫兹)及较稳定的频率,具有可变的上升时间(对方波)以及可变的直流补偿,具有较高的频率准确度和较强的驱动能力,波形失真应比较小。

1. 函数信号的产生方法

函数发生器一般以某种波形为第一波形,然后在该波形基础上转换导出其它波形。因第一波形的不同,而采取不同的波形导出方式,主要的导出方式有:方波→三角波→正弦波,正弦波→方波→三角波,三角波→正弦波→方波等,这里主要讨论第一种方式。

图6-9(a)是方波→三角波→正弦波形式的函数发生器原理结构图。图中,由双稳态触发器、上限比较器、下限比较器、积分器构成方波及三角波振荡电路,然后由二极管整形网络将三角波整形成正弦波。图6-9(b)为信号波形变化过程。

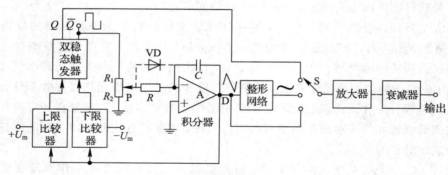

(a) 原理结构图

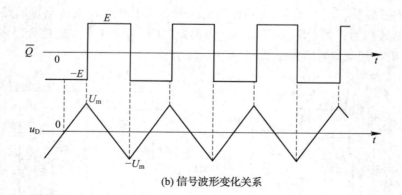

(b) 信号波形变化关系

图6-9 函数发生器原理图

其简要工作原理如下:

设刚开始工作时,双稳态触发器 $\overline{Q}$ 端输出电压为 $-E$,经过电位器分压,P点的分压

系数 $\alpha = R_2/(R_1 + R_2)$，若积分电容 C 上初始电压为零，则积分器输入端电压为 $U_p = -\alpha E$，积分器输出端 D 点电位为

$$u_D = \frac{\alpha \cdot E}{RC} \cdot t \qquad (6-12)$$

即积分器输出电位随时间 t 正比上升，当经过时间 T，u_D 上升到 U_m 时，上限比较器输出一个触发脉冲，使双稳态触发器发生翻转，$\overline{Q}$ 端输出电压 E，这时，积分器输入端电压为 $U_p = \alpha E$，则积分器输出端 D 点电位为

$$u_D = \frac{\alpha \cdot E}{RC}T - \frac{\alpha \cdot E}{RC} \cdot t \qquad (6-13)$$

即积分器输出电位随时间 t 正比下降，经过时间 T 到达 0 V，再经过时间 T（即经过 $2T$ 时间），u_D 下降到 $-U_m$ 时，下限比较器输出一个触发脉冲，使双稳态触发器再次发生翻转，$\overline{Q}$ 端重新输出 $-E$，则积分器输入端电压为 $U_p = -\alpha E$，积分器输出端 D 点电位为

$$u_D = -\frac{\alpha \cdot E}{RC}T + \frac{\alpha \cdot E}{RC} \cdot t$$

即积分器输出电位随时间 t 又正比上升，当经过时间 T 后，到达 0 点，随着时间继续，积分器输出电压继续上升，如此周而复始，在 $Q(\overline{Q})$ 端产生周期为 $4T$ 的周期性方波信号，在积分器输出端产生三角波。

如果上限比较器和下限比较器的正、负比较电平完全一样，那么得到的将是完全对称的方波和三角波；如果改变积分器正向、反向积分时间常数，例如在积分电阻 R 两端并联二极管 VD，则当积分器输入端为 $+E$ 电压时，二极管导通，积分电阻约为二极管导通电阻 r，则 u_D 达到 $-U_m$ 的时间很短，从而就可以产生锯齿波和不对称的方波信号。改变积分电阻 R 数值或改变积分电容 C 的数值可以改变振荡频率。一般用电容 C 作为粗调，用电阻 R 作为细调来调整振荡频率。

将对称的三角波转换为正弦波的原理如图 6-10(a)所示。正弦波可以看作是由许多斜率不同的直线段连接而成的，只要直线段足够多，由折线构成的波形就可以相当好地近似正弦波形。斜率不同的直线段可由三角波经过不同的电阻分压得到（各直线段对应的分压系数不同），因此，只要将三角波 u_i 通过一个分压网络，根据 u_i 大小改变分压网络的分压系数，便可以得到近似的正弦波输出。二极管整形网络就可实现这种功能，现以图 6-10(b)所示的二极管整形网络为例说明其整形原理。

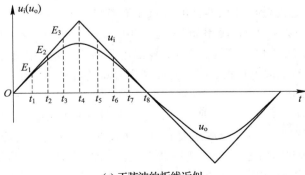

(a) 正弦波的折线近似

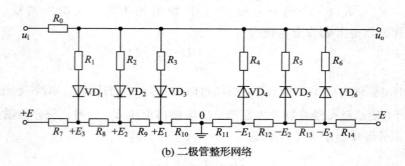

(b) 二极管整形网络

图 6-10　基于二极管整形网络的三角波到正弦波的整形原理

图中 E_1、E_2、E_3 及 $-E_1$、$-E_2$、$-E_3$ 等为由正、负电源 $+E$ 和 $-E$ 通过分压电阻 R_7、R_8、…、R_{14} 分压得到的不同电位，由于各二极管串联的电阻 R_1、R_2、…、R_6 及 R_0 的阻值都比 R_7、R_8、…、R_{14} 的阻值大得多，因而它们的接入几乎不会影响 E_1、E_2…的数值。开始阶段（$t<t_1$），$u_i<E_1$，二极管 $VD_1\sim VD_6$ 全部截止，输出电压 u_o 等于输入电压 u_i；$t_1<t<t_2$ 阶段，$E_1<u_i<E_2$，二极管 VD_3 导通，此阶段 u_o 等于 u_i 经 R_0 和 R_3 的分压输出，u_o 上升斜率减小；在 $t_2<t<t_3$ 阶段，$E_2<u_i<E_3$，此时 VD_3、VD_2 都导通，u_o 等于 u_i 经 R_0 和（$R_2 /\!/ R_3$）（R_2 与 R_3 并联）的分压输出，上升斜率进一步减小；当 $u_i>E_3$，即 $t>t_3$ 后，VD_3、VD_2、VD_1 全部导通，u_o 等于 u_i 经 R_0 和（$R_3 /\!/ R_2 /\!/ R_1$）（R_3、R_2、R_1 三个电阻并联）的分压输出，上升斜率最小；当 $t=t_4$ 后，u_i 逐渐减小，二极管 VD_1、VD_2、VD_3 依次截止，u_o 下降斜率又逐步增大，完成正弦波的正半周期近似；负半周期工作原理类似。通常将正弦波一个周期分为 22 段或 26 段，用 10 个或 12 个二极管组成整形网络，只要电路参数选择得合理、对称，就可以得到非线形失真小于 0.5% 的波形良好的正弦波。

2. 集成函数信号发生器

由大规模集成电路构成的集成函数信号发生器，能产生方波、三角波、锯齿波及正弦波；由于这种集成电路的功能很强，除了输出固定频率的信号外，还可以输出调频或扫频信号，其典型芯片国外有 ICL8038，国内有 5G8038。以下介绍 5G8038 的工作原理及使用。

1）性能指标

单片集成电路 5G8038 是精密函数信号发生器，外接少许元件就可构成一个可输出多种波形的振荡器。由于它采用肖特基势垒二极管等先进工艺，能够在很宽的温度范围和电源电压范围内取得稳定的输出。该器件的特点是频率的温度漂移小于 $50\times10^{-6}/℃$；正弦波输出失真度小于 1%；工作频率范围为 0.01 Hz～300 kHz；占空比可调范围为 2%～98%；输出电平从 TTL 电平至 28 V；输出电平特性：方波输出是从零至外接电源电压，三角波输出幅度是电源电压的 1/3，正弦波输出幅度是电源电压的 1/4。

2）结构及工作原理

5G8038 电路结构如图 6-11(a) 所示。图中，除外接的电阻 R_A、R_B 及电容 C_T 之外，其余皆为芯片的内部资源。内部资源主要有可控恒流源 I_1 及 I_2、比较器 1 及比较器 2、缓冲器 1 及缓冲器 2、基本 RS 触发器、缓冲器 3、正弦波整形电路、内部电压偏置电路等。下面结合芯片内部资源及已连接好的外接元件简述各波形产生的原理。

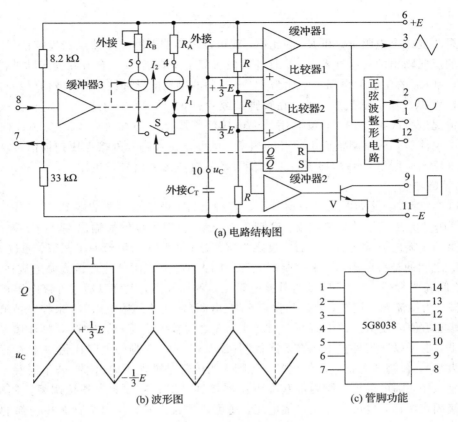

(a) 电路结构图

(b) 波形图

(c) 管脚功能

图 6-11　集成函数信号发生器芯片原理图

　　三角波信号由可控的内部电流源 I_1、I_2 对外接电容器 C_T 充、放电产生。当 RS 触发器输出 $Q=0$ 时，内部开关 S 断开，电流源 I_1 对 C_T 正向充电，充电电流使电容 C_T 的端电压 u_C 上升，当 u_C 上升到比较器 1 的上门限电平 $(1/3)E$ 时，比较器 1 使 RS 触发器输出置位，即 $Q=1$，并使开关 S 接通，C_T 被电流 I_1-I_2 充电。调节外接电阻 R_B 阻值可使 $I_2=2I_1$，则电流源以 $I_1-I_2=-I_1$ 的反向充电电流（在电容 C_T 上从下往上）充电。在反向充电过程中，电容上的电压 u_C 线性下降，当下降至比较器 2 的下门限电平 $-(1/3)E$ 时，触发器复位，即 $Q=0$，开关 S 再次断开，再由 I_1 向 C_T 正向充电。依此循环进行，波形图如图 6-11(b)所示（如果管脚 11 接地，则上门限电平为 $(2/3)E$，下门限电平为 $(1/3)E$）。在 C_T 上形成的三角波经过缓冲器 1 在引脚 3 输出。由于改变外接电阻 R_A、R_B 的阻值，分别改变了恒流源 I_1、I_2 的大小，从而改变了电容充、放电时间，也就调整了三角波信号的频率，故三角波信号的频率 f_0 取决于外接元件 C_T、R_A 和 R_B，其大小可以参考下面的关系式：

$$f_0 = \cfrac{1}{\dfrac{5}{3}R_A C_T\left(1+\dfrac{R_B}{2R_A-R_B}\right)}$$

式中，设 $I_1=\dfrac{2E}{5R_A}$，$I_2=\dfrac{4E}{5R_B}$，如果 $R_A=R_B=R_T$，则

$$f_0 = \frac{0.3}{R_T \cdot C_T} \qquad\qquad (6-14)$$

如果改变两个电阻 R_A 和 R_B 的比值，就可以输出非对称三角波或锯齿波信号。将 RS 触发器的反向输出端接缓冲器 2，并通过三极管集电极即管脚 9 输出方波或脉冲波，这时调节 R_A 和 R_B 的比值可得到占空比为 2%～98% 的可变的脉冲波；三角波信号经过正弦波整形后在管脚 2 输出正弦波，通过在管脚 1 或管脚 12 外接可调电压可以对正弦波的非线性失真情况进行改善（调节）；可以用外部电压经管脚 8 通过缓冲器 3 改变芯片内恒流源 I_1、I_2 的电流值，从而调整输出信号的频率，也可以在管脚 8 外接电压扫描信号从而实现扫频信号输出。所以，5G8038 是一个功能灵活的集成函数信号发生器。

3）管脚功能

5G8038 管脚功能如图 6-11(c) 所示。管脚 1 为正弦波线性调节端 1，通过外接电压来调整；管脚 2 为正弦波信号输出端；管脚 3 为三角波/锯齿波信号输出端，当 4 脚、5 脚外接的电阻值平衡时其输出为三角波，反之为锯齿波；管脚 4 为恒流源 1 调节，通过 4 脚到 6 脚（电源）之间的外接电阻 R_A 来控制恒流源 1 的大小，其电阻值应使恒流源电流在 1 μA～1 mA 之间较为合适，在 4 脚、5 脚外接电阻正常的情况下，也可以通过外接电压在 8 脚控制；管脚 5 为恒流源 2 调节，通过 5 脚到 6 脚（电源）之间的外接电阻 R_B 来控制恒流源 2 的大小，其电阻值应使恒流源电流在 1 μA～1 mA 之间较为合适，在 4 脚、5 脚外接电阻正常的情况下，也可以通过外接电压在 8 脚控制（注意，4 脚、5 脚的电阻比值决定着矩形波占空比的大小）；管脚 6 为正电源供电端；管脚 7 为内部基准电压输出端，若不需要 8 脚外接电压调整频率，则可以把 7 脚内部基准电压连接到 8 脚；管脚 8 为外接调频控制输入端，可以外接固定电压，也可以外接扫描电压，还可以连接 7 脚，利用 7 脚芯片内部的固定基准电压；管脚 9 为方波/矩形波输出端，由于是集电极开路输出，所以在使用时需外接几千欧的电阻到正电源（上拉电阻），才能从 9 脚输出方波/矩形波信号；管脚 10 为外接积分电容端，电容连接到 10 脚与 11 脚之间；管脚 11 为负电源或接地，若为双电源供电，则该端接负电源，若为单电源供电，则该端接地；管脚 12 为正弦波线性调节端 2，通过外接电压来调整；管脚 13 为空脚；管脚 14 为空脚。

4）使用举例

以 5G8038 为核心，接入少量外部元件就可以构成一个实用的函数信号发生器。如图 6-12 为正弦波线性度、矩形波占空比及信号频率可调的函数发生器电路结构。图中，10 脚的外接积分电容 C_T 为 0.01 μF；9 脚外接 10 kΩ 的上拉电阻；R_{w1} 为正弦波线性度（平滑度）调节；R_{w2} 为矩形波占空比调节；调整 R_{w3} 改变电位器的分压值，可以改变送入 8 脚的电压值，从而改变内部恒流源 I_1、I_2 的大小，以此调节输出信号的频率；各信号输出通过 1 kΩ 电阻隔离。为了保证信号精度，正、负电源端最好通过 100 μF 电容滤波。如果欲得到更大频率范围的信号，可采用改变积分电容粗调、调整电位器阻值细调的方法，即可将 10 脚的外接积分电容 C_T 分挡选择，如 0.1 μF、0.01 μF、1000 pF 等，从而实现频率范围分挡调节输出。

也可以由微处理器（如单片机）通过程序来控制芯片 8 脚的电压，从而实现基于微处理器和 5G8038 的扫频信号发生器。如图 6-13 所示，芯片管脚 8 的电位由数/模转换系统提供，当数/模转换系统输出定值电压时，信号源输出点频，当数/模转换系统输出扫描电压

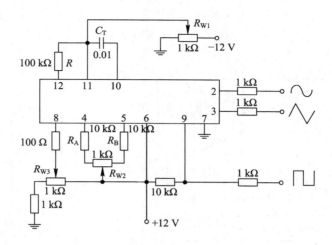

图 6 - 12　5G8038 函数发生器实用电路

时，芯片输出信号的频率随扫描电压变化的规律而变化，从而实现扫频。数/模转换系统包括 D/A 转换器（DAC0832）、运算放大器 A_1 和 A_2，A_3 是跟随器，起缓冲作用；D/A 所需数据线由微处理器提供；还可以用二位数字量通过 4 选 1 模拟开关选择所需要的信号。

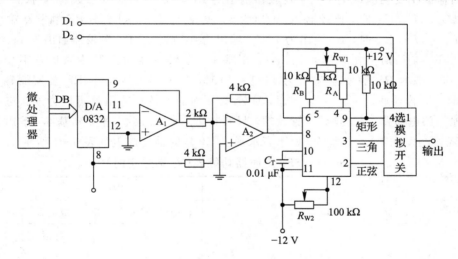

图 6 - 13　基于 5G8038 的扫频信号发生器

6.2.3　数字逻辑振荡信号发生器

1. 555 振荡信号发生器

图 6 - 14 是 555 定时器内部结构及管脚图。从图 6 - 14(a) 的内部结构可以看出，它包含两个比较器 A_1 和 A_2、基本 RS 触发器、集电极开路输出泄放三极管 V 以及由三个阻值为 5 kΩ 的电阻组成的电阻分压器。比较器 A_1 的比较输入端 U_1 称为阈值输入端（一般手册用 TH 标注），比较器 A_2 的比较输入端 U_2 称为触发输入端（一般手册用 TR 标注）。A_1 和 A_2 的参考电压 U_{A1} 和 U_{A2} 由电源 V_{CC} 经三个 5 kΩ 的电阻分压给出，U_{A1} 用管脚引出，即

U_{CO}，其电压大小可以用外部电压来控制，所以称为控制电压输入端。在 U_{CO} 端悬空时，$U_{A1}=(2/3)V_{CC}$，$U_{A2}=(1/3)V_{CC}$。如果 U_{CO} 端外接固定电压，则 $U_{A1}=U_{CO}$，$U_{A2}=(1/2)U_{CO}$。

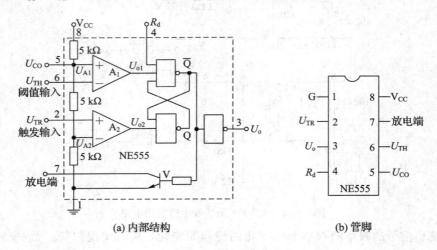

(a) 内部结构　　　　　　　(b) 管脚

图 6-14　555 定时器内部结构及管脚

定时器的主要功能取决于两个比较器输出对 RS 触发器和泄放三极管 V 状态的控制。当 $U_1>U_{A1}$、$U_2>U_{A2}$ 时，比较器 A_1 输出为 0，A_2 输出为 1，则基本 RS 触发器输出为 0；当 $U_1<U_{A1}$，$U_2<U_{A2}$ 时，A_1 输出为 1，A_2 输出为 0，则基本 RS 触发器输出为 1；当 $U_1<U_{A1}$，$U_2>U_{A2}$ 时，两个比较器均输出 1，则基本 RS 触发器输出保持原状态不变。从图 6-14 可知，基本 RS 触发器输出为 1($Q=1$)时，V 管截止；基本 RS 触发器输出为 0($Q=0$)时，V 管导通。一旦 V 管导通，V 管 c、e 间的等效小电阻就可以为外接电容提供一个到地的放电通路。R_d 是异步置 0 端，只要在 R_d 端加入低电平，则基本 RS 触发器就置 0(下降边触发置零)。通常 R_d 处于高水平。555 定时器功能表如表 6-1 所示。

表 6-1　555 定时器功能表(V_{co} 端悬空时)

输入			电路内部状态		输出
阈值输入 U_1	触发输入 U_2	R_d	RS 触发器输出端 Q	放电管	U_o
×	×	0	0	导通	0
$<(2/3)V_{CC}$	$<(1/3)V_{CC}$	1	1	截止	1
$>(2/3)V_{CC}$	$>(1/3)V_{CC}$	1	0	导通	0
$<(2/3)V_{CC}$	$>(1/3)V_{CC}$	1	不变	不变	不变

用 555 定时器构成的多谐振荡器如图 6-15(a)所示。R_1、R_2 和电容 C 是外接的定时元件，0.01 μF 电容起直流滤波作用，用以稳定管脚 5 的直流电压。振荡器工作波形图如图 6-15(b)所示。下面从起始状态开始的第一个周期分析其振荡原理。

在初始状态(0 点)，芯片 2 脚电压为零→$U_{o2}=0$→$Q=1$，而且此时管脚 6 电压为零，则 $U_{o1}=1$，又考虑到 $R_d=1$，所以 $\overline{Q}=0$→$Q=1$；

当接通电源后，电源＋V_{CC} 通过 R_1、R_2 给 C 充电，随着 C 充电的进行，U_C 逐渐上升，当 U_C 上升到$(1/3)V_{CC}$(a 点)时，即有 $U_C\geqslant(1/3)V_{CC}$(即 $U_2\geqslant U_{A2}$)→$U_{o2}=1$，但因 $\overline{Q}=0$，

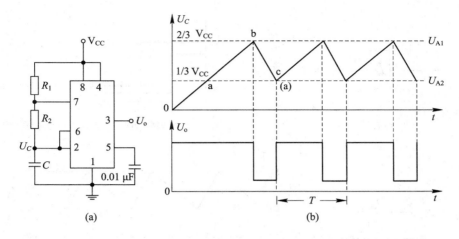

图 6 - 15　用 555 定时器构成的多谐振荡器

所以在 a 点及稍后时间仍有 $Q=1$，V 管截止，电容继续充电。

随着 C 充电的继续进行，U_C 继续上升，当 U_C 上升到 $(2/3)V_{CC}$（b 点）即管脚 6 的电压 $U_6 \geqslant U_{A1}$ 时，比较器 A_1 输出 $U_{o1}=0 \to \overline{Q}=1 \to$ 三极管 V 导通，电容 C 随即通过外接电阻 R_2 和芯片内部 V 管 c、e 间的小电阻对地较快速放电，电容上电压 U_C 开始减小；在此阶段 $\overline{Q}=1$，此时 $U_{o2}=1 \to Q=0$。

随着电容 C 放电的继续进行，U_C 较快速下降，当到达 c 点即管脚 2 的电压 $U_2 \leqslant U_{A2}$ 时，比较器 A_2 输出 $U_{o2}=0 \to Q=1$，考虑到 $U_{o1}=1$，又考虑到 $R_d=1$，所以 $\overline{Q}=0 \to$ 芯片内三极管 V 截止，电容 C 又进行充电。如此循环，电路输出周期性的矩形脉冲。

根据电路分析的知识，电容器 C 上的电压由 $(1/3)V_{CC}$ 充电到 $(2/3)V_{CC}$ 时所需的时间为 t_{WH}，则

$$t_{WH}=(R_1+R_2)C\ln 2=0.7(R_1+R_2)C$$

电容器 C 上电压由 $(2/3)V_{CC}$ 下降到 $(1/3)V_{CC}$ 所需的时间为 t_{WL}，则

$$t_{WL} \approx R_2 C\ln 2=0.7R_2 C$$

从而可以求出振荡频率 f 为

$$f=\frac{1}{t_{WH}+t_{WL}}=\frac{1.43}{(R_1+2R_2)C} \tag{6-15}$$

应该指出，以上算式是在忽略了一些因素（如 V 管导通时的等效电阻等）的情况下求出的，因而只能是一种估算公式。通常 R_1 取固定电阻，如 10 kΩ，C 取固定电容，如 0.01 μF，R_2 为电位器，如 100 kΩ，调整其阻值，可使振荡器频率在一定范围内变化。

2. 迟滞门（施密特门）振荡器

具有迟滞特性的逻辑门符号如图 6 - 16(a) 所示，其迟滞特性如图 6 - 16(b) 所示。由于逻辑门的迟滞特性，若在逻辑门的输入、输出两端接上适当的 R、C 网络，如图 6 - 16(c) 所示，则电容 C 上的电压就会在迟滞逻辑的作用下进行连续的充、放电关系转换，从而在迟滞逻辑门的输出端产生与电容充、放电周期相同的振荡信号，其波形如图 6 - 16(d) 所示。振荡频率 $f \approx 0.7RC$。

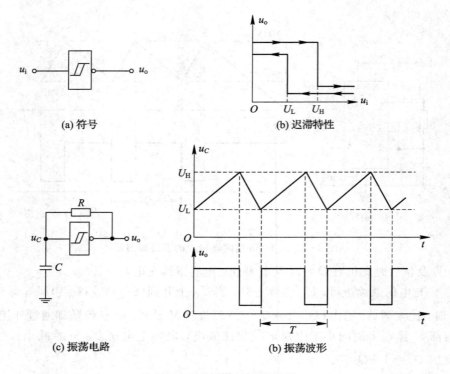

(a) 符号　　　　　　　　(b) 迟滞特性

(c) 振荡电路　　　　　　(b) 振荡波形

图 6-16　迟滞门振荡原理

6.2.4　合成信号发生器

合成信号发生器是借助电子技术或计算机技术将一个(或几个)基准频率通过合成产生一系列满足实际需要频率的信号源,其基准信号通常由石英晶体振荡器产生。

1. 合成信号发生器的特点

随着电子科学技术的发展,对信号频率的稳定度和准确度提出了愈来愈高的要求。在电子测量技术中,如果信号源频率的稳定度和准确度不够高,就很难做到对电子设备特性进行准确的测量。

在以 RC、LC 为主振荡器的信号源中,频率准确度一般只能达到 10^{-2} 量级,频率稳定度只能达到 $10^{-4} \sim 10^{-3}$ 量级,远远不能满足现代电子测量和无线电通信等方面的要求。另一方面,以石英晶体组成的晶体振荡器日稳定度优于 10^{-8} 量级,但只能产生某些特定的频率,为此需要采用频率合成技术,获得一定频率范围的高稳定度的信号。频率合成技术对一个或几个高稳定度频率进行加、减、乘、除算术运算,得到一系列所要求的频率信号,其频率稳定度可以达到与基准频率源基本相同的量级。与其它方式的正弦波信号发生器相比,合成信号发生器的频率稳定度可以提高 3~4 个数量级。

采用频率合成技术做成的信号源称为频率合成器,用于各种专用设备或系统中,例如通信系统中的激励源和本振,或做成通用的电子仪器,称为合成信号发生器(或称合成信号源)。频率的加、减通过混频获得,频率的乘、除通过倍频、分频获得,采用锁相环也可以实现加、减、乘、除运算。合成信号源可工作于调制状态,可对输出电平进行调节,也可输出各种波形,是当前应用最广泛、性能较高的信号源。

2. 合成信号源的主要技术指标

合成信号源的工作特性包括频率特性、频谱纯度、输出特性、调制特性等。下面就频率特性和频谱纯度作进一步的叙述。

(1) 频率准确度和稳定度:取决于内部基准源,一般能达到 10^{-8}/日或更好的水平。HP8663A 合成信号发生器的频率稳定度已经达到 5×10^{-10}/日。

(2) 频率分辨力:由于合成信号源的频率稳定度较高,所以分辨力也较好,可达 0.01~10 Hz。

(3) 相位噪声:信号相位的随机变化称为相位噪声,相位噪声会引起频率稳定度的下降。在合成信号源中,由于其频率稳定度较高,所以对相位噪声也应该严格限制,通常带宽相位噪声应低于 -60 dB,远端相位噪声(功率谱密度)应低于 -120 dB/Hz。

(4) 相位杂散:在频率合成的过程中常常会产生各种寄生频率分量,称为相位杂散。相位杂散一般限制在 -70 dB 以下。

需要说明的是:在频域里,相位杂散在信号谱两旁呈对称的离散谱线分布,而相位噪声则在两旁呈连续分布。

(5) 频率转换速度:指信号源的输出从一个频率变换到另一个频率所需要的时间。直接合成信号源的转换时间为微秒量级,而间接合成的转换时间为毫秒量级。

3. 频率合成技术分类

频率合成技术已发展近五十年的时间,伴随着集成电路技术的发展而不断地发展和完善。当前主要的频率合成方式有直接频率合成和间接频率合成。直接频率合成又可以分为模拟直接频率合成和数字直接频率合成。

1) 直接频率合成法

(1) 模拟直接合成法。模拟直接合成法借助电子线路直接对基准频率进行算术运算,输出各种需要的频率,鉴于它采用模拟电子技术,所以又称为直接模拟频率合成法(Direct Analog Frequency Synthesis, DAFS)。常见的电路有以下两种。

① 固定频率合成法。图 6-17 为固定频率合成原理框图。图中,石英晶体振荡器提供基准频率 f_r,D 为分频器的分频系数,N 为倍频器的倍频系数,因此,输出频率 f_o 为

$$f_o = \frac{N}{D} f_r$$

式中,D 和 N 均为给定的正整数。由于输出频率为定值,所以此方法称为固定频率合成法。

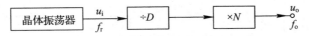

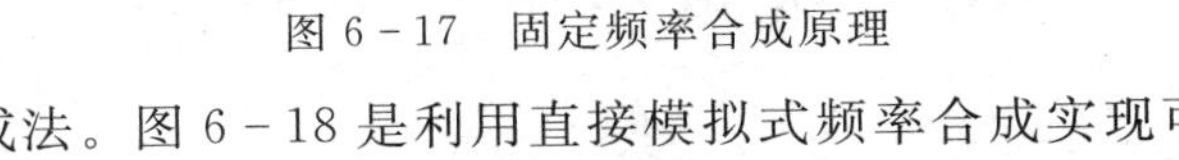

图 6-17　固定频率合成原理

② 可变频率合成法。图 6-18 是利用直接模拟式频率合成实现可变频率合成的原理框图,它通过频率的混频、倍频和分频等方法,由基准频率产生一系列频率信号并用窄带滤波器选出。以实现 3.628 MHz 输出信号为例,由晶体振荡器产生的 1 MHz 基准频率通过谐波发生器产生 1 MHz、2 MHz、…、9 MHz 等多个基准频率信号,将这些频率信号进行 10 分频(完成 ÷10 运算)、混频(完成加法运算)和滤波,最后产生所需的 3.628 MHz 输

出信号。只要选取不同的谐波并进行相应的组合就可以得到所需频率的信号。

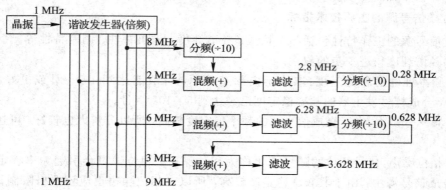

图 6-18　模拟直接式可变频率合成原理框图

直接模拟式频率合成的优点是频率切换迅速，相位噪声很低，其缺点是电路硬件结构复杂，需要大量的混频器、分频器及带通滤波器等，因而体积大，价格昂贵，不便于集成化。

（2）数字直接合成法。模拟合成方法基于模拟的方法，通过对基准频率 f_r 进行加、减、乘、除算术运算得到所需要的输出频率。自 20 世纪 70 年代以来，由于大规模集成电路的发展以及计算机技术的普及，开创了另一种信号合成技术——直接数字频率合成法（Direct Digital Frequency Synthesis，DDFS），其原理是基于取样技术和数字计算机技术来实现数字合成，产生所需要频率的信号。它从"相位"的概念出发进行频率合成，不仅可以给出不同频率的正弦波，而且还可以给出不同初始相位的正弦波，甚至可以给出各种形状的任意波形。在模拟合成方法中，后两个性能是无法实现的。数字直接合成法的优点是能够解决快捷变和小步进之间的矛盾，且集成度高，体积小，但是由于 D/A 转换器等器件的速度限制，其频率上限较低，杂散也较大。直接数字频率合成法将在 6.4 节再作具体介绍。

2）间接频率合成法

间接频率合成法基于锁相环（Phase Locked Loop，PLL）的原理，利用锁相环把压控振荡器（VCO）的输出频率锁定在基准频率上。锁相环可以看作中心频率能自动跟踪输入基准频率的窄带滤波器。如果在锁相环内加入有关电路，就可以对基准频率进行算术运算，产生人们所需要的各种频率信号。由于它不同于模拟直接合成法，不是用电子线路直接对基准频率进行运算，故称其为间接合成法。锁相式频率合成的优点是易于集成化、体积小、结构简单、功耗小、价格低等，但其频率切换时间相对较长。锁相频率合成的原理在 6.3 节作具体介绍。

6.3　锁相频率合成技术

6.3.1　锁相频率合成原理

1. 锁相环的基本结构及工作原理

锁相环是一个相位环负反馈控制系统，该环路由鉴相器（PD）、环路滤波器（LPF）、压控振荡器(VCO)及基准晶体振荡器等部分组成，如图 6-19 所示。

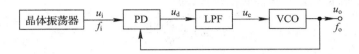

图 6-19　锁相环基本结构图

图 6-19 中，鉴相器是一个相位比较电路，用于检测输入信号 u_i 与反馈信号 u_o 之间的相位差，其输出误差电压 u_d 正比于两个信号的相位差；环路滤波器实际上是一个低通滤波器，用于滤除误差电压 u_d 中的高频成分和噪声，取出平均电压 u_c，即为后续 VCO 电路提供稳定可靠的直流控制电压；压控振荡器输出频率的大小由低通滤波器之后建立起来的平均电压 u_c 的大小决定。鉴相器输出的误差电压经过低通滤波器滤波后取出平均电压，用以控制压控振荡器的输出信号频率，这个平均电压使得 VCO 的输出信号频率朝着减小压控振荡器输出频率和输入频率之差的方向变化，实现了相位的反馈控制，从而将输出信号频率 f_o 锁定在输入信号频率 f_i 上。当环路稳定时，$f_o = f_i$，且具有同等的稳定度，或者说锁相式频率合成器的频率稳定度可以提高到晶体振荡器的水平。

当压控振荡器输出频率 f_o 由于某些原因发生变化(称为锁相环的失锁)时，相应相位也发生变化，该相位变化在鉴相器中与基准晶振频率的稳定相位比较，使得鉴相器输出一个与相位差成比例的误差电压 u_d，该电压经低通滤波后用其平均电压去控制压控振荡器的输出频率，使压控振荡器的输出频率 f_o 向输入频率 f_i 方向拉动，产生了所谓的频率牵引现象，最后不但使压控振荡器输出频率和基准晶振一致，而且相位差也保持恒定，即同步，这时称为环路相位锁定。同样，若改变输入基准信号的频率 f_i，也会使鉴相器输出电压 u_d 发生变化，进而驱动 VCO 的输出频率及相位与输入一致并进入锁定状态。当环路锁定时，VCO 的输出频率 $f_o = f_i$，若 f_i 变化，f_o 也跟随着变化，自动维持 $f_o = f_i$ 的关系，这就是环路的跟踪性。但是 f_i 的变化必须在一定范围内，f_o 才能跟踪 f_i，超出这一范围，f_o 将无法跟踪输入频率 f_i 的变化，即"失锁"。锁定条件下输入频率所允许的最大变化范围称为同步带宽。它表明了锁定状态下 VCO 的最大频率变化范围。

锁相环的工作过程是一个从失锁状态到频率牵引再到锁定状态的过程。锁相环从失锁状态进入锁定状态是有条件的，当锁相环刚开始工作时，锁相环处于失锁状态，VCO 的输出频率 f_o 与输入参考频率 f_i 之间存在一个频差 $\Delta f_o = f_o - f_i$，只有当 Δf_o 减小到一定值时，环路才能从失锁状态进入锁定状态。因此将环路最终能够自行进入锁定状态的最大允许的频差称为捕捉带宽。当失锁状态下的频差 Δf_o 小于捕捉带宽时，锁相环总能进入锁定状态。

锁相环是一个相位环反馈控制系统，系统的信息是相位，因此可以采用相位传递函数来描述锁相环的特性。锁相环的闭环相位传递函数为

$$H(s) = \frac{\Phi_o(s)}{\Phi_i(s)}$$

式中，$\Phi_o(s)$ 为输出信号相位 $\varphi_o(t)$ 的拉氏变换；$\Phi_i(s)$ 为输入信号相位 $\varphi_i(t)$ 的拉氏变换。

传递函数 $H(s)$ 的阶数取决于环路滤波器的形式，若没有环路滤波器则 $H(s)$ 为一阶，

一般为二阶，也有三阶的，相应地称为一阶环、二阶环、三阶环等。

若取 $s = j\omega$，则得到锁相环的频率特性，即

$$H(j\omega) = \frac{\Phi_o(j\omega)}{\Phi_i(j\omega)}$$

式中，ω 为输入相位的调制角频率。

由此可见，锁相环的频率特性具有低通滤波器的传输特性，其高频截止频率称为环路带宽。应当注意，这里所说的低通特性是针对输入信号的相位而言，不是对输入信号的整体而言的。对输入信号的相位 $\varphi_i(t)$ 具有低通特性就意味着对输入信号的整体（$U_{im}\sin[\omega_i t + \varphi_i(t)]$）具有带通特性，即锁相环只允许在输入频率 f_i 附近的频率成分通过，而阻止远离 f_i 的频率成分通过，因此锁相环具有窄带滤波特性。

当今的锁相环电路已实现集成化，为了便于频率范围扩展与使用，一般的集成锁相环芯片内部只包括了鉴相器（PD）电路与压控振荡器（VCO）的部分电路，使用时，首先需要在环路中外接低通滤波器电路（LPF），其次需要完善压控振荡器电路，再次需要根据频率合成量的大小，在锁相环路内部或锁相环路外部内插一定的分频器电路或倍频器电路，从而实现所需频率的信号输出。压控振荡器要完善主要是指外接振荡电容与振荡电阻，使用芯片时，注意参考芯片 VCO 的输出频率与捕捉带宽来确定振荡电容与振荡电阻的参数值；在外接 LPF 时，注意参考截止频率来确定电阻、电容的参数值。根据锁相环工作频率的不同，有高频锁相环与低频锁相环之分；根据信号波形特点的不同，有模拟锁相环与数字锁相环之分。使用时注意选择。

2. 锁相环的基本形式

上面介绍的是锁相环的基本结构，要真正实现锁相频率合成，则须在锁相环路中插入一定的频率变换单元，从而利用锁相环的频率控制功能产生在一定频率范围内步进的或连续可调的输出信号。内插的频率变换单元形式不同，就组成了不同形式的锁相环。常见的锁相环形式主要有以下几种：

（1）倍频式锁相环（倍频环）。倍频环是实现对输入信号频率进行乘法运算的锁相环。倍频环主要有两种形式：谐波倍频环和数字倍频环。图 6 - 20 是其原理结构框图。

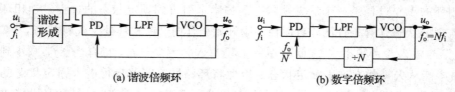

(a) 谐波倍频环　　　　　　(b) 数字倍频环

图 6 - 20　倍频式锁相环原理结构框图

图 6 - 20(a) 中，频率为 f_i 的输入信号经谐波形成电路形成包含丰富谐波分量的窄脉冲，通过调节 VCO 的固有频率，可以使 VCO 的固有频率调节在靠近谐波中的第 N 次谐波附近，这样第 N 次谐波的信号就可以与 VCO 信号在鉴相器中实现相位比较，通过锁相环的相位控制功能，使得 VCO 输出信号的频率锁定在输入信号的第 N 次谐波上，即环路锁定后 $f_o = N f_i$。

倍频环也可采用数字倍频的形式，如图 6 - 20(b) 所示。在反馈回路中加入数字分频

器，将输出信号 N 分频后送入相位比较器，与基准频率信号进行比较，当环路锁定时，$f_o = Nf_i$。数字倍频环一般用符号 NPLL 表示。

（2）分频式锁相环（分频环）。分频环实现对输入频率的除法运算，与倍频环相似，也有两种基本形式，如图 6-21 所示。

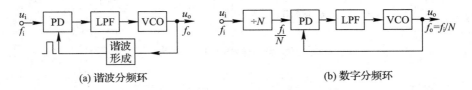

(a) 谐波分频环　　　　　　　　　　　　(b) 数字分频环

图 6-21　分频式锁相环原理结构框图

与倍频不同的是，在谐波分频式锁相环中，谐波形成电路放于反馈回路之中，在鉴相器中将输入参考频率与输出频率的第 N 次谐波进行相位比较，因此锁定后，输出频率 $f_o = f_i/N$。而在数字分频式锁相环中，数字分频器置于锁相环外，分频器的输出频率与 VCO 的输出频率进行相位比较，当环路锁定时，同样有 $f_o = f_i/N$。

（3）混频式锁相环（混频环）。混频环实现对频率的加减运算。图 6-22(a)是一个加法混频环，图 6-22(b)是一个减法混频环。

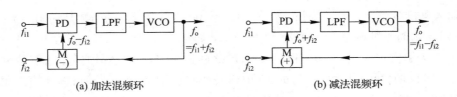

(a) 加法混频环　　　　　　　　　　　(b) 减法混频环

图 6-22　混频式锁相环

在图 6-22(a)中，输出信号频率 f_o 与输入信号频率 f_{i2} 混频后取差频 $f_o - f_{i2}$ 与输入信号频率 f_{i1} 进行相位比较，因此，当环路锁定后，有 $f_{i1} = f_o - f_{i2}$，则 $f_o = f_{i1} + f_{i2}$。如果 f_{i2} 采用高稳定的石英晶体振荡器，f_{i1} 采用可调的 LC 振荡器，则可以实现 f_o 在一定范围内的连续可调，而且当 f_{i2} 比 f_{i1} 高得多时，输出频率稳定度仍可达到与输入频率 f_{i2} 同一量级。而在图(b)中，输出频率 f_o 与基准频率 f_{i2} 混频后取和频 $f_o + f_{i2}$ 与参考频率 f_{i1} 进行相位比较，因此环路锁定后，$f_o = f_{i1} - f_{i2}$。

（4）多环合成单元。以上几种锁相环都是单环形式，其不足之处在于频率点数目较少，频率分辨力不高，无法合成所需的输出频率覆盖并实现连续可调，所以，一般合成式信号源都是由多环合成单元组成的。多环结构形式的锁相环也是多种多样的，下面以一个双环合成单元为例说明频率合成原理，其原理结构如图 6-23(a)所示。

该双环合成器由一个倍频环和一个加法混频环组成，倍频环的输出作为加法混频环的一个输入，内插频率连续可调振荡器的输出作为加法混频环的另一个输入，其简化结构如图 6-23(b)所示。当两个锁相环输入信号的相位锁定时，混频环的输出频率为

$$f_o = Nf_{i1} + f_{i2}$$

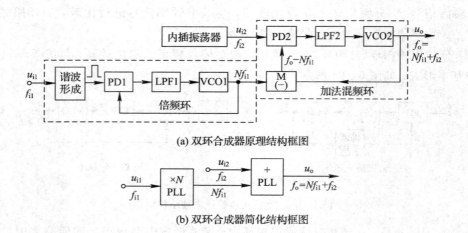

(a) 双环合成器原理结构框图

(b) 双环合成器简化结构框图

图 6-23 双环合成器原理结构图

通过调谐 VCO1 固有频率可控制倍频系数 N，通过调谐 f_{i2} 即可实现输出信号的频率在两个锁定点之间连续可调。下面用一个例子进行说明。

例如，为了从图 6-23 的双环合成单元获得在 3400 至 5100 kHz 之间连续可调的输出频率，N、f_{i1}、f_{i2} 可选择如下：

取输入基准频率 f_{i1} 为 10 kHz，N 在 330 至 500 之间变化，则倍频环输出 Nf_{i1} 为 3300 至 5000 kHz 之间、间隔为 10 kHz 的离散频率，如 3300 kHz，3310 kHz，…，4990 kHz，5000 kHz。为了实现 f_o 在 3400 至 5100 kHz 之间连续可调，选择内插振荡器的输出频率 f_{i2} 具有 10 kHz 的覆盖，即可把 f_{i2} 的 10 kHz 连续可调范围"插入"到倍频环输出频率相邻的两个离散锁定点之间。这里取 f_{i2} 的连续可调范围为 100 kHz～110 kHz，则可实现区间内的频率连续覆盖。例如，若要求输出频率 f_o 为 2153.5 kHz，首先调谐 VCO1 使之锁定在 2050 kHz(N 为 205)，然后调节内插振荡器使其输出频率 f_{i2} 为 103.5 kHz，则通过混频环后得到合成频率 $f_o=(2050+103.5)$kHz$=2153.5$ kHz。VCO1 和 VCO2 的可变电容是同轴统调，当 VCO1 的频率从一个锁定点调到另一个锁定点时，VCO2 的固有频率作相应改变，使其频率始终能进入混频环的捕捉带宽之内。

综上可知，由于在锁相环的反馈支路中加入频率运算电路(加、减、乘、除等)，所以，锁相环的输出频率 f_o 是基准频率 f_i 经有关数学运算的结果，环路结构不同，数学运算的结果不同。在锁相环频率合成信号源中，倍频式锁相环和混频式锁相环获得了更多的应用，数字环的 N 值还可以借助微处理器实现程序控制。

6.3.2　应用举例

现有一基准频率为 $f_i=1$ kHz 的脉冲信号，设计输出脉冲信号频率为 $f_o=Nf_i$ 的倍频锁相信号发生器，其中 N 的取值在 1 至 9 之间选择。选择有关器件，画出具体电路详图。

1. 原理结构

选择图 6-24 的倍频锁相环结构形式，其输出信号频率为 $f_o=Nf_i$，调整 N 的大小可以调整输出信号的频率。

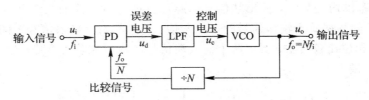

图 6 - 24　倍频式锁相环结构

2. 所选用器件及功能

1) 数字集成锁相环芯片 CD4046

CD4046 为数字锁相环，是通用的 CMOS 锁相环集成电路，其特点是电源电压范围宽（为 3～18 V），输入阻抗高（约 100 MΩ），动态功耗小，在中心频率 f_o 为 10 kHz 下功耗仅为 600 μW，属微功耗器件。其内部主要由相位比较器 I、相位比较器 II、压控振荡器（VCO）、线性放大器、整形器、源跟随器等部分构成。图 6 - 25 为其内部结构及管脚排列。

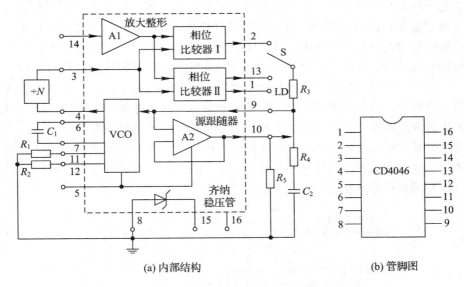

(a) 内部结构　　　　　　　　　　(b) 管脚图

图 6 - 25　CD4046 的内部结构及管脚排列

CD4046 采用 16 脚双列直插式，各管脚功能如下：

1 脚，相位比较结果标志（输出）端，环路入锁时为高电平，环路失锁时为低电平；2 脚，相位比较器 I 的输出端；3 脚，相位比较器 I（相位比较器 II）的比较信号输入端；4 脚，压控振荡器振荡信号输出端；5 脚，禁止端，高电平时禁止压控振荡器工作，低电平时允许压控振荡器工作；6、7 脚，外接振荡电容端；8、16 脚，负电源供电端及正电源供电端，若为单电源供电，则 8 脚接地；9 脚，压控振荡器的频率控制端；10 脚，解调结果输出端，用于 FM 解调；11、12 脚，外接振荡电阻端；13 脚，相位比较器 II 的输出端；14 脚，参考（基准）频率信号输入端；15 脚，内部独立的齐纳稳压管负极端。

相位比较器 I 采用异或门结构，当两个输入端信号的电平状态相异（即一个为高电平、一个为低电平）时，输出端信号为高电平；当两个输入端信号的电平状态相同（即两个均为高电平或均为低电平）时，其输出为低电平，如图 6-26 所示。当两个输入端信号的相位差 $\Delta\varphi$ 在 $0°\sim180°$ 范围内变化时，输出端信号的脉冲宽度即占空比随之改变。从图中可以看出，其输出信号的频率等于输入信号频率的两倍，并且与两个输入信号之间的中心频率保持 $90°$ 相移。对相位比较器 I，要求两个输入端信号的占空比均为 50%（即方波），这样才能使锁定范围为最大。

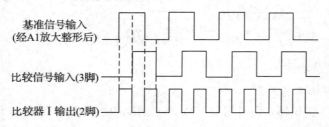

图 6-26 相位比较器 I 工作原理

相位比较器 II 是一个由信号的上升沿控制的数字存储网络。它对输入信号占空比的要求不高，允许输入非对称波形。它具有很宽的捕捉频率范围，而且不会锁定在输入信号的谐波。它提供数字误差信号和锁定标志信号两种输出，当达到相位锁定时，在相位比较器 II 的两个输入信号之间保持 $0°$ 相移。对相位比较器 II 而言，当 14 脚的输入信号比 3 脚的比较信号的电压低时，输出为逻辑"0"，反之则输出逻辑"1"；如果两信号的频率相同而相位不同，当输入信号的相位超前于比较信号时，相位比较器 II 输出为正脉冲，当相位滞后时则输出为负脉冲。在这两种情况下，1 脚标志端都有与上述正、负脉冲宽度相同的负脉冲产生；从相位比较器 II 输出的正、负脉冲的宽度均等于两个输入脉冲上升沿之间的相位差；而当两个输入脉冲的频率和相位均相同时，相位比较器 II 的输出为高阻态，则 1 脚输出高电平。上述波形如图 6-27 所示。由此可见，从 1 脚输出的信号是负脉冲还是固定高电平就可以判断两个输入信号的情况了。

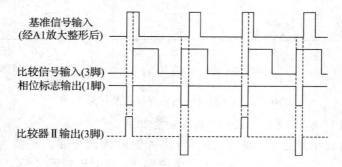

图 6-27 相位比较器 II 工作原理

CD4046 锁相环采用的是 RC 型压控振荡器，必须外接电容 C_1 和电阻 R_1 作为充放电元件。当 PLL 对跟踪的输入信号的频率宽度有要求时还需要外接电阻 R_2。由于 VCO 是一个电流控制振荡器，对定时电容 C_1 的充电电流与从 9 脚输入的控制电压成正比，因此 VCO 的振荡频率亦正比于该控制电压。当 VCO 控制电压为 0 时，其输出频率最低，当输入控制电压等于电源电压 V_{DD} 时，输出频率则线性地增大到最高输出频率。VCO 振荡频率的范围由 R_1、R_2 和 C_1 决定，由于它的充电和放电都由同一个电容 C_1 完成，故它的输出波形是对称方波。一般规定 CD4046 的最高频率 f_{max} 为 1.2 MHz（$V_{DD} = 15$ V）。若 $V_{DD} < 15$ V，则 f_{max} 要降低一些。

2）分频器（÷N）

锁相环路中的分频器选用可预置的二-十进制 1/N 计数器 CD4522 实现。CD4522 的管脚及功能如图 6-28 所示。它有四个数字输出端 $Q_1 \sim Q_4$ 及相对应的四个可预置数字的输入端 $D_1 \sim D_4$（$Q_1 \sim Q_4$ 及 $D_1 \sim D_4$ 皆为 8421 码 BCD 数），还有时钟输入 CP 端、能够实现打入预置数字的打入控制端 PE、时钟禁止端 $\overline{EN}$、清零端 Cr、溢出信号端 O_c。此外为完善级联功能，还有一个级联反馈输入端 CF。CD4522 的功能表及控制特性如表 6-1 及表 6-2 所示。

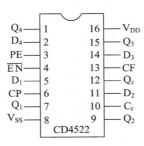

图 6-28　CD4522 的管脚及功能

表 6-1　CD4522 的功能表

输入								输出			
CP	$\overline{EN}$	PE	Cr	D_1	D_2	D_3	D_4	Q_1	Q_2	Q_3	Q_4
φ	φ	φ	1	φ	φ	φ	φ	0	0	0	0
φ	φ	1	0	d_1	d_2	d_3	d_4	d_1	d_2	d_3	d_4
↑	0	0	0	φ	φ	φ	φ	计数			
0	0	0	0	φ	φ	φ	φ	不计数			
φ	1	0	0	φ	φ	φ	φ	保持			

表 6-2　CD4522 控制功能

输入	输出				溢出
CF	Q_1	Q_2	Q_3	Q_4	O_C
1	0	0	0	0	1
0	0	0	0	0	0

在实际使用中，作为单级分频时，$\overline{EN}$ 接地，Cr 接地，3 脚 PE 和 12 脚 O_c 相连，CF 端接高电平，分频信号从 O_c 端输出，预置分频数 $D_4 \sim D_1$ 可用四个开关 $S_4 \sim S_1$ 来分别控制选择。例如若预置 $D_4 \sim D_1$ 为 0011，则当输入 3 个时钟时溢出端 O_c 为高电平，实现 3 分频；若预置 $D_4 \sim D_1$ 为 1000，则当输入 8 个时钟时溢出端 O_c 为高电平，实现 8 分频。

CD4522 分频电路可接成单级和多级。若接成单级，分频系数为 $1\sim9$；要实现更高的分频系数，可连接多级 CD4522，如连接三级数字分频电路，则分频系数为 $1\sim999$。单级连接的具体电路及工作原理见下面的系统电路结构部分。

3）低通滤波器（LPF）

低通滤波器需外接，实验中可用普通的 RC 低通滤波器完成，具体参数见系统电路结构中的滤波器部分。实际使用中，要根据具体的锁定频率对象适当调整滤波电阻及滤波电容参数。

3. 系统电路结构

图 6-29 为系统电路总体图。图中，将 CD4046 的输出端（4 脚）和 CD4522 的时钟输入端（6 脚）相连，将 CD4522 的溢出端（12 脚）与 CD4046 的相位比较器 II 输入端（14 脚）相连接。分频器 $\div N$ 功能由 CD4522 可预置减法计数器实现，分频量的大小由减法计数器的模来决定，具体模的大小可由可预置端 D_4、D_3、D_2、D_1 的电平来决定，具体各预置端点的电平由四个开关 S_4、S_3、S_2、S_1 来控制。从图中不难看出，哪个开关闭合则哪个数字位置 1，反之则置 0；当预置好所设定的模后，计数器在时钟控制下做减法计数（注意计数器的四个数字输出端 $Q_4\sim Q_1$ 未画出），当计数值 $Q_4\sim Q_1$ 从 $D_4D_3D_2D_1$ 计数到 0000 时，O_c 端产生溢出脉冲。由于 O_c 端与打入控制端 PE 相连接，所以在溢出脉冲（高电平）作用下，系统又将预置端数字 $D_4D_3D_2D_1$ 打入到计数器的四个数字输出端 $Q_4\sim Q_1$，计数器在时钟控制下继续做减法计数，以此循环，从而完成所设定的分频功能，在 CD4046 锁相环及环路控制下实现相应的倍频功能。

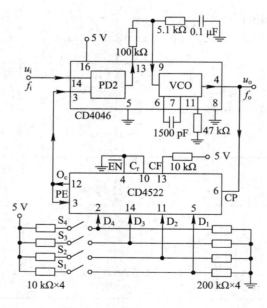

图 6-29　系统电路总体图

倍频合成效果可用示波器观测。例如，合成器输入端 f_i 为 1 kHz，调整示波器，使其在 10 cm 宽的屏幕上显示 1 个周期，调整 CD4522 的预置开关，若 $D_4D_3D_2D_1=0010$，观察输出频率，则屏幕上应出现两个周期波形，若 $D_4D_3D_2D_1=0011$，则屏幕上应出现三个周期波形……作为实验，可用图 6-15(a)的 555 多谐振荡器的输出作为 f_i。

6.4　直接数字频率合成技术

6.4.1　直接数字频率合成原理

直接数字频率合成（Direct Digital Frequence Synthesis，DDFS 或 DDS）的原理是在标准时钟的作用下，通过控制电路，按照一定的地址关系从数据存储器 ROM（或 RAM）单元中读出数据，再通过数/模转换（D/A），就可以得到一定频率的波形信号输出。由于输出信号（在 D/A 的输出端）为阶梯状，为了使之成为理想正弦波还必须进行滤波，滤除其中的高频分量，所以在 D/A 之后需接具有一定特性的滤波器来平滑信号，最后输出频率为 $f_{\circ}$ 的正弦信号波形。

1. DDS 组成

直接数字频率合成的基本原理是基于取样技术和计算技术，通过数字合成生成频率和相位可调的正弦信号。

任何频率的正弦波形都可以看作是由一系列取样点组成的，设取样时钟频率为 f_c，正弦波每个周期由 K 个取样点构成，则该正弦波的频率为

$$f_{\circ} = \frac{1}{KT_c} = \frac{f_c}{K} \qquad (6-16)$$

式中，T_c 为取样时钟周期。如果改变取样时钟频率 f_c，则可以改变输出正弦波的频率 $f_{\circ}$。其基本的原理结构如图 6-30 所示。

图 6-30　DDS 原理结构

如果将一个完整周期的正弦波形各点函数值存放于波形存储器 ROM 中，地址计数器在参考时钟 f_c 的作用下进行加 1 的累加计数，生成对应的地址，并将该地址存储的波形数据通过 D/A 转换器输出，就完成了波形的合成。其合成波形的输出频率取决于两个因数：① 参考时钟频率 f_c；② ROM 中存储的正弦波采样点数 K。因此改变时钟频率 f_c 或改变 ROM 中每个周期波形的采样点数 K，均能改变输出频率 $f_{\circ}$。

2. 相位累加器原理

如果改变地址计数器计数步进值（即以值 $M（M>1）$ 来进行累加），则在保持时钟频率 f_c 和 ROM 数据不变的情况下，就可以改变每个周期的采样点数，从而实现输出频率 $f_{\circ}$ 的改变。例如：设存储器中存储了 K 个数据（一个周期的采样数据），则当地址计数器步进为 1 时，输出频率 $f_{\circ} = f_c/K$，如果地址计数步进为 M，则每个周期取样点数为 K/M，输出频率 $f_{\circ} = (M/K)f_c$。地址计数器步进值的改变可以通过相位累加器来实现，其基本原理如图 6-31 所示。

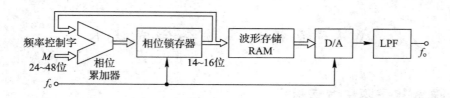

图 6 - 31　相位累加器原理

相位累加器在参考时钟 f_c 的作用下进行相位累加，相位累加的步进幅度（相位增量 $\Delta\phi$）由频率控制字 M 决定。设相位累加器为 N 位（其累加值为 K），频率控制字为 M，则每来一个时钟作用后累加器的值 $K_{i+1} = K_i + M$，若 $K_{i+1} > 2^N$ 则自动溢出，N 位累加器中的余数保留，参加下一次累加。将累加器输出中的高 $A(A < N)$ 位数据作为波形存储器的地址，即丢掉了低位 $N - A$ 的地址（又称为相位截尾），波形存储器的输出经 D/A 转换和滤波后输出。

为便于理解，可以将正弦波看作一个矢量沿相位圆转动，相位圆对应正弦波一个周期的波形。波形中的每个采样点对应相位圆上的一个相位点，如图 6 - 32 所示。

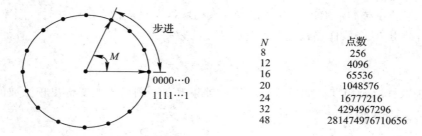

图 6 - 32　数字相位圆

如果正弦波形定位到相位圆上的精度为 N 位，则其分辨力为 $1/2^N$，即以 f_c 对基本波形一周期的采样数为 2^N。如果相位累加时的步进为 M（频率控制字），则每个时钟 f_c 使得相位累加器的值增加 $M/2^N$，即 $K_{i+1} = K_i + (M/2^N)$，因此每周期的取样点数为 $2^N/M$，则输出频率为

$$f_o = \frac{M}{2^N} f_c \tag{6-17}$$

为了提高波形相位精度，N 的取值应较大，如果直接将 N 全部作为波形存储器的地址，则要求采用的存储器容量极大。一般舍去 N 的低位，只取 N 的高 A 位（如高 16 位）作为存储器地址，使得相位的低位被截断（即相位截尾）。当相位值变化小于 $1/2^A$ 时，波形幅值并不会发生变化，但输出频率的分辨力并不会降低。由于地址截断而引起的幅值误差，称为截断误差。

3. DDS 的性能

因为输出信号实际上是以时钟 f_c 的速率对波形进行取样，从获得的样本值中恢复出来的，而根据取样定理 $f_{omax} \leqslant (f_c/2)$，所以 $M \leqslant 2^{N-1}$。实际中一般取 $M \leqslant 2^{N-2}$，当 $M = 1$ 时，输出频率最小，$f_{omin} = (1/2^N) f_c$。输出频率的分辨力 Δf 由相位累加器的位数 N 决定，即 $\Delta f = (1/2^N)f_c$。例如：若参考时钟频率为 1 GHz，累加器相位为 32 位，则频率分辨力为 0.233 Hz，而当 M 改变时，其频率分辨力不会发生变化，因此 DDS 可以解决快捷变与小步进之间的矛盾。由于 D/A 转换器、存储器等器件速率的限制，DDS 输出频率的上限不是很高。

6.4.2　DDS 频率合成信号源

1. 集成单片 DDS 信号源

DDS 可以合成频率分辨力和精度很高的信号，解决了快捷变与小步进之间的矛盾，并且实现了 DDS 信号源的单片集成化。图 6-33 为集成单片 DDS 芯片 AD9854 的原理结构框图，它包括了相位累加器、波形存储器、D/A 转换器及时钟源等部分。

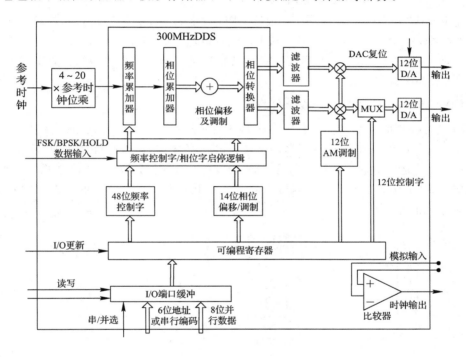

图 6-33　AD9854 DDS 原理结构框图

外部输入的参考时钟经 4~20 倍的倍频，为 DDS 提供最高到 300 MHz 的时钟频率。通过可编程寄存器，可以设置 48 位频率控制字和 14 位相位控制字，从而实现频率和相位控制。D/A 转换器之前加入了一个数字乘法器，以实现幅度调制。12 位控制字送入 MUX 中，实现对输出信号的幅度控制。另外该芯片还设置了一个高速比较器，可以将 DDS 输出的正弦波信号转换为方波信号。该芯片的 48 位频率控制字使得输出频率分辨率可达 1 μHz，14 位相位控制字可以提供分辨率为 0.022° 的相位控制。在内部参考时钟选择为最大即 300 MHz 时，该芯片输出频率最高可达 100 MHz。

2. 可编程芯片 DDS 合成信号源

单片 DDS 合成信号波形种类较少，灵活性较差，不便于任意波形发生器等场合的应用,基于可编程芯片实现的 DDS 信号合成具有较大的灵活性,其基本原理框图如图 6-34 所示。

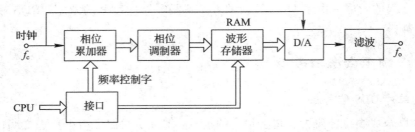

图 6-34 可编程芯片 DDS 频率合成信号原理框图

相位累加与逻辑控制可采用 CPLD、FPGA 等高速可编程芯片来实现,波形存储器可采用高速 RAM,在参考时钟控制下,根据 CPU 设定的频率控制字进行相位累加,累加器输出波形数据寄存器(RAM)的地址,从 RAM 中取出的数据经 D/A 转换后便得到所需要频率的信号。修改 RAM 中的波形数据就可以非常灵活地产生各种波形,如正弦波、三角波、方波等任意的波形信号。

3. DDS - PLL 组合式频率合成信号源

DDS 具有极高的频率分辨力和非常短的转换时间,不足之处是其输出频率上限较低;而锁相环具有很高的工作频率及较窄的带宽,但频率分辨力较低,转换时间较长。因此,可以将两者组合起来,取长补短,实现优缺点互补,从而提高频率合成信号源的性能。

DDS 与 PLL 组合的合成信号源可以有多种形式,图 6-35 为一种环外混频式 DDS - PLL 频率合成的原理结构。

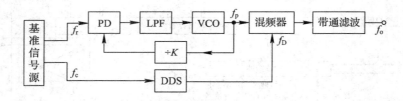

图 6-35 环外混频式 DDS - PLL 频率合成的原理结构框图

设 DDS 的累加器位数为 N,频率控制字为 M,PLL 的倍频系数为 K,则锁相环锁定后输出频率 $f_p = K f_r$,DDS 的输出频率 $f_D = (M/2^N) f_c$,因此合成器的输出频率为

$$f_o = f_p \pm f_D = K f_r \pm \frac{M f_c}{2^N} \tag{6-18}$$

此合成信号源的频率分辨力为 $(1/2^N) f_c$,PLL 提供以 f_r 为单位的较大频率步进,DSS 提供以 $(1/2^N) f_c$ 为单位的较小步进。PLL 的参考频率 f_r 可以采用较高的频率,使得在进行频率转换时,PLL 的转换时间比较短,与 DDS 的快速转换相对应。

6.4.3 几种频率合成技术的比较

如前所述,频率合成技术可分为模拟直接合成技术、数字直接合成技术和锁相环间接频率合成技术,三种合成方法基于不同原理,各有不同的特点。模拟直接合成法虽然转换速度快（微秒量级），但是由于电路复杂，难以集成化，因此其发展受到一定的限制；数字直接合成法基于大规模集成电路和计算机技术，尤其适用函数波形和任意波形的信号源，将进一步得到发展，但目前有关芯片的速度还跟不上高频信号的需要，利用 DDFS 专用芯片仅能产生 100 MHz 正弦波，其相位累加器可达 32 位，在基准时钟为 100 MHz 时输出频率分辨力可达 0.023 Hz，这一优良性能在其它合成方法中是难以达到的；锁相环频率合成虽然转换速度慢（毫秒量级），但其输出信号频率可达超高频频段甚至微波，输出信号频谱纯度高，输出信号的频率分辨力取决于分频系数 N，尤其在采用小数分频技术以后，频率分辨力大大提高。现代电子测量技术对信号源的要求越来越高，有时单独使用任何一种方法，很难满足要求，因此可将这几种方法综合应用，特别是 DDS 与 PLL 的结合，可以产生具有快捷变、小步进及较高频率上限的信号。

思考与练习题

6-1　简述信号源在电子测量技术中的作用。

6-2　如何按信号频段和信号波形对测量用信号源进行分类？

6-3　低频信号源的主振级采用 RC 振荡器，为什么不采用 LC 振荡器？简述文氏桥振荡器的工作原理。

6-4　差频式振荡器作低频信号发生器振荡源的原理和优点是什么？

6-5　调谐式高频信号源主要有哪三种类型？其振荡频率如何确定和调节？

6-6　用示波器观测网络的输出信号波形，认为示波器输入阻抗无穷大，如果网络的输入波形是图 6-36(a)所示的矩形脉冲，若被观测网络分别为图 6-36 中的(b)和(c)，其中，$5RC < T/2$，则示波器上显示的输出波形各是什么？

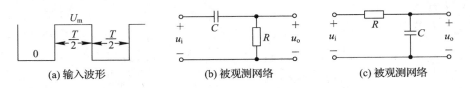

图 6-36　题 6-6 图

6-7　简述函数发生器的多波形生成原理，结合图 6-9，说明函数信号发生器的工作原理；结合图中的二极管 VD，说说是怎样产生锯齿波的；若将图中的二极管反向连接，产生的波形又会怎样？

6-8　现用集成电路 5G8038 构成方波发生器，要求频率的输出范围为 1～100 kHz，假设 $C_T = 470$ pF，完成以下任务：

(1) 求 R_T 的阻值及其变化范围（设图 6-11 中的 $R_A = R_B = R_T$）。

(2) 画出该方波发生器的具体电路图。

6-9　在合成信号源中，都有哪些合成方法？试比较它们各自的优缺点。

6-10　锁相环输出信号的频率是怎样跟踪输入信号频率变化的？在锁相频率合成中，如何来提高信号的频谱纯度？

6-11 利用锁相环可以实现对基准频率 f_1 分频(f_1/N)、倍频(Nf_1)以及和 f_2 的混频($f_1 \pm f_2$),试画出实现这些功能的原理方框图(包括必要的滤波器),并简述其各自的工作原理。

6-12 计算图 6-37 所示锁相环(a)、(b)、(c)的输出频率范围及步进频率。

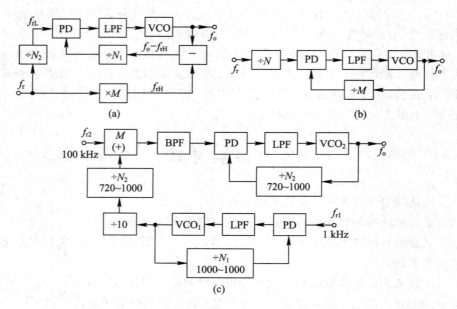

图 6-37 题 6-12 图

6-13 在图 6-38 中,已知 $f_{r1}=100$ kHz,$f_{r2}=40$ MHz,用于组成混频倍频环,其输出频率 $f_o=(73\sim101.1)$MHz,步进频率 $\Delta f=100$ kHz,问:

(1) M 宜取+还是-?

(2) N 为多少?

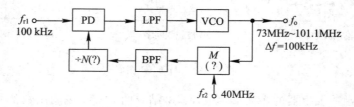

图 6-38 题 6-13 图

6-14 在 DDS 中,如果参考频率为 100 MHz,相位累加器宽度 N 为 40 位,频率控制字 M 为 0100000000H,则输出频率为多少?

6-15 在直接数字合成信号源中,如果数据 ROM 的寻址范围为 1KB,时钟频率 $f_c=1$ MHz,试求:

(1) 该信号发生器输出的上限频率 f_{omax} 和下限频率 f_{omin}。

(2) 可以输出的频率点数及最高频率分辨力。

第7章　电子测量技术应用

本章介绍几种电子测量技术的应用实例，包括电参量测量、非电量测量以及测量中的信号转换、放大技术等。由于时频测量和电压测量准确度高、应用广泛，所以本章侧重于介绍时频测量技术及数字电压测量技术的应用，对于温度、重量两种非电量测量的技术和方法也进行了一些分析和阐述。

7.1　静态数字频率计设计

任务要求：设计一个四位 LED 静态显示的数字频率计，测量范围为 1 MHz，闸门时间为 1 s。

7.1.1　结构框图及波形关系

结构框图及波形关系如图 7-1 所示，其原理在时频测量技术一章中已做过介绍，这里主要介绍设计过程。

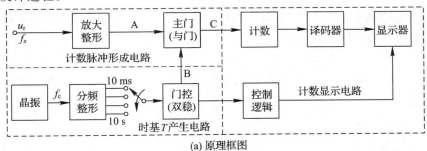

(a) 原理框图

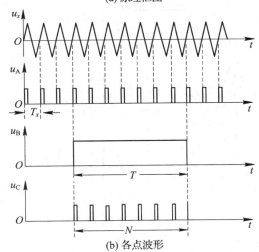

(b) 各点波形

图 7-1　电子计数法测频的原理框图及各点波形

7.1.2　各部分功能及实现方法

1. 信号放大、整形电路

为了能测量不同幅度与波形的周期信号的频率，必须对被测信号进行放大与整形处理，使之成为能触发计数器的脉冲信号。信号放大可以采用一般的运算放大电路，波形整形可以采用过零触发电路（将被测信号的波形转变为矩形波），也可以采用施密特触发器。此系统采用 LM741 放大器及 SN74HC14 施密特触发器实现放大整形功能，放大器的增益为 20 倍，电路如图 7-2(a) 所示。由于系统为 +5V 供电，为了得到 LM741 运算放大器 -5V 电压，采用了反向器集成器件 ICL7660。ICL7660 管脚如图 7-2(b) 所示。

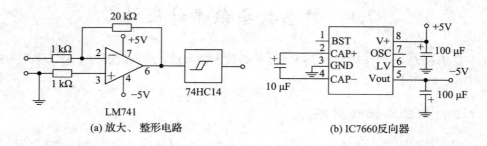

(a) 放大、整形电路　　　　　　(b) IC7660 反向器

图 7-2　放大、整形电路

施密特门整形原理如图 7-3 所示，其中图(a)为迟滞特性，图(b)为基于迟滞特性的整形关系波形图。

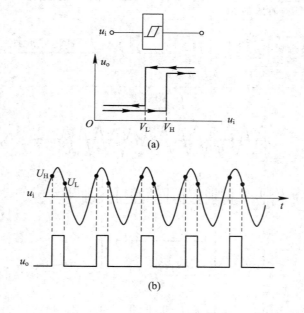

图 7-3　施密特门整形原理

2. 振荡器

振荡器的作用是为门控时间提供原始的时间基准，一般用晶体振荡器实现。为了频率调试方便，这里采用具有一定稳定性的555振荡器实现。图7-4是用NE555器件组成的振荡器电路，调整R_2的阻值可调整振荡器的输出频率。为了获得更好的触发效果，可将振荡器的输出信号用施密特触发器进行整形。

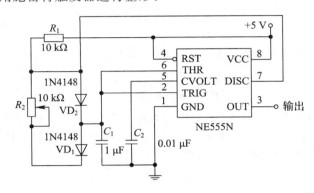

图7-4 振荡器电路

3. 分频器

分频器的作用是获得对应门控时间大小的周期性信号的周期。分频器可以采用计数器通过计数获得。图7-5是利用7位二进制输出的计数器74HC4024及"与门"器件SN74HC11组成的一百进制计数器，以实现100分频。

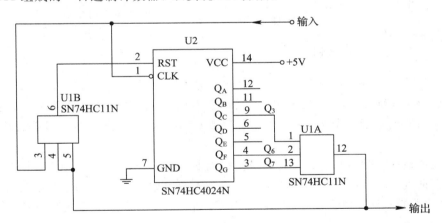

图7-5 分频器电路

分频器的核心是7位输出的计数器74HC4024，该计数器为时钟脉冲下降沿有效。实现100分频所采用的方法是将计数器74HC4024输出的Q_7、Q_6、Q_3位接入"与门"以驱动输出信号，同时输出信号和输入信号经过另一"与门"后作用于74HC4024的复位端，这样当计数器输出为二进制数1100100(对应十进制数为100)，即计数器74HC4024输出的Q_7、Q_6、Q_3位同时为1时，计数器输出端所连接与门的输出端跳变为高电平，这样，只有当输入信号为高电平时，连接在计数器复位端2脚的与门输出才会为高电平，计数器异步清零，芯片被复位，计数器重新从 0 开始计数，如此循环，从而发出相对于输入信号 100 分频的输出信号。若输入 100 Hz 脉冲信号，则分频后可得到频率为 1 Hz 的脉冲信号。

采用输出信号和输入信号经过与门后再作用于 74HC4024 复位端的目的是为了获得稳定的分频输出，因为采用清零信号与输入脉冲相"与"后再实施清零，就可以在计数脉冲为低电平时，使得分频输出脉冲保持一定时间（若输入信号的频率为 100 Hz，则时间为 10 ms）的高电平。

4. 门控产生

门控产生器的作用是获得所需的门控时间，一般通过双稳电路来实现，即门控时间对应了输入信号的周期。如图 7-6(a) 所示，输入脉冲的周期为 T，输出脉冲的门控时间为 T，即相当于二分频。如图 7-6(b) 所示是利用双 JK 触发器 74HC109 中的一个触发器组成 T 触发器来实现门控产生功能的电路图。JK 触发器构成的 T 触发器为上升沿触发，使 J 为高电平、K 为低电平，则可实现图 7-6(a) 所示的功能。若当频率为 1 Hz 的信号由 CLK 输入时，Q 端会输出脉宽为 1 s、周期为 2 s 的方波信号。

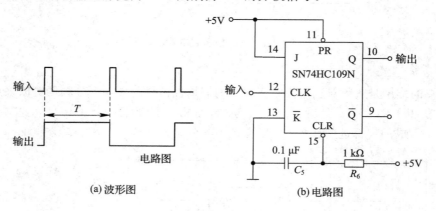

图 7-6 门控产生电路及输出波形

从触发器 Q 端输出的信号送至主门，可以获得在门控时间内通过主门的被测脉冲的数目，同时从触发器反相端输出的信号可作为数据寄存器的锁存信号，起着逻辑控制的作用。

需要说明的是，时间基准（振荡器周期）是周期性给出的，门控（闸门）信号亦是周期性的。当闸门时间 T 开始（门控上升沿）时，计数器开始计数；在闸门时间 T 结束（门控下降沿）时，将计数器所计数值寄存后对计数器清零。下一个闸门周期依此循环进行。

5. 主门

主门用于控制是否将输入被测脉冲信号送到计数器计数。它的一个输入端接门控产生电路的输出，用此信号去打开与关闭主门，另一个输入端接被测脉冲，这样就可以获得在门控时间内所通过的被测信号脉冲的数目。主门可以用"与门"或"或门"来实现。当采用与门时，门控信号为高电平时进行计数；若采用或门，则门控信号为负电平时进行计数。此设计采用具有与门功能的集成器件 74HC11 来完成。

6. 计数器

选择 CD4518B 芯片实现计数器功能。CD4518B 是一个双 BCD 二/十同步加法计数器

结构,功能管脚分别为 1~7 和 9~15,其管脚结构如图 7-7(a)所示。各管脚功能如下:

CLOCK A、CLOCK B:时钟 A 输入端、时钟 B 输入端;

ENABLE A、ENABLE B:计数允许控制端 A、计数允许控制端 B;

Q1A~Q4A、Q1B~Q4B:计数器 A 输出端、计数器 B 输出端;

CLEAR A、CLEAR B:清除端 A、清除端 B;

Vdd:正电源;

Vss:地。

　　每个计数器有两个时钟触发输入端 CLOCK 和 ENABLE(1 脚或 2 脚;9 脚或 10 脚),4 路 BCD 码信号输出(3 脚~6 脚;11 脚~14 脚)。时钟触发输入端 CLOCK 为上升沿触发计数,时钟触发输入端 ENABLE 为下降沿触发计数。

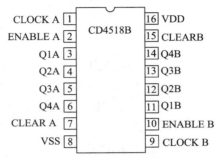

(a) CD4518B管脚结构

CLOCK	ENABLE	CLEAR	$Q_1 \sim Q_4$
↑	1	0	加法计数
0	↓	0	加法计数
↑	0	0	保持状态 (不变化)
1	↓	0	
↓	×	0	
×	↑	0	
×	×	1	复位状态

(b) CD4518B 功能表

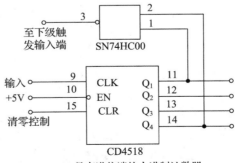

(c) 具有进位端的十进制计数器

图 7-7　基于 CD4518 芯片计数器设计

若选择时钟上升沿触发计数，则时钟触发信号应由 CLOCK 端输入，此时 ENABLE 端应置为高电平(1)，清除端应置低电平(0)；若选择时钟下降沿触发计数，则时钟触发信号应由 ENABLE 端输入，此时 CLOCK 端应置为低电平(0)，清除端应置低电平(0)。CD4518 功能表如图 7-7(b)所示。

对于四位 LED 显示，最大显示数字为 9999，则需要四位十进制加法计数器，即四个十进制加法计数器，采用两块 CD4518 芯片即可。考虑到 CD4518 没有进位触发端，对于前三位计数器，需要施加适当的控制以实现进位触发功能。现选择上升沿触发，为了保证当前位计数器在输出数字量 1001 结束后能给下一位计数器提供上升沿触发电平信号，将 Q_4 和 Q_0 端"与非"后作为下一级计数器的时钟输入，即可完成进位功能。具有进位端的十进制计数器如图 7-7(c)所示。把 4 个计数器级联起来就构成了 4 位十进制计数器，Z 指输出为高阻状态。

7. 锁存器

在门控时间内，计数器的计数结果(对应被测信号频率)必须经锁定后才能获得稳定的显示值。锁存器的作用是通过触发脉冲控制，从而将计数器的计数结果寄存起来，再送至译码显示器。锁存器可以采用一般的 8 位并行输入寄存器，为了使数据控制稳定，最好采用边沿触发方式的锁存器件。这里选择常用的 8 位锁存器 74HC374。74HC374 为具有三态输出的八 D 边沿触发锁存器，其管脚功能如图 7-8(a)所示，功能表如图 7-8(b)所示。在 CLK 触发输入端输入脉冲的上升沿时，将 $D_1 \sim D_8$ 的数据锁存(打入)到输出端 $Q_1 \sim Q_8$。功能表中的 Q_0 为建立稳态前各 Q 的电平，Z 指输出为高阻状态。

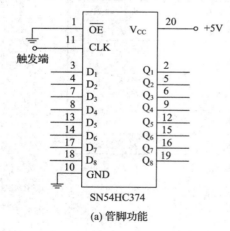

(a) 管脚功能

$\overline{OE}$	CLOCK	D	输出 Q
L	↑	H	H
L	↑	L	L
L	L	×	Q_0
H	×	×	Z

(b) 功能表

图 7-8　HC374 管脚功能图及功能表

8. 译码器与数码管显示

译码器的作用是把用 BCD 码表示的十进制数转换成能驱动数码管正常显示的笔段信号，以获得对应十进制数的数字显示。在选用译码器时，译码器的输出方式必须与数码管的显示方式匹配。此设计选择通用的共阴七段 LED 数码管，译码驱动选用集成译码器件 CD4511。译码器与数码管连接方法如图 7-9 所示，其中 A、B、C、D 为四位二进制数的输入端。为了防止数码管工作电流过大而损坏，在译码器的输出端与数码管各段的输入端需加 330 Ω 左右的限流电阻。

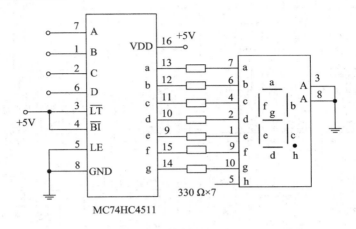

图 7 - 9　CD4511 译码器与数码管连接示意图

9. 逻辑控制器

逻辑控制器主要完成两个功能：第一个是控制计数器的计数、清零功能；第二个是控制寄存器的锁存（打入）功能，即显示器的显示控制。在计数阶段（闸门工作期间），显示器显示的是上一个闸门工作期间的计数结果，不会显示计数器计数期间的瞬时计数值。控制电路如图 7 - 10 所示，用集成器件 74HC11 的一个与门，经合理的输入、输出关系控制后即可实现这些逻辑控制功能。

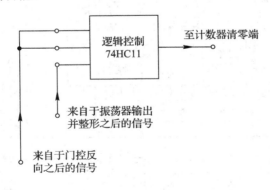

图 7 - 10　逻辑控制电路

需要说明的是，如果用单片机进行数字化频率测量，则逻辑控制器、门控、主门、译码等功能可以用微处理器来实现，当然，计数器也可以采用微处理器中的计数器。

7.1.3　数字频率计系统结构及电路组成

图 7 - 11 为测量频率范围为 1～9999 Hz 的四位静态显示的数字频率计系统结构及电路组成。系统供电电压为 +5V。

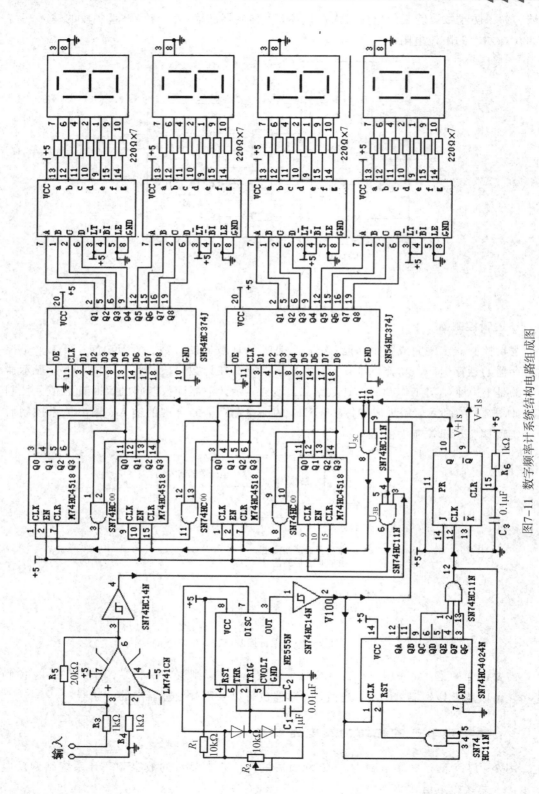

图7-11 数字频率计系统结构电路组成图

7.1.4　各部分工作原理及系统工作过程

被测信号通过由 LM741 运算放大器组成的 20 倍增益的放大电路后送至施密特触发器整形，得到能触发计数器的脉冲波输出，送至主门电路。为了防止输入信号太强，损坏集成运放，可在运放的输入端反向并接两个保护二极管。

振荡器输出频率为 100 Hz 的信号通过分频器进行 100 分频，获得周期为 1 s 的脉冲信号并送至门控产生电路。门控产生电路采用双 JK 触发器 74HC109 中的一个触发器组成 T 触发器，它将分频器输出周期为 1 s 的脉冲信号转换为脉冲宽度为 1 s、周期为 2 s 的门控信号，门控信号送至主门输入端去打开与关闭主门，确保计数器只在 1 s 的时间内计数，从而获得在 1 s 时间内通过主门的被测信号脉冲的数目；同时从触发器 $\overline{Q}$ 端输出的信号可作为数据寄存器的锁存信号。

计数器由两块双十进制计数器 74HC4518 组成，最大计数值为 9999。由于计数器受主门控制，所以每次计数只在 JK 触发器 Q 端为高电平时进行。当 JK 触发器 Q 端跳变至低电平时，$\overline{Q}$ 端则由低电平向高电平跳变，此时，8D 锁存器 74HC374（上升沿有效）将计数器的输出数据锁存起来并送至译码器和显示器。计数结果被锁存以后，方可对计数器清零。由于 74HC4518 为异步高电平清零，所以用 JK 触发器 $\overline{Q}$ 端输出与 100 Hz 脉冲信号相"与"后的输出信号作为计数器的清零脉冲，由此保证清零是在数据被有效锁存一段时间（10 ms）以后才进行的。

译码器采用与共阴数码管匹配的 CMOS 译码器 74HC4511，四个数码管采用共阴连接方式，以显示四位频率数字，满足测量最高频率为 9999Hz 的要求。

图 7-11 中，V100 指的是 555 电路输出并整形之后的 100 Hz 信号，V+1s 指的是门宽为 1s 的门控信号，V-1s 指的是 V+1s 信号取反后的信号。系统工作过程分析如下：

当 V+1s 跳变为高电平时，门控信号为高电平，主门（电路中的第一个与门 U3B）打开，并有脉冲信号输出，4 个级联计数器开始对输入脉冲信号进行计数。计数中，第一个 BCD 计数器计满 10 则发出进位脉冲，使得第二个 BCD 计数器开始计数，而自身归零。同样第二个 BCD 计数器和第三个 BCD 计数器、第三个 BCD 计数器和第四个 BCD 计数器之间也会如此进行。

当门控时间结束时，V+1s 从高跳变到低，则 V-1s 从低跳变到高，产生一个上升沿，使得 74HC374 锁存，这时锁存的数据便是 1s 门控时间中的计数结果，也就是被测信号的频率。锁存的数据经过 CD4511 译码并驱动 4 只数码管显示。

在之后的 1 s 时间中（门控信号后半周），V+1s 为低，V-1s 为高。只有当 V100 Hz 信号由低电平变为高电平的时候，逻辑控制门（电路中的第二个与门 U3C）导通，输出的高电平对四个计数器进行清零。由于 V100Hz 信号是经过迟滞门后输入到逻辑控制门输入端的，而且计数器清零信号是经过控制门（与门）之后施加到计数器清零端的，因而确保了清零信号是在寄存器的锁存信号之后进行。在之后的 1 s 时间中，清零操作会进行约 100 次，在此期间由于主门（第一个与门 U3B）截止，被测信号无法送至计数器输入端，从而保证在门控信号为低电平的 1 s 时间中，计数器被清零而且不再计数。

当 V+1s 再次跳变为高电平时，又一个门控信号为高电平，计数过程重新开始，如此循环。

调整振荡器的频率，使之输出 100 Hz 的信号，即可测量频率范围在 1～9999 Hz 任意周期性信号的频率。调整振荡器的频率，可获得更小的门控时间，通过选择合适的门控时间，合理地控制显示器中小数点的位置及单位显示，则可直接测量与自动显示更高的频率。

7.2 三位半数字电压表设计

任务要求：设计三位半数字电压表，测量范围为 0～2 V，最大显示为 1.999 V。

7.2.1 系统结构设计

系统结构框图如图 7-12 所示，其原理在电压测量技术的电压数字化测量中已做介绍，这里主要介绍设计过程。

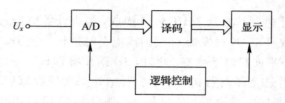

图 7-12 系统结构框图

7.2.2 各部分功能及实现方法

根据设计三位半数字电压表的任务要求，需要选择三位半双积分式 A/D 转换器，并根据所选择的 A/D 转换器的特点，选择其余各部分的功能电路。现选择摩托罗拉公司生产的 A/D 转换器 MC14433，此转换器内部不包括译码电路，但正好可以从测量关系分解的角度更好地认识数字化测量技术。

1. 三位半双积分 A/D 转换器 MC14433

1）管脚功能

MC14433 是 CMOS 双积分式三位半 A/D 转换器。该器件将构成数字和模拟电路的约 7700 多个 MOS 晶体管集成在一个硅芯片上，采用双列直插式 24 管脚封装，其管脚功能示意图如图 7-13 所示。

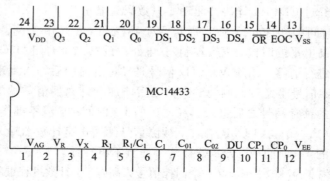

图 7-13 管脚功能示意图

V_{AG}(1 脚)：被测电压 V_X 和基准电压 V_R 的参考地。

V_R(2 脚)：外接基准电压(2V 或 200 mV)输入端。

V_X(3 脚)：被测电压输入端。

R_1(4 脚)、R_1/C_1(5 脚)、C_1(6 脚)：外接积分电阻及积分电容元件端，$C_1=0.1\ \mu F$(聚酯薄膜电容器)，$R_1=470\ k\Omega$(2V 量程)，$R_1=27\ k\Omega$(200 mV 量程)。

C_{01}(7 脚)、C_{02}(8 脚)：外接自动调零电容端，典型值为 0.1 μF。

DU(9 脚)：实时显示控制输入端，也称数据更新端。若在双积分第 5 阶段开始前从 DU 端输入一个正脉冲，则本次 A/D 转换结果依次经锁存器和多路选择开关输出，否则输出端仍保持原有数据不变。使用中将 DU 与 EOC 端(14 脚)相连，则每次 A/D 转换结果都被输出显示。将 DU 端接 Vss 时可实现读数保持。

CP_1(10 脚)、CP_0(11 脚)：分别为时钟输入、输出端，外接振荡电阻可以产生内部时钟信号，外接振荡电阻典型值为 470 $k\Omega$。

V_{EE}(12 脚)：电路的电源最负端，向内部模拟电路提供负电源，接 $-5V$。

V_{SS}(13 脚)：输出信号的低电平基准，此端接 V_{AG}(1 端)时输出电平变化范围是 $V_{DD}\sim V_{AG}$，接 V_{EE} 时输出电平变化范围是 $V_{DD}\sim V_{EE}$，通常与 1 脚连接。

EOC(14 脚)：A/D 转换结束标记(正脉冲)输出端，每一次 A/D 转换周期结束，EOC 输出一个正脉冲，宽度为时钟周期的 1/2。

$\overline{OR}$(15 脚)：过量程标志输出端(负逻辑)，当 $|V_X|>V_R$ 时，$\overline{OR}$ 输出为低电平。

$DS_4\sim DS_1$(16～19 脚)：多路选通信号输出端，DS_1 对应于千位，DS_2 对应于百位，DS_3 对应于十位，DS_4 对应于个位。

$Q_0\sim Q_3$(20～23 脚)：BCD 码数据输出端，DS_2、DS_3、DS_4 选通脉冲期间，输出三位完整的十进制数，在 DS_1 选通脉冲期间，输出千位 0 或 1 及过量程、欠量程和被测电压极性标志信号。

V_{DD}(24 脚)：电路的电源正端，向内部模拟电路提供正电源，接 $+5\ V$。

2) 性能特点

(1) 工作电压范围为 $\pm 4.5\sim\pm 8\ V$，功耗为 8 mW。

(2) 内含时钟振荡器，具有自动调零、自动极性转换功能。

(3) 仅需外接一只振荡电阻，电压量程分两挡：200 mV 和 2 V，最大显示值分别为 199.9 mV、1.999 V。基准电压与量程成 1∶1 关系，即 $U_m=U_{ref}$。能获得超量程(OR)、欠量程(UR)信号，便于实现自动转换量程。能增加读数保持(HOLD)功能。

(4) 可测量正或负的电压值。当 CP_1、CP_0 端接入 470 $k\Omega$ 电阻时，时钟频率约为 66 kHz，每秒钟可进行 4 次 A/D 转换。

(5) 需配外部的段、位驱动器，采用动态扫描显示方式，通常选用共阴极 LED 数码管。

(6) 有多路调制的 BCD 码输出，能与微处理机或其它数字系统兼容，可直接配微处理器构成智能仪器。

3) 内部结构及工作原理

MC14433 的内部原理结构如图 7-14 所示，主要由积分器及自动调零、时钟振荡器、三位半计数器、锁存器、多路选择开关、控制逻辑、极性检测器及过载(超量程)指示器等组成。MC14433 内部没有段译码器。

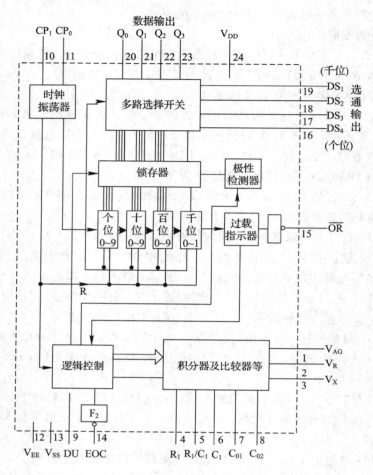

图 7 - 14　MC14433 的内部原理结构示意图

时钟振荡器由内部反相器、振荡电容以及外部振荡电阻 R_c 所构成。当 R_c 分别取 750 kΩ、470 kΩ、360 kΩ 时，时钟频率 f_o 依次为 50 kHz、66 kHz、100 kHz（近似值）。为提高抗工频干扰能力，f_o 及正向积分时间 T_1 应是 50 Hz 的整倍数。

三位半计数器由三级十进制计数器和一个 D 触发器组成，计数范围是 0～1999；锁存器用来存放 A/D 转换结果；控制逻辑能适时发出信号，接通相应的模拟开关，按顺序完成 A/D 转换。完成一次 A/D 转换大约需要 16 400 个时钟周期 T_0。整个 A/D 转换分 6 个阶段进行：① 模拟调零，占 $4000T_0$；② 数字调零，小于 $800T_0$；③ 重复模拟调零，占 $4000T_0$；④ 正向积分，$T_1 = 4000T_0$；⑤ 重复数字调零，小于 $800T_0$；⑥ 反向积分，$T_2 \leqslant 4000T_0$。其中阶段①与阶段③都用于消除缓冲器和积分器的失调电压。在阶段②将比较器的失调电压 ΔU_{os} 记下来，存入锁存器中，阶段⑤则是在反向积分之前先扣除 ΔU_{os} 的影响，使计数器复位。

$DS_1 \sim DS_4$ 是各位数据输出的位选通信号，当某一位选通信号为高电平时，相应位的数据即被选通，此时该位数据从 $Q_0 \sim Q_3$ 端输出，时序关系如图 7 - 15 所示。EOC 为脉宽仅为 $T_0/2$ 的窄脉冲。当 EOC 正脉冲过后，按照 DS_1（最高位 MSD，即千位）$\rightarrow DS_2 \rightarrow DS_3$

→DS$_4$（最低位 LSD）的顺序依次选通。位选通信号的脉宽为 $18T_0$，相邻位选通信号之间有 $2T_0$ 的位间消隐时间。作动态扫描时，扫描频率 $f_1 = f_0/80$，若取 $f_0 = 50$ kHz，则 $f_1 = 625$ Hz，测量速率 MR $= f_0/16400 \approx 3$ 次/s。

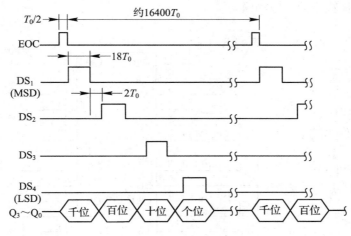

图 7 - 15　DS$_1$ ～ DS$_4$ 时序关系图

　　MC14433 最高位的真值表见表 7 - 1。UR 表示欠量程，对于 2 V 基本量程，当 $U_x < 9\% U_m = 0.180$V 时为欠量程；OR 表示超量程，即 $U_x > 1.999$ V 时为超量程；Q$_3$ 代表最高位数据的反码，当千位数据为 1 时 Q$_3 = 0$，该位显示 1，千位为 0 时 Q$_3 = 1$，该位消隐，因此，要译出千位上的数据，还需给 Q$_3$ 端外接一级反相器。由表 7 - 1 可知，千位仅有 8 种计数状态，分别对应于十进制数 14、10、15、11、4、0、7、3，因前四种数已经超出 BCD 码的范围，故外部 BCD - 7 段译码器（例如 CD4511）就强迫千位显示器消隐，后四种数虽属 BCD 码，却因千位显示器仅接通 b、c 这两个笔段，故只能显示出数字 1。Q$_2$ 表示信号极性，Q$_2 = 1$ 为正极性，Q$_2 = 0$ 为负极性；Q$_0 = 1$ 表示 U_x 超出正常范围，超量程即 $U_x > 1.999$ V 时，Q$_0 = 1$，Q$_3 = 0$，$\overline{\text{OR}} = 0$；欠量程即 $U_x < 0.180$ V 时，Q$_0 = 1$，Q$_3 = 1$，$\overline{\text{OR}} = 1$；而在正常测量范围之内，即 0.180 V$\leqslant U_x \leqslant$1.999 V 时，Q$_0 = 1$，$\overline{\text{OR}} = 1$。

表 7 - 1　MC14433 最高位的真值表（DS$_1 = 1$）

最高位（MSD）输出数据	输出二进制码				对应十进制数	最高位显示特点
	Q$_3$	Q$_2$	Q$_1$	Q$_0$		
＋0	1	1	1	0	14	消隐
－0	1	0	1	0	10	
＋0（仪表欠量程）	1	1	1	1	15	
－0（仪表欠量程）	1	0	1	1	11	
＋1	0	1	0	0	4	因千位只接通 b、c 笔段，故此时显示 1
－1	0	0	0	0	0	
＋1（仪表超量程）	0	1	1	1	7	
－1（仪表超量程）	0	0	1	1	3	

MC14433 外部接线电路如图 7 - 16 所示，R_4、C_1 分别为外接积分电阻及电容，C_2 为外接调零电容，R_5 为外接振荡电阻。为了调试方便，3 脚的被测电压 U_x 连接一开关，通过开关 S 可以选择被测对象。图中，用电位器 R_3 对正、负电压分压，调节电位器 R_3 滑动端的位置就可以模拟不同的被测量。

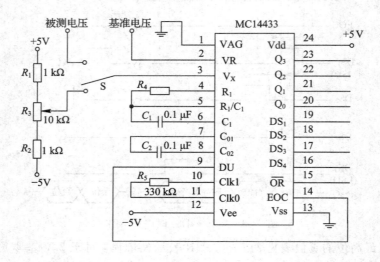

图 7 - 16　MC14433 外部接线电路图

2. 译码、显示电路

译码器的作用是把用 BCD 码表示的十进制数转换成能驱动数码管正常显示的笔段信号，以获得对应十进制数的数字显示。在选用译码器时，译码器的输出方式必须与数码管显示方式匹配。此设计选择通用的共阴七段 LED 数码管，译码驱动选用集成译码器件 CD4511。考虑到 A/D 转换器 MC14433 内部的三位半计数器功能，又考虑到各位计数器的计数值是按位动态扫描输出的，所以译码、显示亦采用动态扫描译码、显示方式，即将一个 CD4511 译码器的四个输入端和 A/D 转换器的四位二进制数字输出端相连接，将该译码器的各个输出端同时连接到四个 LED 数码管的对应输入端，利用 A/D 转换器 MC14433 的选通信号控制 LED 数码管接地端的电平，从而保证 A/D 转换器中相应位上的计数器点亮 LED 显示器的相应位。译码器、数码管控制连接方法如图 7 - 17 所示。

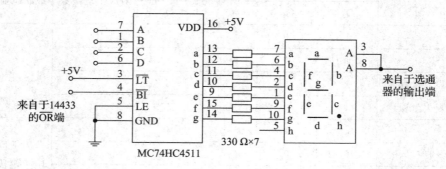

图 7 - 17　译码器、数码管控制关系

3. 逻辑控制电路

鉴于一部分逻辑控制电路已在 A/D 转换器中完成,又考虑到 A/D 转换器输出的各位计数器的计数值和选通信号相对应,所以,需要配合好 A/D 转换器的输出,做好译码、显示的逻辑控制功能。

由于 A/D 转换器 MC14433 输出的选通信号为高电平信号,因此对于选择的共阴 LED 数码管显示器就需要进行反向,此系统选择 MC1413 七路达林顿管作为数码管的选通器。MC1413 采用 NPN 达林顿复合晶体管的结构,可直接接收 MOS 或 CMOS 集成电路的输出信号。其封装为 16 引脚的双列直插式。每一驱动器输出端均接有一释放电感负载能量的抑制二极管。该器件有两个作用:一是增强驱动能力,它有很高的电流增益($\beta = 1500$,$I_{cm} \geqslant 200$ mA)和很高的输入阻抗,可把电压信号转换成足够大的电流信号驱动各种负载,7 路同时工作时每路仍可输出 40 mA 电流;二是具有反向作用,该电路内含有 7 个集电极开路的反相器(也称 OC 门)。MC1413 内部结构及应用如图 7 - 18 所示,其中图(a)为内部结构,图(b)为应用示意图。

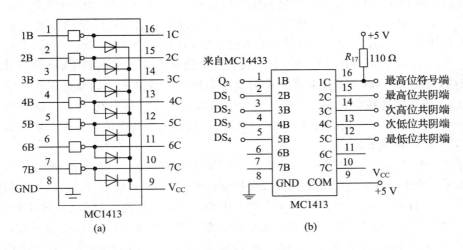

图 7 - 18　MC1413 内部结构及应用示意

需要说明的是,如果用单片机进行数字化电压测量,则 A/D 转换器外围的逻辑控制器功能及译码器、选通器等皆可以用微处理器来实现。

4. 精密基准稳压电源

A/D 转换需要外接标准电压源作为参考电压,标准电压源的精度应当高于 A/D 转换器的精度。此系统采用 MC1403 集成精密稳压源提供参考电压。MC1403 的输出电压为2.5 V,当输入电压在 4.5~15 V 范围内变化时,输出电压的变化不超过 3 mV,一般只有0.6 mV 左右,输出最大电流为 10 mA。在 MC1403 的输出端通过电位器分压来得到所需要的 2 V 或 200 mV 基准参考电压。为了方便,可用两个 10 kΩ 电位器分别分压输出,并由开关来选择,其电路如图 7 - 19 所示。

为了满足 MC14433 器件−5 V 电压的需要,此系统还使用了具有模拟电压反向功能的器件 ICL7660,其工作关系已在上节说明。

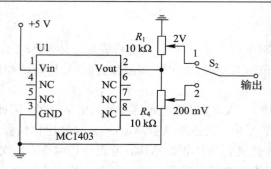

图 7 - 19   基于 MC1403 的稳压输出

7.2.3   三位半数字电压表系统结构及电路组成

由 MC14433 等器件组成的三位半数字电压表的系统结构及电路组成如图 7 - 20 所示。被测直流电压 U_x 经 A/D 转换后以动态扫描形式输出，数字量输出端 Q_0、Q_1、Q_2、Q_3 上的数字信号(8421BCD 码)按照时间先后顺序依次按千位、百位、十位、个位输出，同时位信号指示 DS_1、DS_2、DS_3、DS_4 依次为高电平，作为位选信号；数字信号经七段译码器 CD4511 译码后，驱动四只 LED 数码管的各段阳极，位选信号 DS_1、DS_2、DS_3、DS_4 通过位选开关 MC1413 反向后分别控制着千位、百位、十位和个位上的四只 LED 数码管的公共阴极，这样就把 A/D 转换器按时间顺序输出的数据以扫描形式在四只数码管上依次显示出来。由于选通重复频率较高，工作时从高位到低位以每位每次约 300 μs 的速率循环显示，即一个四位数的显示周期是 1.2 ms，所以人的肉眼就能清晰地看到四位数码管同时显示三位半十进制数字量。

最高位(千位)显示时只有 b、c 二根线与 LED 数码管的 b、c 脚相接，所以千位只显示 1 或不显示；用千位的 g 笔段来显示模拟量的负极性(正值不显示)。负极性的显示原理是，当 $DS_1 = 1$(正好扫描到千位)且 $U_x < 0$ 时，从 Q_2 端输出负极性信号(低电平)，并加至 MC1413 的第 5 脚，由于 MC1413 属于集电极开路的输出(OC 门)，故 12 脚无输出，相当于对输出开路，这样＋5 V 电压就经过上拉电阻 R 接至千位 LED 的 g 段，因为此时千位已被选中，使该位的公共阴极接低电平，故 g 段发光，显示负极性符号。

利用 MC1403 向 MC14433 提供基准电压，电压大小用精密多圈电位器调节。当参考电压 $U_R = 2$ V 时，满量程显示 1.999 V；$U_R = 200$ mV 时，满量程为 199.9 mV。可以通过选择开关来控制千位和十位数码管的 cp 笔段电压，实现对相应的小数点显示的控制。

若输入超过量程，如在 200 mV 挡，当 $U_x > 199.9$ mv 时，$\overline{OR}$ 端呈低电平，使七段译码驱动器 CD4511 的消隐控制端 $\overline{BI} = 0$，强迫共阴极显示器全部消隐。

对于不同量程的数字电压表，可调整积分电阻 R_1 阻值、基准电压 U_R 及相应小数点位置，具体关系可参考表 7 - 2。

表 7 - 2   不同量程的数字电压表参数选择

量程 U_m	基准电压 U_R	$R_1/k\Omega$	小数点位置	备注
200 mV	＋200.0 mV	27	DP_1	
2 V	＋2.000 V	470	DP_3	将小数点左移两位

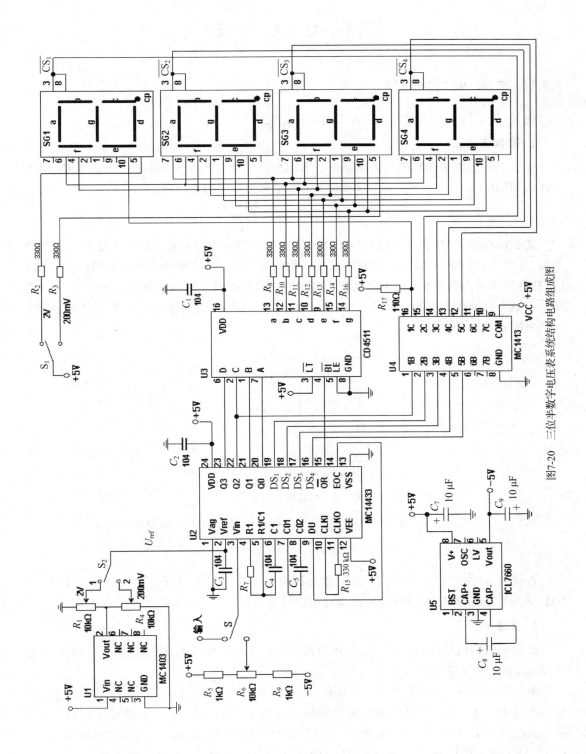

图7-20 三位半数字电压表系统结构电路组成图

7.3 电流测量

7.3.1 电流-电压转换法

电流-电压转换法主要可归纳为下面两种方法。

1. 取样电阻法

取样电阻法就是在被测电流回路中串入很小的标准电阻 r——取样电阻，将被测电流转换为被测电压 U_x，当满足条件 $r \ll R$ 时，取样电阻 r 上的电压为

$$U_x = I_x \cdot r \quad \text{或} \quad I_x = \frac{U_x}{r}$$

若被测电流 I_x 较大，可以直接用高阻抗电压表测量取样电阻两端的电压 U_x；若被测电流 I_x 较小，应将 U_x 放大到接近电压表量程的适当值后再由电压表进行测量。为了减小 U_x 的测量误差，要求该放大电路具有极高的输入阻抗和极低的输出阻抗，为此，一般采用电压串联负反馈放大电路，如图 7-21 所示。对于不同大小的测量电流，可以选择不同的取样电阻，即分挡测量。

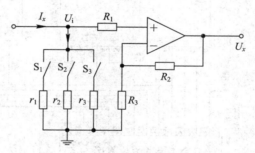

图 7-21 取样电阻法测量电流

在图 7-21 中，开关 $S_1 \sim S_3$ 为量程开关。若选择电阻为 r_i，则输出电压为

$$U_x = r_i \cdot \left(1 + \frac{R_2}{R_3}\right) I_x$$

若放大器电路的放大倍数为 100，放大器输出接 5 V 量程电压表，取 $r_1 = 10\ \Omega$、$r_2 = 1\ \Omega$、$r_3 = 0.1\ \Omega$，则该电路所测电流量程相应可分为 5 mA、50 mA、500 mA 三挡。

2. 反馈电阻法

反馈电阻法就是在被测电流回路中串接一个电压并联负反馈运放电路，让被测电流流过反馈电阻，如图 7-22 所示。

图 7-22(a)中，S 为量程开关，取 $R_1 = 1\ k\Omega$，$R_2 = 10\ k\Omega$，$R_3 = 100\ k\Omega$。若 U_x 接 5 V 量程电压表，则该测量电路可测电流量程相应约为 5 mA、0.5 mA、0.05 mA 三挡。该电路中标准电阻 $R_1 \sim R_3$ 阻值一般为 10 Ω~1 MΩ。当 $R < 10\ \Omega$ 时，布线电阻影响增大；当 $R > 1\ M\Omega$ 时，难以保证准确度。若被测电流 I_x 很小时，例如将 $I_x = 10$ nA 转换为 $U_x = 1$ V 时，需 $R = 100\ M\Omega$，测量准确度就难以保证。此时可选 $R = 1\ M\Omega$，先将 10 nA

转换成 10 mV，再用一个电压增益为 100 的同相比例运算放大器将电压放大到 1 V。

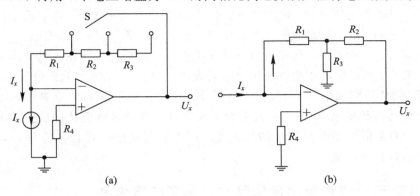

(a)   (b)

图 7 - 22　反馈电阻法测量电流

图 7 - 22(b)为采用 T 型反馈电阻网络的电流-电压转换器。电流-电压转换关系为

$$U_x = -I_x\left(R_1 + R_2 + \frac{R_1 R_2}{R_3}\right)$$

电流-电压转换系数为

$$\frac{U_x}{I_x} = R_1 + R_2 + \frac{R_1 R_2}{R_3}$$

若取 $R_1 = 1\ \text{M}\Omega$，$R_2 = 9.9\ \text{k}\Omega$、$R_3 = 100\ \Omega$，代入上式计算可得

$$\frac{U_x}{I_x} = 100 \times 10^6\ \text{V/A} = 100\text{mV/nA}$$

图 7 - 22(a)可视为图 7 - 22(b)在 $R_3 = \infty$ 时的情况。一般来说，取样电阻法比较适合于测量较大的电流，而反馈电阻法比较适合测量较小的电流。

7.3.2 电流-频率转换法

用 NE555 定时器可组成电流-频率转换器，用该转换器可以比较简单地测量电流。将 NE555 电路的阈值端(6 脚)、触发端(2 脚)和放电端(7 脚)全部连接在一起，并接上一个积分电容，利用输入电流对电容的充放电，可实现从电流到频率的转换。其电路如图 7 - 23 所示。

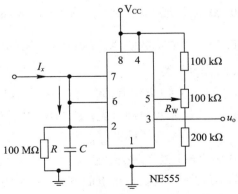

图 7 - 23　基于 555 的电流-频率转换电路

用 NE555 电路实现电流-频率转换的基本原理是：输入被测电流 I_x 对电容 C 充电，使其电压上升，当达到阈值点时，输出即回到 0，同时放电端对地短路，电容迅速放电。一旦电容的电压低于触发值，输出重新变为高电平，放电端开路，电容重新充电。

因放电端导通电阻很小，所以电容放电速度很快，并且几乎与输入电流无关，输出负脉冲宽度非常小，所以频率主要取决于充电电流 I_x，电流 I_x 越大，输出电压的频率越高。

电压控制端(5脚)接电位器 R_W，可以调整转换比。电阻 R 作零点补偿，保证电流等于 0 时输出电压的频率也为 0，而且波形处于高电位。在满足以上条件的前提下，R 应尽量取大些，否则会影响小电流测量的灵敏度。该电路可用于各种恒流源场合，对微电流(例如光电流)检测效果更好。

7.3.3 电流-磁场转换法测量电流——霍尔式电流表

不论是用电流表直接测量电流还是用 $R-U$ 转换法间接测量电流，都需要将被测量电流回路切断后再接入测量装置，测量不是很方便。在不允许切断电流回路或被测电流太大的情况下，可以利用电流-磁场转换的关系，然后再利用霍尔传感器将对应的磁场转换为电压值，之后进行放大、处理后显示。这里简单介绍转换原理。

霍尔式电流表的原理是利用霍尔传感器，将被测电流产生的磁场大小转变为对应霍尔电势的大小。图 7-24 为采用霍尔传感器的钳形电流表测量现场示意图。图中，冷轧硅钢片圆环的作用是将被测电流 I_x 产生的磁场集中到霍尔元件上，以提高灵敏度。作用于霍尔片上的磁感应强度 B 为

$$B = K_B \cdot I_x$$

式中，K_B 为电磁转换灵敏度。

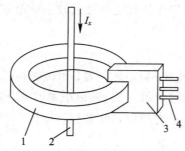

1—冷轧硅钢片圆环； 2—被测电流导线； 3—霍尔元件； 4—霍尔元件引脚

图 7-24 霍尔式钳形电流表测量现场示意图

线性集成霍尔片的输出电压 U_o 为

$$U_o = K_H \cdot I \cdot B = K_H K_B \cdot I \cdot I_x = KI_x$$

式中，K_H 为霍尔片灵敏度，I 为霍尔片控制电流；K 为霍尔电流表的电流灵敏度，且 $K = K_H K_B I$。

若 I_x 为直流，则 U_o 亦为直流；若 I_x 为交流，则 U_o 亦为交流。霍尔式钳形电流表可测量的最大电流达 100 kA，可用来测量输电线上的电流，也可用来测量电子束、离子束等无法用普通电流表直接进行测量的电流。

7.4 电感 L 及电容 C 的测量

7.4.1 电感 L 测量

可以采用 L-U 转换技术和电压测量技术相结合的方式测量电感值 L。如图 7-25 所示，将电感器接入放大器的反馈支路，用正弦信号 u_r 作为放大器的激励。图中，R_1 为放大器输入端的标准电阻，被测电感器可等效为 r_x 和 L_x 串联电路，其中 r_x 为等效串联电阻。

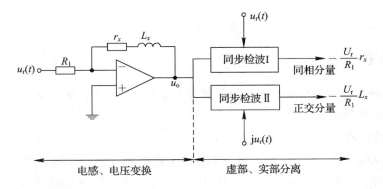

图 7-25 放大器式 L-U 变换

设测试电压 $u_r = U_r\sin\omega t$，则从图 7-25 不难求得经电感-电压变换的输出电压 u_o：

$$u_o = -\frac{U_r r_x}{R_1}\sin\omega t - j\frac{U_r \omega L_x}{R_1}\sin\omega t \tag{7-1}$$

从式(7-1)可见，u_o 由实部和虚部两部分组成，它们分别与 r_x 和 L_x 成正比。利用同步检波器可把实部(同相分量)与虚部(正交分量)分离出来，即 u_o 经同步检波后分别得到两个直流电压：

$$U_1 = -\frac{U_r}{R_1}r_x \qquad \text{(同相分量)} \tag{7-2}$$

$$U_2 = -\frac{U_r\omega}{R_1}L_x \qquad \text{(正交分量)} \tag{7-3}$$

为了实现对 r_x 和 L_x 的数字化测量，可采用双积分式 A/D 转换器。为此，把 U_1(改变符号后)加到图 4-20 的 A/D 变换器的 U_x 输入端，而将 $u_r(t)$ 经检波后所得的对应其幅度的直流电压 U_r 加到图 4-20 中的基准电压输入端，这样由式(4-27)可得

$$\frac{U_r}{R_1}r_x = \frac{T_2}{T_1}U_r$$

于是

$$r_x = \frac{R_1}{T_1}T_2 \tag{7-4}$$

或写成

$$r_x = \frac{R_1}{N_1} N_2 \qquad\qquad (7-5)$$

从式(7-5)可知，计数器计得的数 N_2 正比于被测电感的等效串联电阻 r_x，因此，r_x 可直接用数字显示。改变 R_1 可进行量程转换。

同样，把分离出来的正交分量 U_2（改变符号后）加到 A/D 转换器的 U_x 输入端，则可得如下关系：

$$L_x = \frac{R_1}{\omega T_1} T_2 \qquad\qquad (7-6)$$

或

$$L_x = \frac{R_1}{\omega N_1} N_2 \qquad\qquad (7-7)$$

适当选择 R_1、ω 的数值，则可数字化显示 L_x 的值。

7.4.2 电容 C 测量

为了充分利用电压测量和时间测量的优势，可将电容大小转换为电压大小或对应时间大小进行测量，现分别予以分析。

1. $C-U$ 转换法

$C-U$ 变换与上述的 $L-U$ 变换基本相同，考虑到电容器的等效电路一般采用并联形式，故将被测件与标准电阻 R_1 在电路中的位置互换，即把标准电阻接到放大器的反馈支路，被测电容器接到放大器的输入端。电路结构如图 7-26 所示，被测电容器可等效为 G_x 与 C_x 的并联电路，其中 G_x 为等效并联电导。

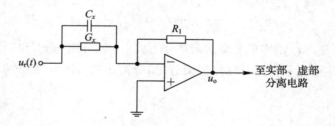

图 7-26　放大器式 $C-U$ 变换

利用上述类似步骤，可求出经 $C-U$ 变换和虚部、实部分离后的同相分量和正交分量：

$$U_1 = -G_x R_1 U_r \qquad\qquad (7-8)$$
$$U_2 = -\omega C_x R_1 U_r \qquad\qquad (7-9)$$

同样，把 U_2（改变符号后）作为双积分式 A/D 转换器的输入电压 U_x，而将 $u_r(t)$ 经检波后所得的对应其幅度的直流电压 U_r 加到图 4-20 中的基准电压输入端，这样由式(4-27)可得

$$C_x = \frac{1}{\omega R_1 N_1} N_2 \qquad\qquad (7-10)$$

若把 U_1（改变符号后）作为双积分式 A/D 转换器的输入电压 U_x，而把 U_2（改变符号后）作为定值积分的基准电压 U_r，则可得如下关系

$$\tan\delta = \frac{G_x}{\omega C_x} = \frac{T_2}{T_1} = \frac{N_2}{N_1} \tag{7-11}$$

从式(7-10)和式(7-11)可以看出，电容器的电容量 C_x 及其损耗 $\tan\delta$ 均可用数字直接进行显示。

2. C - T 转换法

1. 积分式 C - T 转换

积分式 C - T 转换是将被测电容 C_x 作为米勒积分器中的积分电容，通过积分器、比较器及相关外部控制电路将电容大小转换为振荡输出信号周期大小的方法。转换电路及转换波形如图 7-27 所示。

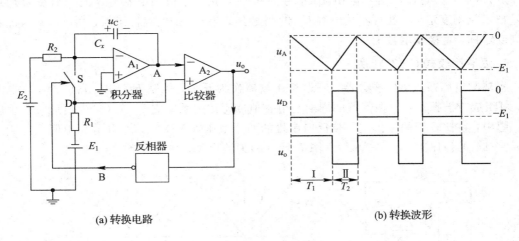

(a) 转换电路　　　　　　　　　　　(b) 转换波形

图 7-27　积分式 C - T 转换示意图

积分式 C - T 的转换原理类似于双积分式数字电压测量的原理，即经过两次积分过程完成一个振荡周期，振荡器(比较器)与比较器的输出变化取决于外围电子开关的通、断，开关 S 的通、断由输出信号 u_o 通过反相后来控制。在图 7-27(a)图中，若 $u_B = 1$，开关 S 闭合，若 $u_B = 0$，开关 S 断开。振荡器的一个周期可按两个阶段来分析，工作过程如下：

第 I 阶段：$u_o = 1 \rightarrow u_B = 0 \rightarrow$ S 断开 $\rightarrow u_D = -E_1$，C_x 对 E_2 正向积分，此阶段积分器输出电压为

$$u_{A1} = -\frac{1}{C}\int_0^t i_c \mathrm{d}t = -\frac{E_2}{R_2 C_x}t$$

随着时间 t 的增加，积分器输出电压越来越小，但当 $t = T_1$，即

$$u_{A1} = -\frac{E_2}{R_2 C_x}T_1 = -E_1 \tag{7-12}$$

时，比较器输出状态翻转，$u_o = 0 \rightarrow u_B = 1 \rightarrow$ S 闭合 $\rightarrow u_D = 0$，第 I 阶段结束，进入第 II 阶段。

第 II 阶段：$u_o = 0 \rightarrow u_B = 1 \rightarrow$ S 闭合 $\rightarrow u_D = 0$，C_x 对 E_1、E_2 反、正向积分，此阶段积分器输出电压为

$$u_{A2} = -E_1 + \frac{E_1}{R_1 C_x}t - \frac{E_2}{R_2 C_x}t$$

若 $E_1/R_1 > E_2/R_2$，则随着时间 t 的增加，积分器输出电压越来越大，但当 $t = T_2$，即

$$u_{A2} = -E_1 + \frac{E_1}{R_1 C_x} T_2 - \frac{E_2}{R_2 C_x} T_2 = 0 \qquad (7-13)$$

时，$u_o = 1 \rightarrow u_B = 0 \rightarrow S$ 断开 $\rightarrow u_D = -E_1$，第 Ⅱ 阶段结束，重新回到第 Ⅰ 阶段。

由式（7-12）和式（7-13）可知

$$T_1 = -\frac{E_1}{E_2} R_2 C_x, \qquad T_2 = -\frac{R_1 R_2 E_1}{R_2 E_1 - R_1 E_2} C_x$$

则

$$T = T_1 + T_2 = -\frac{R_2^2 E_1^2}{(R_2 E_1 - R_1 E_2) E_2} C_x \qquad (7-14)$$

从式（7-14）可以看出，输出电压信号的周期 T 正比于被测电容 C_x，通过计数器周期测量技术及刻度定标，就可实现电容 C_x 的测量。如果 C_x 是电容传感器，则可以对被测对象刻度定标，直接显示被测量。

2. 迟滞比较式 C-T 转换

将被测电容接入 RC 积分器，用迟滞比较器作为开关，控制 RC 积分器的充、放电时间，可组成方波振荡器，振荡器的周期与电容值成正比关系。图 7-28(a) 为矩形波产生电路。图中，在比较器的输出端需接反向串接的两个稳压管 VD_1、VD_2 和分压电阻 R_2、R_3。VD_1、VD_2 的稳压工作值皆为 U_Z。图 7-28(b) 为波形关系图。

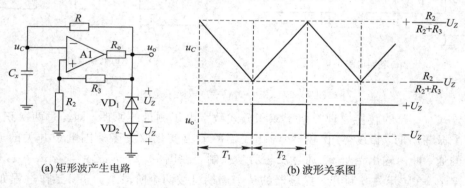

(a) 矩形波产生电路   (b) 波形关系图

图 7-28 迟滞比较式 C-T 转换

根据电容的充、放电关系，输出电压在稳压值 $+U_Z$ 和 $-U_Z$ 之间转换，当输出 $u_o = +U_Z$ 时，对电容 C 充电，当输出 $u_o = -U_Z$ 时，对电容 C 放电，若放电时间为 T_1，则

$$T_1 = \tau_{放} \ln \frac{u_C(\infty) - u_C(0^+)}{u_C(\infty) - u_C(T_1)}$$

其中：

$$\tau_{放} = RC, \quad u_C(\infty) = -U_Z, \quad u_C(0^+) = \frac{R_2}{R_2 + R_3} U_Z, \quad u_C(T_1) = -\frac{R_2}{R_2 + R_3} U_Z$$

所以

$$T_1 = RC_x \ln \frac{-U_Z - \frac{R_2}{R_2 + R_3} U_Z}{-U_Z + \frac{R_2}{R_2 + R_3} U_Z} = RC_x \ln \left(1 + \frac{2R_2}{R_3}\right)$$

同理可得

$$T_2 = RC_x \ln\left(1 + \frac{2R_2}{R_3}\right)$$

所以　　　　　　　$$T = T_1 + T_2 = 2RC_x \ln\left(1 + \frac{2R_2}{R_3}\right) \propto C_x \qquad (7-15)$$

若 VD_1、VD_2 的稳压值不同，则波形的占空比不同。

同样，从式(7-15)可以看出，输出电压信号的周期 T 正比于被测电容 C_x，通过计数器周期测量技术及刻度定标，就可实现电容 C_x 的测量。如果 C_x 是电容传感器，则可以对被测对象刻度定标，直接显示被测量。

7.5　电压−频率转换

若测量结果需要远距离传输，由于直流电压是不易远距离传输的，可以通过电压−频率($U-F$)转换，将电压转换为易于远距离传输的交流信号，交流信号经过远距离传输后，可采用频率测量技术对被测对象定标和测量，也可经过 $F-U$ 转换后通过电压进行测量。这里主要介绍集成 $U-F$ 转换原理及集成 $U-F$ 转换器应用电路。

7.5.1　集成 $U-F$ 转换原理

集成 $U-F$ 转换器大多采用平衡型 $U-F$ 转换电路作为基本电路，如典型的 LMx31 系列集成转换器。图 7-29 为 LMx31 内部结构，主要由输入比较器、定时比较器、基于 RS 触发器构成的单稳定时器、基准电源、精密电流源、电流开关、基准比较器及集电极开路的输出三极管等部分组成。

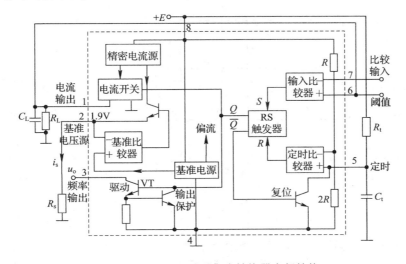

图 7-29　LMx31 系列集成转换器内部结构

LMx31 用作 $U-F$ 转换器的简化结构如图 7-30 所示。图中有两个 RC 定时电路：一个由 R_t、C_t 组成，它与单稳定时器相连；另一个由 R_L、C_L 组成，依靠精密电流源充电。电流源的输出电流 I_s 由内部基准电压源供给的 1.9 V 参考电压和外接电阻 R_s 决定

$(I_s = 1.9\text{V}/R_s)$。

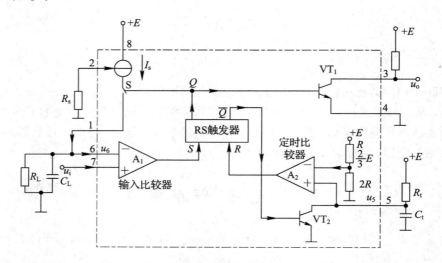

图 7-30 LMx31 系列 U-F 转换器的简化结构

若将电压的高电平用数字"1"表示，低电用数字"0"表示，并设 $Q=1$ 时，开关 S 闭合，$Q=0$ 时，开关 S 断开。在没有 u_i 加入时，转换器不工作，$RS=00$，$Q=0 \rightarrow u_6=0$；与此同时 $\overline{Q}=1 \rightarrow VT_2$ 管饱和 $\rightarrow u_5=0$。加入 u_i 后，LMx31 的工作过程可通过一个振荡周期内的两个阶段来分析，工作波形如图 7-31 所示。

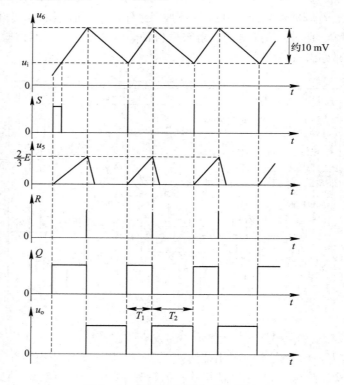

图 7-31 U-F 转换关系波形图

第一阶段：一旦加入 u_i，由于 $u_i > u_6$，输入比较器输出高电平→$S=1$→$Q=1$→VT_1 管饱和导通→$u_o=0$；又 $Q=1$→电源开关 S 闭合→精密电流源输出电流 I_s 对 C_L 充电→u_6 逐渐上升；与此同时，$\overline{Q}=0$→VT_2 管截止→电源 E 经 R_t 向 C_t 充电→u_5 上升，当 $u_5 \geqslant 2E/3$ 时，定时比较器输出从低电平翻转为高电平→$R=1$→Q 从高电平翻转到低电平，进入第二阶段。

第二阶段：$Q=0$→VT_1 截止→$u_o=1$；又 $Q=0$→电流开关 S 断开→C_L 上的电压通过高阻值的 R_L 缓慢放电→u_6 缓慢下降；与此同时，$\overline{Q}=1$→VT_2 管饱和→C_t 上的电压（u_5）通过小阻值的 r_{ce} 迅速放电到 0；随着 C_L 的放电，当 $u_6 \leqslant u_i$ 时，输出比较器输出高电平→$S=1$→$Q=1$，又开始第一个阶段。如此循环往复，在输出端输出对应被测电压大小的周期性信号。

在电路稳定后，若第一阶段经历的时间为 T_1，第二阶段经历的时间为 T_2，则输出信号周期 $T=T_1+T_2$。在 T_1 周期，电流 I_s 给 C_L 充电电荷的平均值 Q_S 为

$$Q_S = I_C T_1 = \left(I_s - \frac{u_6}{R_L} \right) T_1$$

由定时电容 C_t 的充电方程式

$$U_{C_t} = \left[1 - \exp\left(-\frac{T_1}{R_t C_t} \right) \right] E = \frac{2}{3} E$$

可得

$$T_1 = R_t C_t \ln 3 \approx 1.1 R_t C_t$$

此阶段，T_1 的大小与 $2E/3$ 及 R_t、C_t 的大小有关。

在一个周期 T 内 C_L 对 R_L 的放电电荷 Q_R 的平均值为

$$Q_R = \frac{u_6}{R_L} (T - T_1)$$

根据充、放电电荷平衡的准则，$Q_S = Q_R$，从而得

$$I_s T_1 = \frac{u_6}{R_L} T$$

实际上 u_6 在很小的区域（大约 10 mV）内波动，可近似取其平均值 $u_6 \approx u_i$，将 $I_s = 1.90/R_s$ 和 $T_1 = 1.1 R_t C_t$ 代入上式，则

$$f = \frac{1}{T} \approx \frac{R_s u_i}{1.9 \times 1.1 R_t C_t R_L} = \frac{R_s u_i}{2.09 R_t C_t R_L}$$

从上式可以看出，输出信号的频率正比于输入信号的电压值 u_i；I_s 的取值为 $10 \sim 150\ \mu A$，通常取 $100\ \mu A$ 左右，变更 R_s 的值可调整转换增益；T_1 由单稳定时器的外接电阻 R_t 和电容 C_t 决定，典型工作状态为 $R_t = 6.8\ k\Omega$，$C_t = 0.01\ \mu F$，$T_1 = 7.5\ \mu s$。

u_i 主要影响第二阶段 T_2 的大小。从 u_6 的波形转换关系可以看出，u_i 越大，C_L 上的电压放电到 u_i 的时间 T_2 越短，f 越高。

7.5.2　集成 U-F 转换应用电路

在实际应用中，一般采用如图 7-32 所示的连接方法。图中，2 脚的电阻 R_s 由 $R_{s1} =$

12 kΩ 和 $R_{s2} = 5$ kΩ 可变电阻组成，R_s 用来调节 LMx31 的增益偏差和由 R_L、R_t、C_t 引起的偏差，以校正输出频率。7 脚上增加了由 $R_1 = 100$ kΩ 和 $C_1 = 0.1$ μF 组成的低通滤波器，使转换精度有所提高。按图示的元件值，该电路可获得将 $0 \sim 10$ V 转变为对应 10 Hz $\sim$ 10 kHz 的结果。

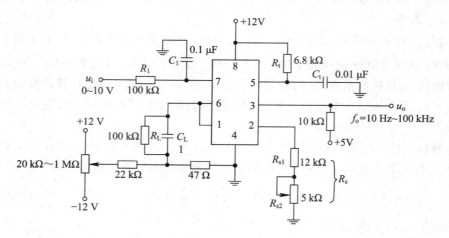

图 7-32　集成 LM331 应用电路

7.6　非电量测量技术及应用

以上介绍的是电参量对象的测量，即利用电子技术在弱电领域直接进行测量。当然，在测量的过程中需要进行信号处理，如转换、检波、放大、衰减、滤波、显示等。对于不同的测量对象，信号处理的过程和方法是不同的。如果采用数字化方式测量，则还需要经过 A/D 转换、数字化显示等过程，甚至需要微处理器进行数据处理。

对于非电量对象的测量，首先需要将非电测量对象转换为电子技术领域的相应电参量，方法是利用传感器实现参量关系转换，即通过传感器将非电性质的测量对象转换为电领域的某种电参量。如果采用传统的模拟电子测量技术进行测量，则按照传统的电子测量技术对相应的电参量进行处理、显示，只是显示（刻度定标）关系略微复杂，需要将一般的电压或电流刻度表盘替换为非电对象的刻度表盘（具体刻度关系需要通过定标来完成）。如果采用数字化技术测量，为了实现数字化显示，除了需要 A/D 转换之外，一般还需要微处理器，以执行数据处理及译码显示的控制工作。当然，对于计数器方式的 A/D 转换器，也可以利用逻辑控制器件代替微处理器，实现数字化显示。关于传感器参量转换的相关内容，在传感器技术课程中介绍；微处理器数据处理与显示的相关内容，在单片机原理及应用课程中介绍。本节简单介绍基于数字化的非电量测量应用的基本知识，包括测量系统基本结构、传感器关系转换、信号调理、A/D 转换、微处理器控制和结果显示等。

7.6.1　高精度温度测量系统设计

本设计主要针对低中温温度测量，测量系统基本结构可用图 7-33 来表示。

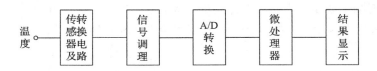

图 7-33 测量系统基本结构

1. 传感器选择及参量转换

通常说的传感器，有的是指传感器元件，有的是指传感器模块（包括处理电路）。这里以传感器元件为例。对于中高温测量，工业常用的热电偶的测量范围大，高温测量响应好；对于低中测量，常用热电阻。对于半导体热敏电阻，其体积小，但精度低；对于金属热电阻，其精度高，但体积较大，引线电阻影响大，使用中需要做一定的技术处理。

低中温的高精度温度测量，通常选择稳定性能好的铂电阻温度传感器，且选择直流电阻桥实现参量转换，将对应温度的电阻大小转换为对应电压大小。电阻桥转换电路如图 7-34 所示。

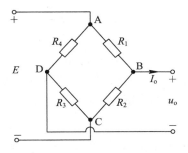

图 7-34 电阻桥转换电路

若忽略后续电路的负载效应（$I_o \approx 0$），则电阻桥输出电压为

$$u_o = \frac{R_2}{R_1 + R_2}E - \frac{R_3}{R_3 + R_4}E$$

若以 R_1 作为铂电阻传感元件，R_2、R_3、R_4 为标准电阻，当 $R_1 \rightarrow R_1 + \Delta R_1$ 时，利用高等数学泰勒级数展开关系式 $y = y_0 + \Delta y$ 可得

$$u_o = \left(\frac{R_2}{R_1 + R_2}E - \frac{R_3}{R_3 + R_4}E \right) + \Delta u_o$$

若温度未变化（起始点），电桥平衡，则

$$\frac{R_2}{R_1 + R_2}E - \frac{R_3}{R_3 + R_4}E = 0$$

若 $\Delta R_1 \ll R_1$，则

$$u_o = \left(\frac{R_2}{R_1 + R_2}E - \frac{R_3}{R_3 + R_4}E \right) + \Delta u_o \approx 0 + \frac{\partial u_o}{\partial R_1}\Delta R_1 = -\frac{R_2 E}{(R_1 + R_2)^2}\Delta R_1$$

若取 $R_1 = R_2$，则

$$u_o = -\frac{E}{4}\frac{\Delta R_1}{R_1}$$

由于金属电阻传感器元件的阻值小，而引线具有一定的长度，所以其电阻值波动对测

量结果会产生影响。要实现高精度温度测量，需采取措施消除引线电阻的波动对测量结果的影响，通常采用三线制的连接方式。三线制连接方式及转换电路如图 7-35 所示。

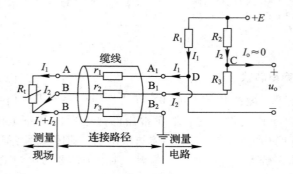

图 7-35　三线制连接方式及转换电路

图 7-35 中，r_1、r_2、r_3 分别为三根引线的等效电阻。对于 $R_t = R_o + \Delta R$，一般取 $R_1 = R_2$，$R_3 = R_o$，则

$$u_o = u_{CD} = u_{CB} - u_{DB} = I_2 R_3 + I_2 r_2 - I_1 r_1 - I_1(R_o + \Delta R_t)$$

考虑到 $r_1 \approx r_2$，$I_1 \approx I_2$，所以

$$u_o \approx -I_1 \Delta R_t$$

即测量结果与引线等效电阻 r_1、r_2、r_3 无关，所以消除了引线电阻的影响。在实际测量中，若选择 Pt100 铂电阻传感器，可取 $R_1 = R_2 = R_3 = R_o = 100\ \Omega$。

2. 信号调理

从转换电路输出的温度变化电压是很小的，不适合直接进行 A/D 转换，而先要进行放大，使其温度测量范围对应的电压符合 A/D 转换的范围；同时，转换电路的输出为具有抗共模干扰的差分信号。基于以上两点，放大电路应具有高增益且具有抑制共模干扰的差动放大电路。可选择具有两级放大的测量放大器，其原理电路如图 7-36 所示。

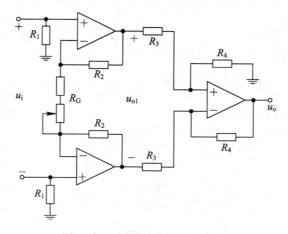

图 7-36　测量放大器原理电路

不难推出，放大器增益为

$$K = \left(1 + \frac{2R_2}{R_G}\right) \frac{R_4}{R_3}$$

其中，$1+\dfrac{2R_2}{R_G}$ 为第一级放大电路的电压增益，R_4/R_3 为第二级放大电路的电压增益。调整 R_G 电阻值，可以调整放大器的增益。实际应用中要考虑到放大器调零（也可作为系统调零）。具有实际应用的测量放大器电路如图 7-37 所示。

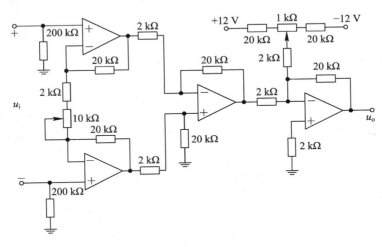

图 7-37　实际测量放大器电路

图 7-37 中，第三级放大电路的主要功能是系统调零，即调整 1 kΩ 电位器，使得在测量温度的起点时输出电压 u_o 为零。当温度达最大点时，调整 10 kΩ 电位器阻值，使放大器输出电压达到后续 A/D 转换器的最大电压点。

由于用运放和分立元件组成的放大电路的电阻值难以严格匹配，实际使用中，也可选择集成测量放大器芯片。集成测量放大器芯片包括了测量放大器第一级及第二级的电路部分。由于采用激光微调校准，电阻元件的阻值可以做到严格匹配及对称，保证了放大器精度。这类放大器称为仪表放大器。为了消除对应温度的直流电压波动，可在测量放大器之后连接低通滤波器电路，去除干扰及波动成分。

3. A/D 转换及微处理器

1）微处理器

微处理器可以选择带有内存的 AT89C51 或 ST89C51。这里以 AT89C51 为例。其管脚分布及功能如图 7-38 所示。

各管脚具体功能及使用方法如下。

P0 口：一个 8 位漏级开路双向 I/O 口，每个管脚可吸收 8 个 TTL 门电流。当 P0 口的管脚第一次写入"1"时，被定义为高阻输入。P0 口能够用于外部程序/数据存储器，它可以被定义为数据地址的低八位。在用 Flash 编程时，P0

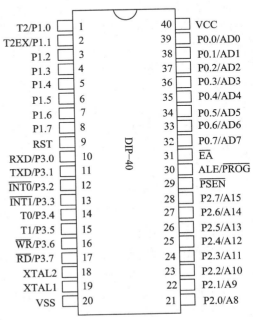

图 7-38　AT89C51 管脚分布及功能

口作为原码输入口；当用 Flash 进行校验时，P0 口输出原码，此时 P0 口外部必须被拉高。

P1 口：一个内部提供上拉电阻的 8 位双向 I/O 口。P1 口缓冲器能吸收 4 个 TTL 门电流。P1 口管脚写入"1"后，被内部电阻上拉为高，可用作输入。作为输入时，P1 口被外部下拉为低电平，将输出电流，这是由于内部上拉的缘故。在用 Flash 编程和校验时，P1 口接收低 8 位地址。

P2 口：一个内部提供上拉电阻的 8 位双向 I/O 口。P2 口缓冲器可吸收 4 个 TTL 门电流。当 P2 口被写"1"时，其管脚被内部上拉电阻拉高，可用作输入。作为输入时，P2 口的管脚被外部拉低，将输出电流，这是由于内部上拉的缘故。当 P2 口作为外部程序存储器或 16 位地址外部数据存储器进行存取时，将输出地址的高 8 位。在给出地址"1"的情况下，P2 口利用内部上拉优势，在对外部 8 位地址数据存储器进行读写时，将输出其特殊功能寄存器的内容。P2 口在 Flash 编程和校验时接收高 8 位地址信号和控制信号。

P3 口：8 位带内部上拉电阻的双向 I/O 口，可吸收 4 个 TTL 门电流。当 P3 口写入"1"后，它被内部上拉为高电平，并用作输入。作为输入时，P3 口的管脚被外部下拉为低电平，P3 口将输出电流(ILL)，这是由于上拉的缘故。

P3 口也可作为 AT89C51 的一些特殊功能口，例如：P3.0/RXD（串行输入口），P3.1/TXD（串行输出口），P3.2/INT0（外部中断 0），P3.3/INT1（外部中断 1），P3.4/T0（计时器 0 外部输入），P3.5/T1（计时器 1 外部输入），P3.6 /$\overline{WR}$（外部数据存储器写选通），P3.7/$\overline{RD}$（外部数据存储器读选通）。

RST：复位输入。当振荡器复位器件时，要保持 RST 脚有两个机器周期的高电平时间。

ALE/$\overline{PROG}$：地址锁存允许信号端。当访问外部存储器时，此管脚的输出电平用于锁存地址的低位字节。在 Flash 编程期间，此管脚用于输入编程脉冲。在平时，ALE 端以不变的频率周期输出正脉冲信号，此频率为振荡器频率的 1/6。因此它可用作对外部输出的脉冲或用于定时目的。但要注意的是：每当 P0 口用作外部数据存储器时，将跳过一个 ALE 脉冲。如想禁止 ALE 的输出，可在 SFR 8EH 地址上置 0。此时，只有在执行 MOVX、MOVC 指令时 ALE 才起作用。另外，该管脚被略微拉高。如果微处理器在外部执行状态 ALE 禁止，则置位无效。

$\overline{PSEN}$：外部程序存储器的选通信号。在外部程序存储器取指期间，每个机器周期两次$\overline{PSEN}$有效。但在访问外部数据存储器时，这两次有效$\overline{PSEN}$信号将不出现。

$\overline{EA}$：当$\overline{EA}$保持低电平时，外部程序存储器地址为 0000H～FFFFH，而不管是否有内部程序存储器。注意：采用加密方式 1 时，$\overline{EA}$将内部锁定为 RESET；当$\overline{EA}$端保持高电平时，先读取内部程序存储器中的内容，若超出其片内存储器地址，则将自动转向片外程序存储器。在 Flash 编程期间，此引脚也用于施加 12 V 编程电源(VPP)。

XTAL1：反向振荡放大器的输入及内部时钟工作电路的输入。

XTAL2：来自反向振荡器的输出。

2）选择 12 位的逐次比较式 AD574 作为 A/D 转换器的测量方式

图 7-38 所示为 AD574 的引脚封装图及与单片机微处理器的接口方法。输入模拟电压既可以是单极性的，也可以是双极性的。"10Vin"端允许输入 0～10 V 单极性被测电压

或±5 V 双极性被测电压。在"20Vin"端允许输入 0～20 V 单极性电压或±10 V 双极性电压。"BIP"端用来调节变换电路基准电平的偏移程度，以便与输入信号极性相匹配。当进行单极性变换时，"BIP"端应该接地(有时可适当进行零偏调节)。当进行双极性变换时，"BIP"要用一只 100 Ω 左右的电位器连接到芯片基准电压输出端"VR"。另外，"VR"端输出的基准电压还要用另一只电位器适当调节后直接接入到"VRin"端作为变换基准。

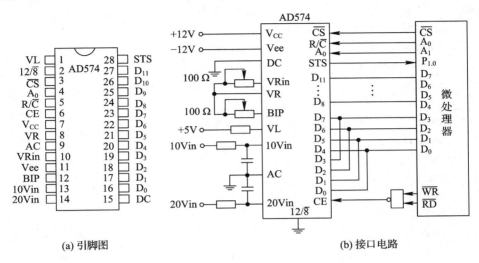

(a) 引脚图　　　　　　　　　　　　(b) 接口电路

图 7 - 38　AD574 及其接口方法

AD574 的 A/D 转换精度是可以选择的，可以按 8 位转换，也可以按 12 位转换。因此，在使用 AD574 时，转换精度选择和读出方式选择也是需要注意的问题。AD574 的控制方法如表 7 - 1 所示。

表 7 - 1　AD574 的控制方法

CE	$\overline{CS}$	R/$\overline{C}$	12/$\overline{8}$	A_0	功　　能
0	x	x	x	x	禁止
x	1	x	x	x	禁止
1	0	0	x	0	12 位转换
1	0	0	x	1	8 位转换
1	0	1	+5V	x	12 位转换结果输出
1	0	1	接地	0	读出结果高 8 位
1	0	1	接地	1	读出结果低 4 位

由表 7 - 1 可知，AD574 在启动前先要将 R/$\overline{C}$ 端置 0，然后选通 CE＝1，置$\overline{CS}$＝0，芯片即开始按 A_0 所指方式进行 ADC 过程，且 STS＝1，表示芯片"忙"。转换结束后，芯片以 STS＝0 作为结束标志，就可以读取结果数据。数据的读出是由 12/$\overline{8}$ 和 A_0 状态共同设定的，转换结果从 D_{11}～D_0 输出。

图 7-38(b)接口电路是按 12 位 ADC 设计的，可实现对 4kHz 以下信号的采集与测量。若寻址地址为 4400H~44FFH，按图中接法，可用 4400H 作启动 12 位转换的地址（$A_0=0$）或用 4402H 作启动 8 位转换的地址（$A_0=1$）。图中 12/$\overline{8}$ 端接地，因此 12 位结果可分二次读取，第一次用 4401H 读取高 8 位，第二次用 4403H 读取低 4 位。若单片机选用 AT89C51，则相应的数据采集程序设计如下：

```
AD574: MOV R0, 24H        ；结果将存在片内 24H、25H 单元中
       MOV R2, #44H        ；先置高位地址
       MOV R1, 00H         ；低位地址
       MOVX @R1, A         ；启动 12 位转换
       JB P1.0, $          ；STS=1, 等待
       INC R1
       MOVX A, @R1         ；读结果高 8 位
       MOV @R0, A          ；存结果
       INC R0
       INC R1
       INC R1
       MOVX A, @R1         ；读结果低 4 位
       MOV @R0, A
       RET
```

程序中用 P1.0 来测试 STS 状态以判断 ADC 是否结束。

3）选择积分式 A/D 转换器的测量方式

逐次比较式 ADC 的缺点是抗干扰能力差，很难实现对模拟信号的高精度转换。而积分式 ADC 具有很强的抗干扰特性，可以获得较高的转换精度，因此在测量仪器中获得广泛的应用。常见芯片有三位半 A/D 器件和四位半 A/D 器件两种，前者相当于 11 位二进制精度，后者相当于 14 位二进制精度。这种器件的缺点是转换速度较慢，每秒只能进行 3 次左右，实时性差，适合用于直流或缓慢变化信号的测量。

这里以三位半 MC14433 A/D 转换器为例。MC14433 的封装及引脚功能在 7.2 节已做过介绍，这里简单介绍两种应用方式：

第一种应用方式，不采用微处理器。首先将温度测量对象通过转换电路、调理电路后转化到 MC14433 的转换范围 0~2 V 或 0~0.2 V，经过 MC14433 后，利用译码器、LED 显示器及逻辑控制器件实现测量，原理同 7.2 节三位半数字电压表。例如将 0~199.9℃ 的温度转换为对应 0~1.999 V 的电压，通过合理控制显示器中小数点的位置就可以直接测量温度；将 0~199.9 kΩ 的电阻转换为对应 0~1.999 V 的电压，通过合理控制显示器中小数点的位置就可以直接测量电阻等。

第二种应用方式，采用 AT89C51 微处理器。首先将温度测量对象通过转换电路、调理电路后转化到 MC14433 的转换范围 0~2 V 或 0~0.2 V，经过 A/D 转换后，利用微处理器控制译码及显示实现测量。

MC14433 是按双斜积分原理设计的，它能在 0~2 V 或 0~0.2 V 两个基本量程上将直流电压直接转换成用三位半十进制数（BCD 形式）表示的数字量。图 7-39 为 MC14433 与微处理器的接口连接方法。

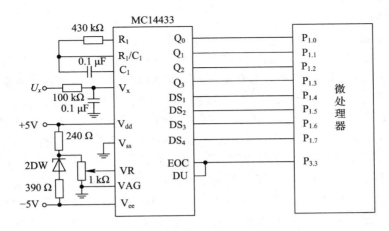

图 7 - 39　MC14433 与微处理器的接口方法

由于 MC14433 输出功能比较完备，因此与单片机接口时，可以直接连接在一个自由 I/O 端口上，线路比较简单。若将转换结果采集到 AT89C51 单片机片内 24H、25H 两个单元中，数据采集程序可以设计如下：

```
MC144333：MOV R0，♯24H
         MOV 24H，♯0
         MOV 25H，♯0
PL0：    MOV A，P1
         JNB A.4，PL0         ；DS₁＝0，等待
         JB A.0，PER          ；超量程
         JB A.2，PL1          ；Uₓ＞0
         ORL 24H，♯80H        ；Uₓ＜0，置 24H 的 D₇ 位为 1
         JB A.3，PL2          ；Q₃＝1，结果最高位为 0
PL1：    ORL 24H，♯10H        ；Q₃＝0，结果最高位为 1
PL2：    MOV A，P1            ；第二位结果？
PL3：    JNB A.5，PL3
         ANL A，♯0FH          ；取出第二位结果
         ORL 24H，A           ；存入 24H 低 4 位
         MOV A，P1
PL4：    JNB A.6，PL4          ；第三位结果？
         ANL A，♯0FH          ；取出第三位结果
         SWAP A              ；要存到高四位
         MOV 25H，A
         MOV A，P1
PL5：    JNB A.7，PL5          ；第四位结果？
         ANL A，♯0FH
         ORL A，25H           ；和第三位结果合存一个字节
         MOV 25H，A           ；存在 25H 中
         RET
```

4. 结果显示

常用的显示器件有 LED 数码管和 LCD 液晶显示器两种。由 LED 数码管组成的仪器数据显示器具有亮度高、全天候的特点，在测量中应用广泛。驱动方式不同，数据显示器的接口电路形式也不同，一般有静态驱动和动态驱动两种方式，这里采用动态驱动方式。

动态驱动实际上是一种动态扫描显示过程，这种方法的电路硬件数量少，较经济。它的基本形式如图 7 - 40 所示。图中的数据显示器由 6 只共阴极 LED 数码管组成，$X_5 \sim X_0$ 与各数码管的阴极相连。当 X 线输出低电平时，对应位置的数码管就被选通工作；当 X 线为高电平时，对应位置的数码管就因落选而熄灭。此时 X 信号的输出电路 U_1 称为显示位控寄存器，其选通地址为 CS_1。各数码管的字形段极 a～h 的同名端连在一起，并各通过一只限流电阻接到显示段码锁存器 U_2 的输出端，U_2 的选通地址为 CS_3。这样，如果在 U_3 中写入一个代表某一字符的字形段码，又在该字符对应显示位置的 X 线上输出一个低电平驱动信号，就可以将该字形在指定的数码管上显示出来。单片机分时送出段码和位码，段码寄存器和位码寄存器可以选择 74HC373 芯片实现。

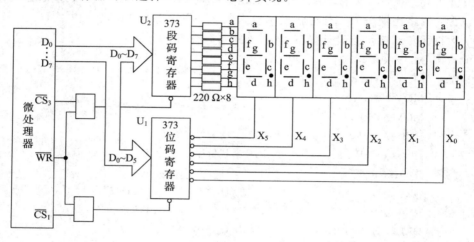

图 7 - 40　动态扫描式 LED 驱动显示电路

作为一个显示程序实例，微处理器采用 AT89C51，用其 RAM 缓冲区存放要显示的 6个字符代码。设 6 个缓冲寄存单元的地址分别为 3AH～3FH，它们与数码管的具体位置从左往右是一一对应的：3AH 中的内容显示在最左一位数码管上，3BH 中的内容显示在左起第二个数码管上，以此类推。若显示时各段码采用反相驱动方式，则要点亮数码管的一段，必须将对应的数码位取逻辑 0 值，这样就可以组成一个段码表。在段码表中除了要有常用的数字字形段码外，还应拥有带小数点的字形段码和一些常用符号的段码。具体的驱动显示程序如下：

```
DISPLY: SETB RS0              ;工作寄存器改用 1 区的
        MOV R0,#3AH           ;R0 用作显缓指针
        MOV R2,#20H           ;R2 用作显示位置指针,先指在最左位
        MOV R3 ,#0            ;R3 用做延时控制
        MOV DPTR,#SEGTBL      ;DPTR 用作字形段码表指针
DIS1:   MOV A,0
```

```
           MOV R1，#CS1              ；R₁用作位控指针
           MOVX @R1，A              ；先令所有 X 线输出高电平，灭显示
           MOVX A，@R0              ；取出显缓中的一个字符代码
           MOVC A，@A+DPTR          ；查到对应的字形段码
           MOV R1，#CS3             ；R₁改作段码寄存器指针
           MOVX @R1，A              ；将字形段码输出到段码寄存器中
           MOV A，R2                ；准备显示在 R₂ 所指的数码管上
           MOV R1，#CS1             ；R₁改作显示位置码寄存器指针
           MOVX @R1，A              ；由 R₂ 内容所指的数码管工作
DL：       DJNZ R3，$               ；显示延时
           INC R0                  ；显缓指针指向下一位字符
           CLR C
           MOV A ，R2
           RRC A                   ；显示位将右移一位
           MOV R2，A
           JNZ DIS1                ；继续显示下一个字符
           CLR RS0                 ；所有位显示完后要恢复工作寄存器区
           MOV A，#0FFH
           MOV R1 ，#CS3
           MOVX @R1，A              ；灭显示
           RET                     ；显示子程序结束
```

字形段码表	字形段码	显示字形	表序号（显示字符代码）
SEGTBL：	DB C0H	；0	0
	DB F9H	；1	1
	DB A4H	；2	2
	DB B0H	；3	3
	DB 99H	；4	4
	DB 92H	；5	5
	DB 82H	；6	6
	DB F8H	；7	7
	DB 80H	；8	8
	DB 98H	；9	9
	DB 88H	；A	A
	DB 83H	；B	B
	DB C6H	；C	C
	DB A1H	；D	D
	DB 86H	；E	E
	DB 8EH	；F	F
	DB 40H	；0.	10
	DB 79H	；1.	11
	DB 24H	；2.	12
	DB 30H	；3.	13

DB	19H	;4.	14
DB	12H	;5.	15
DB	02H	;6.	16
DB	78H	;7.	17
DB	00H	;8.	18
DB	18H	;9.	19
DB	98H	;H	1A
DB	C7H	;L	1B
DB	C1H	;U	1C
DB	A3H	;口	1D
DB	BFH	;一	1E
DB	C2H	;G	1F
DB	0CH	;P.	20
DB	7FH	;.	21
DB	FFH	;灭显	22

7.6.2　重量测量系统设计

重量测量系统的基本结构也可以用图7-33来表示，只是在传感器选择及参量变换部分有所不同。本设计主要针对小量级的重量测量，这里简单介绍传感器选择及参量转换、A/D转换及微处理器、结果显示及相关程序设计。

1. 传感器选择及参量转换

将重量测量对象转换为电参量可以有多种选择方法，如电阻传感器、电容传感器、电感传感器等。电容传感器和电感传感器需要通过交流电桥和交流信号电路来处理，技术相对复杂。这里仍以电阻传感器转换为例，即将重量的大小通过重力的作用转换为对应电阻的大小。

通常说的传感器，有的是指传感器元件，有的是指传感器装置或传感器模块（包括处理电路）。典型的以力作用形式的电阻传感器是应变电阻传感器。由于力是不能直接作用在应变电阻元件上的，实际上的应变电阻传感器是应变电阻传感器元件和弹性元件组成的传感器装置，应变电阻元件是粘贴在弹性元件上的，力作用在弹性元件上，通过压力作用，引起弹性元件变形，继而引起应变电阻的电阻体变形，从而引起电阻传感器元件的阻值发生变化。

弹性元件又有多种结构形式，常见的有悬臂梁式、柱式及环式等。对于小量级的重量测量，通常选择悬臂梁式弹性元件。图7-41为基于悬臂梁弹性元件结构形式的应变电阻传感器装置原理结构示意图。

应变电阻元件在弹性梁上的粘贴位置是有讲究的，需要粘贴在弹性元件变形明显且呈线性变化的位置。若将应变电阻元件以轴向（纵向）方式贴在弹性元件的上表面（R_1、R_3），则重量W的作用使电阻体在长度上拉伸，从而使电阻体的电阻值随之增加；若将应变电阻元件以轴向（纵向）方式贴在弹性元件的下表面（R_2、R_4），则重量W的作用使电阻体在长度上压缩，从而使电阻体的电阻值随之减小。根据需要，在一个弹性元件上可以粘贴不同数目的应变电阻元件，当然，粘贴在上、下位置的应变电阻元件，在同一重量W的作用下，

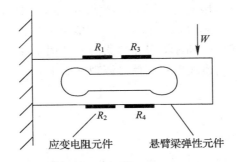

图 7 - 41　基于悬臂梁弹性元件的应变电阻传感器装置原理结构

电阻值变化的方向是不同的。由于后续的直流电桥转换电路可以转换四个应变电阻元件的阻值变化，所以通常在弹性元件上粘贴四个应变电阻元件，这样既提高了测量的灵敏度，又减小了温度等共模干扰。弹性元件的不同结构尺寸与形状对应了不同的重量测量范围即量程，电阻应变片的粘贴工艺对传感器性能影响颇大。通常将弹性元件中部取空，这样可提高测量的灵敏度。

　　同样，通常选择直流电桥进行参量转换，将对应重量的电阻大小转换为对应电压大小，电桥转换电路如图 7 - 42 所示。

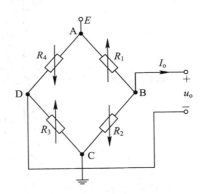

图 7 - 42　电桥转换电路

　　若 R_1、R_2、R_3、R_4 位置皆连接为应变电阻传感元件，且取四个应变电阻的基准值相等，即 $R_1=R_2=R_3=R_4$，且当 $R_1 \rightarrow R_1+\Delta R_1$、$R_2 \rightarrow R_2+\Delta R_2$、$R_3 \rightarrow R_3+\Delta R_3$、$R_4 \rightarrow R_4 +\Delta R_4$ 时，满足 $\Delta R_i \ll R_i$ 的条件；若忽略后续电路的负载效应（$I_o \approx 0$），且温度未变化（起始点）时，电桥平衡。利用高等数学泰勒级数展开关系式 $y=y_0+\Delta y$，可知

$$u_o = \left(\frac{R_2}{R_1+R_2}E - \frac{R_3}{R_3+R_4}E\right) + \Delta u_o \approx 0 + \sum_{i=1}^{4}\frac{\partial u_o}{\partial R_i}\Delta R_i = \frac{E}{4}\left(-\frac{\Delta R_1}{R_1} + \frac{\Delta R_2}{R_2} - \frac{\Delta R_3}{R_3} + \frac{\Delta R_4}{R_4}\right)$$

考虑到，R_1、R_3 同向变化、R_2、R_4 同向变化，R_1、R_2 反向变化、R_3、R_4 反向变化，四个应变电阻的材料相同、基准阻值相同，则在同一重量的作用下，各电阻变化量值的绝对值是相同的，所以电桥输出可以表示为

$$u_o = -E\frac{\Delta R_1}{R_1}$$

　　带有悬臂梁的应变电阻传感器在市场上广为销售。如 CZL - A 型压力传感器，其四个

应变电阻片已粘贴好，并已连接成完整的电阻桥形式，以四根引线引出（电桥供电电源两根，电桥输出两根），有 5 kg、10 kg、20 kg 等不同级别的量程。使用时，需要将弹性梁进行一定的辅助固定。如图 7-41 所示，将弹性梁的左端固定在固定装置上，右端可固定称重托盘，将四根电阻应变片引出线连接到信号调理电路中去。

2. 信号调理

信号调理部分同 7.6.1 节。

3. A/D 转换及微处理器

A/D 转换及微处理器可以同 7.6.1 节，也可以选择带有 A/D 转换器的微处理器。这里以内部资源丰富、功能多、功耗低的 MSP430 单片机为例做简单说明。

图 7-43 为 MSP430FE425 单片机芯片管脚图，图 7-44 为其内部结构功能图。

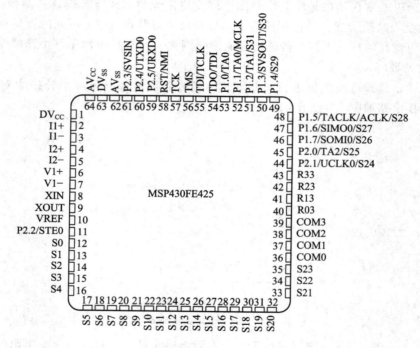

图 7-43　MSP430FE425 单片机芯片管脚图

内部资源：

- 16 位 RISC 架构，125 ns 指令周期时间；
- 512 字节 RAM＋16 字节 Flash；
- 内部集成温度传感器；
- 内置时钟管理单元（FLL），可以设置不同的倍频；
- 内置 128 段 LCD 驱动器；
- 内置看门狗；
- 三捕获/比较寄存器的 16 位 Timer_A＋两路 PWM 发生器；
- 14 个双向 IO，每个 IO 可作为中断源；
- 自带仿真和调试功能及调试接口，支持两个断点；

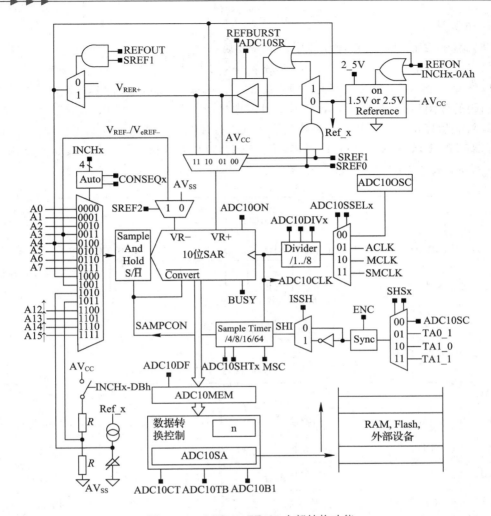

图 7 - 44　MSP430FE425 内部结构功能

·内置电量计量模块，在无需 CPU 干预的情况之下，可自动完成交流电压、电流有效值、功率、有功电能测量和计量工作（不能和 ADC 同时使用）；

·内置 1.2 V 基准源和输出缓冲器；

·三个高精度的 16 位独立 ADC；

·内置可编程增益放大器（1～32 倍）。

MSP430F425 中包含 3 个 16 位的高精度 ADC 和基准源、可编程增益放大器以及温度传感器（可应用于温度测量），具有差分输入结构以及内置的可编程增益放大器 PGA，从而具有强的抗共模干扰能力以及小信号放大能力，特别适用于压力、称重桥等传感器测量应用中。本系统选择内部基准源，所以 ADC 的输入为 0～0.6 V，并选择 ADC0 的通道 1（读者可以任意选择通道），即 A1.0 为输入端。

MSP430 单片机具有两种运行模式：在 LPM4 模式下，系统运行的电流大约为0.1 μA；在 LPM3 模式下，系统运行的电流约为 1 μA，而且 MSP430 提供了低速时钟可供外部设备使用。

4. 结果显示

结果显示采用 LCD1602 型工业字符液晶模块，它是一种专门用来显示字母、数字、符号等的点阵型液晶模块，由若干个 5×7 或者 5×11 等点阵字符位组成。每个点阵字符位都可以显示一个字符，每位之间有一个点距的间隔，每行之间也有间隔，起到了字符间距和行间距的作用（正因为如此，所以不能很好地显示图形）。LCD1602 液晶显示的原理是利用液晶的物理特性，通过电压对其显示区域进行控制。它能够同时显示 16×2 即 32 个字符，即可以显示两行，每行 16 个字符。LCD1602 采用标准的 16 脚接口，结构如图 7-45 所示，其各管脚功能如表 7-2 所示。

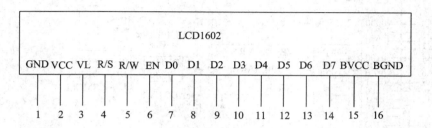

图 7-45　LCD1602 接口

表 7-2　LCD1602 各管脚功能说明表

编号	符号	引脚说明	编号	符号	引脚说明
1	VSS	电源地	9	D2	Data I/O
2	VDD	电源正极	10	D3	Data I/O
3	VL	液晶显示偏压信号	11	D4	Data I/O
4	RS	数据/命令选择端(H/L)	12	D5	Data I/O
5	R/W	读/写选择端(H/L)	13	D6	Data I/O
6	E	使能信号	14	D7	Data I/O
7	D0	Data I/O	15	BLA	背光源正极
8	D1	Data I/O	16	BLK	背光源负极

1602 液晶模块内部的字符发生存储器已经存储了 160 个不同的点阵字符图形，这些字符有阿拉伯数字、英文字母的大小写、常用的符号和日文假名等。每一个字符都有一个固定的代码。使用时直接编写软件程序并按一定的时序驱动即可。

5. 系统软件设计

电子秤系统需要软件来协调各个硬件部分的工作，以满足重量测量系统的要求。要实现特定功能，首先需要设计系统程序的总流程图，并在总流程图的框架下有序地设计初始化程序、A/D 模块程序、预处理程序、称重程序、键盘程序等。系统程序总流程图如图 7-46 所示。（注：该系统的软件设计以外接 A/D 芯片 HX711 为例。）

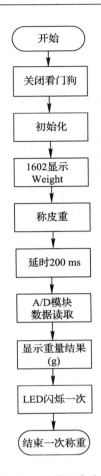

图 7 - 46　系统程序流程图

系统主程序如下：

```
int main( void )
{
    System_Init();
    LCD_Init();
    LED_Init();
    LCD_WriteStr(0, 0, "Weight:");
    Get_Tare();
    delay_ms(200);
    Get_Tare();
    while(1)
    {
        Get_Weight();
        DisplayWeight(0, 8, Weight);
        delay_ms(50);
        RLED_ON;
        delay_ms(50);
```

```
    RLED_OFF；


  }
}
void Clock_Init()；          //把时钟切换到 8 MHz 时钟
void System_Init(void)；     //关闭看门狗
void WindowsInit(void)；     //窗口初始化函数
void Get_Tare(void)；        //自动除皮重
void LED_Init(void)；        //LED 初始化
void Get_Weight(void)；      //称重，单位为 g
void DisplayWeight(unsigned char  x，unsigned char  y，float weig)；//显示称重结果


long HX711_Buffer = 0；    //HX711 转换结果
long Tare=0；              //皮重
float Weight=0；           //实际重量
```

各子程序如下：

关闭看门狗子程序：

```
void System_Init(void)
{
  WDTCTL = WDTPW + WDTHOLD；
  Clock_Init()；
}
```

LED 初始化子程序：

```
void LED_Init(void)
{
  P4DIR |= BIT2；
  P2DIR |= BIT7；
  RLED_OFF；
  Buzzer_OFF；
}
```

时钟切换子程序：

```
void Clock_Init()  //把时钟切换到 8 MHz 时钟
{
uchar i；
  BCSCTL1&=～XT2OFF；              //打开 XT2 振荡器
  BCSCTL2|=SELM1+SELS；           //MCLK 为 8 MHz，SMCLK 为 8 MHz
  do{
    IFG1&=～OFIFG；               //清除振荡器错误标志
    for(i=0；i<100；i++)
      _NOP()；
  }
```

```
    while((IFG1&OFIFG)! =0);              //如果标志位为 1, 则继续循环等待
    IFG1&=~OFIFG;
}
```

自动除皮重子程序：

```
void Get_Tare(void)                          //自动除皮重
{
    HX711_Buffer = HX711_Read();
    Tare = HX711_Buffer/100;
}
```

称重子程序：

```
void Get_Weight(void) //称重, 单位为 g
{
    unsigned long Temp=0;
    HX711_Buffer = HX711_Read();
    HX711_Buffer = HX711_Buffer/100;        //读取皮重
    if(HX711_Buffer >= Tare)                //显示除皮重后重量
    {
        Temp = HX711_Buffer;
        Temp = Temp - Tare;
        Weight = (unsigned int)((float)Temp/4.22+0.05);
        if(Weight<3)
            Weight = 0;
        Weight =   0.8660 * Weight;
    }
    Else//否则错误
    {
        Weight = 0;
    }
}
```

重量显示(X. XX kg)子程序：

```
void DisplayWeight(unsigned char   x, unsigned char   y, float weig)
{
    unsigned char buf[10]={0};
    unsigned int disweight=0;

    if(weig>=9900)   //大于 9.9kg
        return;
    disweight+=4;
    disweight=(unsigned int)weig;
    buf[0]=disweight/1000+'0';
    buf[1]='.';
    disweight=disweight%1000;
```

```
    buf[2]＝disweight/100＋'0';
    buf[3]＝disweight%100/10＋'0';
//   buf[4]＝disweight%10＋'0';
    buf[4]＝' ';
    buf[5]＝'k';
    buf[6]＝'g';
    buf[7]＝'\0';
    LCD_WriteStr(x, y, buf);
}
```

思考与练习题

7-1 在静态频率测量中，若测量范围为 1～99.99 kHz，计算门控时间，振荡器的频率应作怎样的调整？若测量范围为 1～999.9 kHz，计算门控时间，相应振荡器的频率应作怎样的调整？

7-2 在静态频率测量中，结合逻辑控制器等电路功能以及相关的时序关系（波形图），分析测量系统是怎样实现计数→锁存→清零→计数……这样的工作关系的。

7-3 智能频率计与通用数字频率计有何区别？结合单片机的知识，如何利用数字频率计中的资源与单片机连接就可组成智能频率计？给出设计方案结构框图，并进行必要的分析与说明。

7-4 什么叫动态扫描显示？在三位半数字电压表中是怎样实现动态扫描显示的？

7-5 在图 7-20 的三位半数字电压表的 2 V 量程上，在 A/D 转化器的输入端，用电位器 R_6 分压的方式模拟测量电压时，用万用表监测 A/D 转化器输入端的电压，调整 R_6 分压器滑动端点电压，当显示电压为 1.999 V 时，若撤除万用表，显示器的显示会消隐，这是为什么？

7-6 三位半数字电压表与智能电压表有何区别？结合单片机的知识，如何利用三位半数字电压表中的资源与单片机适当连接就可组成智能电压表？给出设计方案结构框图，并进行必要的分析与说明。

7-7 电流测量都有哪些方法？请以一种方法为例简述测量原理。

7-8 以一种测量方法为例，简述电感测量原理。

7-8 以一种测量方法为例，简述电容测量原理。

7-9 画出非电量测量系统的基本结构框图，并以一种测量对象为例，简述各部分的功能。

附录 正态分布在对称区间的积分表

$$P(|Z| \leqslant c) = \int_{-c}^{c} \frac{1}{\sqrt{2\pi}} e^{-\frac{Z^2}{2}} dZ$$

$$= P[E(X) - c\sigma(X) \leqslant x \leqslant E(X) + c\sigma(X)]$$

$$Z = \frac{\delta}{\sigma(X)} = \frac{x - E(X)}{\sigma(X)}$$

附表 1

c	$P(|Z|<c)$	c	$P(|Z|<c)$	c	$P(|Z|<c)$	c	$P(|Z|<c)$
0.00	0.000 000	1.00	682 689	2.00	954 500	3.0	(2)9 73 002
0.05	089 878	1.05	706 282	2.05	959 636	3.5	(2)9 95 347
0.10	079 656	1.10	728 668	2.10	964 271	4.0	(4)9 366 575
0.15	119 235	1.15	749 856	2.15	968 445	4.5	(4)9 932 047
0.20	158 519	1.20	769 861	2.20	972 193	5.0	(6)9 426 697
0.25	197 413	1.25	788 700	2.25	975 551	5.5	(6)9 962 021
0.30	235 823	1.30	806 399	2.30	978 552	6.0	(8)9 802 683
0.35	273 661	1.35	822 984	2.35	981 227	6.5	(8)9 984 462
0.40	310 843	1.40	838 487	2.40	983 605	7.0	(10)9 97 440
0.45	347 290	1.45	852 941	2.45	985 714	7.5	(10)9 99 936
0.50	382 925	1.50	866 386	2.50	987 581	8.0	(10)9 99 999
0.55	417 681	1.55	878 858	2.55	989 228		
0.60	451 494	1.60	890 401	2.60	990 678		
0.65	484 308	1.65	901 057	2.65	991 951		
0.70	516 073	1.70	910 869	2.70	993 066		
0.75	546 745	1.75	919 882	2.75	994 040		
0.80	576 289	1.80	928 139	2.80	994 890		
0.85	604 675	1.85	935 686	2.85	995 628		
0.90	631 880	1.90	942 569	2.90	996 268		
0.95	657 888	1.95	948 824	2.95	996 822		

注：$(n)9$ 表示小数点后面先写 n 个 9，再接写后面的数字。例如 $P(|Z|<3)=0.9973002$。

附表 2

$P(|Z|<c)$	0.50	0.70	0.80	0.90	0.95	0.99	0.995	0.999
c	0.674 5	1.036	1.282	1.645	1.960	2.576	2.807	3.291

参 考 文 献

[1] 蒋焕文，孙续. 电子测量. 2 版. 北京：中国计量出版社，1988.

[2] 古天祥，王厚军，等. 电子测量原理. 北京：机械工业出版社，2004.

[3] 杨吉祥，詹宏英，等. 电子测量技术基础. 南京：东南大学出版社，1999.

[4] 孙传友，孙晓斌. 感测技术基础. 北京：电子工业出版社，2001.

[5] 王伯雄. 测试技术基础. 北京：清华大学出版社，2003.

[6] 张迎新，等. 非电量测量技术基础. 北京：北京航空航天大学出版社，2002.

[7] 孙焕根. 电子测量与智能仪器. 杭州：浙江大学出版社，1992.

[8] 刘君华. 现代检测技术与测试系统设计. 西安：西安交通大学出版社，1999.

[9] 王江. 现代计量测试技术. 北京：中国计量出版社，1990.

[10] 孙圣和，等. 现代时域测量. 哈尔滨：哈尔滨工业大学出版社，1989.

[11] 吕洪国，现代网络频谱测量技术. 北京：清华大学出版社，2000.

[12] 张厥盛，郑继禹，等. 锁相技术. 西安：西安电子科技大学出版社，1994.

[13] 常新华，等. 电子测量仪器技术手册. 北京：电子工业出版社，1992.

[14] 张乃国. 电子测量技术. 北京：人民邮电出版社，1984.

[15] 张福渊，等. 概率统计及随机过程. 北京：北京航空航天大学出版社，2000.

[16] 李慎安. 测量不确定度表达百问. 北京：中国计量出版社，2001.

[17] 乔石琼，等. 电子测量与计量. 北京：中国大百科全书出版社，1991.

[18] 刘国林，殷贯西，等. 电子测量. 北京：机械工业出版社，2003.

[19] 肖晓萍，等. 电子测量与仪器. 南京：东南大学出版社，2000.

[20] 秦云. 电子测量技术. 西安：西安电子科技大学出版社，2008.

[21] 陈荣宝，江琦，等. 电气测试技术. 北京：机械工业出版社，2016.